中国国家地理·图书
CHINESE NATIONAL GEOGRAPHY

雪鹭

Egretta thula

David Allen Sibley

金冠戴菊

Regulus satrapa

WHAT IT'S LIKE TO BE A BIRD

DAVID ALLEN SIBLEY
[美] 戴维 · 艾伦 · 西布利 著

西 布 利 的 鸟 类 世 界

WHAT IT'S LIKE TO BE A BIRD

何以为鸟

蔡上道 译 刘阳 审订

CTS K 湖南科学技术出版社 · 长沙

图书在版编目（CIP）数据

何以为鸟：西布利的鸟类世界 /（美）戴维 · 艾伦 · 西布利著；蔡上逍译 . — 长沙：湖南科学技术出版社，2024.5（2025.1 重印）
书名原文：What It's Like To Be A Bird
ISBN 978-7-5710-2812-1

Ⅰ . ①何… Ⅱ . ①戴… ②蔡… Ⅲ . ①鸟类—普及读物
Ⅳ . ① Q959.7-49

中国国家版本馆 CIP 数据核字 (2024) 第 066223 号

著作版权登记号：18-2024-109

HEYI WEINIAO：XIBULI DE NIAOLEI SHIJIE
何以为鸟：西布利的鸟类世界

著　　者：[美] 戴维 · 艾伦 · 西布利
译　　者：蔡上逍
审　　订：刘　阳
出 版 人：潘晓山
总 策 划：陈沂欢
策划编辑：邢晓琳　董佳佳
责任编辑：李文瑶
特约编辑：曹紫娟
图片编辑：贾亦真
地图编辑：程　远　彭　聪
营销编辑：王思宇　沈晓雯
版权编辑：刘雅娟
责任美编：彭怡轩
装帧设计：李　川
特约印制：焦文献
制　　版：北京美光设计制版有限公司
出版发行：湖南科学技术出版社
社　　址：长沙市开福区泊富国际金融中心 40 楼
网　　址：http://www.hustp.com
湖南科学技术出版社天猫旗舰店网址：
http://hukjcbs.tmall.com
邮购联系：本社直销科 0731-84375808
印　　刷：北京华联印刷有限公司
版　　次：2024 年 5 月第 1 版
印　　次：2025 年 1 月第 3 次印刷
开　　本：889mm × 1194mm　1/16
印　　张：15
字　　数：400 千字
审 图 号：GS 京（2024）0461 号
书　　号：ISBN 978-7-5710-2812-1
定　　价：168.00 元

Contents
目录

Preface
序言

这本书的创作历程在过去的十五年里几经周折。关于这本书的最初构想始于二十一世纪初，我那时的想法是为孩子们写一本鸟类观察图鉴。后来，我开始考虑将其打造成适合各个年龄段的初学者使用的鸟类指南。但是当时我已经完成了一本内容翔实的北美鸟类手册，因此“简化版”指南的概念并未让我心动，我更想让它成为一本全方位介绍鸟类知识的书籍。

当我决心创作一本全方位介绍鸟类生活的书（而非简单的辨识指南）之后，我想到可以在书中以短文的形式介绍有趣、神奇的鸟类行为，以期读者能够更深入地了解那些他们每天都在观察和识别的鸟类。随着短文的数量越来越多，我的收获也越来越多，这些短文也变得愈发有趣。最终，一篇篇短文汇集成了这本书。

我希望本书可以让读者感受到身为一只鸟是怎样的体验。书中的每篇短文都聚焦于鸟类生物学的不同方面，不同的短文之间相对独立，读者无需按照顺序依次阅读。但同时这些短文也是相互关联的，短文中包含许多表示交叉引用的参照页码，你可以选择将它们作为后续阅读的指引。虽然书中的每篇短文仅涉及鸟类的某个方面，但是我希望本书可以作为一个整体来触及一些更大、更深入的课题，并让读者对演化、本能和生存等概念有所了解。

在整个写作过程中，让我印象最为深刻的是鸟类的经验远比我想象中的更为丰富、复杂以及“深刻”。如果这对于一辈子都在观察鸟类的我来说都如此新奇，那么其他人也一定会对此感到惊奇。

鸟类时时刻刻都在做各种不同的决策。例如，筑巢是一种本能：一只一岁大的鸟在没有任何指导的情况下，就知道如何选择合适的巢材，建造出复杂的鸟巢，其外观和功能均与同类的鸟巢一般无二。这太神奇了。但是，这只鸟也可以根据当地环境来调整筑巢方式，例如使用不同的巢材、花更短的时间筑巢，或者在寒冷的天气里往巢中添加更多保温材料等。至于究竟在何时何地筑巢，更是受诸多因素共同影响的决策过程。

那些飞到你的喂食器上吃种子的山雀会思考要选择哪一粒种子，还要决定是把种子藏起来还是直接吃掉；丛鸦这类鸟会储藏食物，但是如果它们觉得另一只个体发现了自己储藏食物的地点，便会在几分钟后返回，将食物转移到更安全的地方；雄性林鸳鸯演化出华丽的外观，可能仅仅是因为这符合雌性林鸳鸯的偏好。总之，鸟类的生活不仅丰富多彩，而且非常复杂。

我想“本能”这个词在大多数人看来意味着一种盲目的顺从，人们将其视为一套刻在 DNA 中的指令，通过基因的世代传承控制着鸟类的行为。对本能最为极端的解读便是将鸟类看成一群僵尸般的“机器人”。按照这种理解，日照时间的延长只是简单地触发了鸟类“内置的”筑巢繁殖并养育后代的程序。这或许是实际情况的一部分，但也把整个过程过度简化了。真实的情况是，当鸟类感受到繁殖后代的内在冲动时，它们会根据许多因素来选择合适的配偶和繁殖领域，仔细挑选巢址，然后建造一个适合当地条件的鸟巢，等等。

“本能”并不是盲目服从，它是精细又微妙的，能够让鸟类灵活变通并因地制宜。在这本书的创作过程中，我逐渐意识到本能一定是通过某些内心的情感或者感受来激发鸟类行为的，例如满足感、焦虑感、自豪感等。我知道这样的说法十分拟人化，但是除此之外，我们该如何解释鸟类每天做出的复杂决策呢？比如说，在觅食和规避风险、减少能量消耗等互相冲突的需求之间，它们是如何找到平衡点的呢？

也许拟鹂看到鸟巢落成时的心情，就像人类父母看到粉饰一新的婴儿房一样高兴。也许忙碌了一天后，收集和储存完越冬食物的山雀也可以安心地“睡个好觉”。

我相信，加拿大雁的雌雄双方会互相“吸引”，双色树燕亲鸟在给雏鸟带回高质量的食物时会感到“满足”，而美洲黄林莺会为自己的领域和家族而感到“自豪”。本能为鸟类提供了建议和指引，而鸟类则会根据自己获知的所有信息做出判断和决定。人类与鸟类的不同之处在于，我们可以用语言和文字来描述上述那些感受，但抛开语言的表达，这些感受本质上都是内心的情感，这也是为什么我们常常会用“内心深处的涌动”这样的词句来形容它们。我并不是想说美洲黄林莺会互相交流它们骄傲和满足的感受，而是说人类自身的感受或许和鸟类一样也是源于本能。

这本书讲述的是身为一只鸟是怎样的体验，倘若想要清晰地解释这些，最好的方式就是与身为人类的体验直接进行比较。在查找资料和写作的过程中，我无数次惊讶于人类和鸟类的诸多共通之处，但是同时也诧异于彼此之间有多么不同。我希望这本书能够让读者获得一些知识和启发，从而更积极地观察与记录自然世界的方方面面，并且更深入地了解、欣赏和赞美鸟类以及我们共同赖以生存的星球。

David Allen Sibley

戴维·艾伦·西布利

美国马萨诸塞州，迪尔菲尔德

How to use this book
使用说明

适用范围

这是一本关于鸟类生物学的指南，但是书中的内容仅涉及了鸟类世界各个方面的皮毛，并非一本百科全书。本书的编排方式并不是为了让读者按部就班地从头读到尾，而是希望大家可以随意浏览，或许你可以在不同的内容之间找到些许联系，甚至获得一些探索新知的感觉。

本书所涵盖的鸟类均为美国本土和加拿大最常见、最普遍的物种，其中不少种类在中国也能见到。同时，书中描述的科学知识大多适用于世界各地的鸟类。

内容编排

本书的核心内容是“西布利的鸟类世界”部分。在这一部分中，书的左页展示了 84 幅大幅鸟类绘画，着重介绍了北美地区的 96 种常见鸟类，画中鸟类的尺寸与实际鸟类的大小大致相当（关于这些鸟类的更多信息，可以参阅“物种索引”部分）；右页则以一篇篇短文的形式讲述了相关鸟类的各种有趣话题，有时也会介绍其他更多的鸟类物种。每篇短文均配以左页中描绘的物种或其近缘鸟类的小幅画作、素描或图表进行说明。

书中的鸟类物种排列总体上遵循目前公认的鸟类分类学顺序，即从雁形目的雁鸭类开始，到雀形目的黑鹂结束。不过，为了先介绍水鸟，再介绍陆地鸟类，本书调整了部分物种的排列顺序。

书中关于鸟类不同话题的介绍顺序基本上是随机的，对于像鸟类视觉这种涉及面较广的内容，本书在多篇短文中进行了讨论。涉及到相同或相关内容的短文均在文中列出了交叉引用的信息，以便读者从一篇短文跳转到另一页中的相关文章。但实际上，所有短文之间都或多或少相互关联，而其中大部分联系并未在书中明确列出。每一页短文所介绍的内容都与图示的鸟类有关，但是许多内容也同样适用于其他鸟类（例如，所有鸟类都有相似的呼吸系统）。

本书的“导言”部分旨在帮助读者快速找到相关的短文，并提供简要说明和索引功能。每篇短文及其页码都已按照顺序在导言中分门别类地列出。例如，你可以根据导言迅速找到所有与视觉有关的短文。

“物种索引”部分介绍了每幅真实大小的画作中描绘的鸟类物种。这些文字信息描述了画中的鸟类及其习性，以及它们的近缘种，还会涉及与画作中的鸟类行为有关的其他议题。

许多短文的内容都依赖于具体的科学研究工作，这些资料来源均已在文末“参考资料”中逐一列出。

免责声明

本书是一份关于鸟类生物学的综述，但是内容经过了筛选而且并不完整，仅涵盖我在过去几年的资料搜集和研究过程中发现的一些有趣议题。许多议题涉及最新的研究发现和各种引人遐思的可能性，有些仍然存在争议或在进一步研究之中。我在书中试着指出了其中的不确定之处，并对所有内容的准确性进行了验证，但是由于本书中的内容均为对复杂问题的摘要或小结，需要将信息化繁为简，因此无法详细阐述其中的细节。如果书中出现了无意的错误或误导性的表述，那么责任均归咎于我。各位读者可以将本书作为入门读物，如需了解更多信息，请参考文末提供的“参考资料”。

Introduction
导言

鸟类的多样性

鸟类就是恐龙（第 81 页中段）。最晚在距今 1.6 亿年前，一些恐龙就已经长出了羽毛，并最终演化成为真正的鸟类。然而，6600 万年前发生的那次陨石撞击地球事件，导致超过 2/3 的陆生生物灭绝，其中就包括所有的恐龙和绝大多数鸟类（第 81 页下段）。目前，科学界普遍认为全球现生鸟类的物种数约为 11 000 种，其中约 800 种在北美地区有稳定分布，而中国记录到的鸟类超过 1500 种。鸟类的多样性之高令人难以置信。本书选取了其中一些物种，向读者介绍它们非凡的适应性和生存能力。

演化——自然选择和性选择

鸟类惊人的多样性是数百万年演化的产物。演化是对鸟类个体进行选择的过程，就像那些繁育犬只或者玫瑰的人会不断地选择具有特定性状的个体，从而在未来的世代中加强他们想要的性状一样。在自然界中，疾病、天气、捕食者以及其他的致命威胁会淘汰种群中不太适应环境的个体。与此同时，异性个体会选择那些具有吸引力的特征。所有这些因素都会影响鸟类个体的生存和繁殖机会，从而影响后代的特征。在数亿个世代的个体更迭中，这个过程不断上演，造就了地球上丰富的生物多样性。具体来说，自然选择通过影响鸟类的生存而发挥作用，这就是达尔文的经典理论——“适者生存”，这让鸟类拥有了多种多样的喙型、翅型、筑巢习性等不同特征。其背后的具体原因是，具有最佳适应特征的鸟类更为强壮而健康，能够养育更多的子女，也就可以将其性状特征传递给更多的后代。另一方面，性选择则是由配偶选择所驱动的，因为雌雄双方都会根据一定的特征来选择配偶，最终导致鸟类演化出极度夸张的外观，就像雄性林鸳鸯那华丽的羽衣一样（第 177 页，林鸳鸯）。

羽毛

羽毛的功能

如果有人问你“羽毛是什么样子的”，你可能会想到一个中间有根羽轴、两侧有众多羽枝的椭圆形物体（如下图），但是实际上羽毛的结构和尺寸极为多样。同样地，如果有人问你“羽毛有什么用”，你可能会想到飞行或保暖等功能，但其实羽毛演化出的功能也是不计其数：保持温暖和干燥、使身体呈流线型、提供色彩与装饰、使鸟类能够飞行，等等。羽毛有两个关键特性，一是重量极轻，二是强度惊人。

- 羽毛并非从鳞片演化而来。早期的羽毛是中空的鬃毛状结构，后来才逐渐演化出更为复杂的结构（第 33 页右）。
- 羽毛精密的多级分枝结构赋予其许多非凡的特性（第 11 页下段）。
- 羽毛之所以不容易断裂，是因为构成羽毛的纤维从羽轴的基部出发，一直延伸到最细的羽小枝末端（第 11 页下段）。
- 羽毛演化出了多种不同的形态，在同一只鸟的不同身体部位分别生长着与其功能相对应的羽毛（第 107 页下段）。
- 猫头鹰的羽毛具有多种演化适应特征，从而实现无声飞行（第 65 页中段）。

- 鸟喙周围生长着特化的刚毛状羽毛，称为嘴须，其功能似乎是保护眼睛（第 97 页下段）。

【羽毛的防水功能】

- 羽毛的防水性能源于羽枝之间的精密间距：既能防止水滴穿透羽枝的间隙，也能避免水滴停留在羽毛表面（第 17 页中段）。
- 相较于陆地鸟类，水鸟羽毛的羽枝排列更为紧密、难以被水渗透，羽毛数量更多，质地也更硬（第 17 页下段）。
- 一些善于游泳的鸟类可以用腹部的羽毛包裹住身体，形成一个防水外壳（第 11 页中段）。
- 鸬鹚正羽的中间部分具有防水功能，但是外缘却可以被打湿（第 27 页中段）。
- 相比其他鸟类，猫头鹰的羽毛防水性较差，这或许可以解释为什么许多猫头鹰喜欢寻找遮蔽处栖息（第 180 页，东美角鸮）。

【羽毛的隔热功能】

- 在所有天然以及合成的材料中，雁鸭类的绒羽仍然是目前已知保暖效果最好的材料（第 9 页中段）。
- 羽毛的隔热功能可以帮助鸟类抵御严寒和酷暑（第 107 页中段）。

【羽毛的飞行功能】

- 鸟类翅膀和尾巴上的大根羽毛整齐地排列成宽阔的平面，使鸟类的飞行成为可能（第 69 页上段）。
- 翅膀上的羽毛在形状和结构方面的各种细节构造，让羽毛能够恰到好处地兼顾强度和柔韧性（第 103 页下段）。

【羽毛的装饰功能】

羽毛不仅演化出多种颜色和图案（见下文“鸟类的色彩”部分），还能构建立体形态。

- 一些猫头鹰的“耳朵”或“角”实际上是一簇羽毛，可以用于炫耀和伪装（第 63 页上段）。
- 冠蓝鸦或主红雀的“冠”由羽毛构成，可以随意竖起或放下（第 147 页上段）。
- 太平鸟的飞羽尖端高度特化，质地坚硬、光滑，纯粹是起装饰作用（第 185 页，雪松太平鸟）。

一只鸟有多少羽毛？

鸟类羽毛数量的多少不仅与其体型大小有关，还取决于它对防水的需求。

- 小型鸣禽的羽毛数量一般在 2000 根左右，夏季数量稍少，而冬季则稍多一些。像乌鸦这样体型较大的鸣禽通常拥有更大而非更多的羽毛（第 161 页中段）。
- 水鸟的羽毛数量通常比陆地鸟类更多，尤其是经常接触水的身体部位，羽毛更为浓密（第 17 页下段）。
- 天鹅细长的脖子上覆盖着一层浓密的羽毛，颈部羽毛总数多达两万多根（第 7 页中段）。

羽毛的护理

羽毛对于鸟类的生存至关重要，因此鸟类会花费大量时间来护理羽毛。梳理羽毛（简称“理羽”）是一种常见的护理行为，鸟类会用喙梳理身体的羽毛，并用爪子来梳理头部的羽毛。理羽可以有效地将羽毛梳理整齐，清除附着在羽毛之间的污垢或碎屑，去除羽虱等寄生虫，并给羽毛涂上一层保护性的油脂。此外，鸟类的许多其他行为也和羽毛护理有关。

- 鸟类每天至少要花 10% 的时间来梳理羽毛，而且所有鸟类理羽的具体过程也大致相同。理羽对于鸟类十分重要，鸟喙甚至演化出一些细节构造来适应理羽的需要（第 145 页中段）。

- 鸟类无法用喙来梳理自己头部的羽毛，因此只能用脚。有些鸟类会通过互相理羽来解决这个问题（第 183 页，渡鸦）。
- 鸟类经常洗澡，很有可能是因为水有助于让羽毛焕然一新（第 137 页右）。
- 沙浴在一些鸟类中十分常见，但是人们目前还不清楚它们进行沙浴的具体原因（第 161 页下段）。
- 日光浴和蚁浴经常被混为一谈，人们对这两种行为的了解都不够充分。日光浴可能是为了护理羽毛，蚁浴则可能与处理食物有关（第 109 页下段）。
- 美洲鹫经常在阳光下张开翅膀，但是它们这么做的确切原因人们尚不清楚（第 59 页上段）。
- 人们至今无法完美地解释鸬鹚的晾翅行为，不过这种行为或许有助于它们在游泳之后晾干羽毛（第 27 页上段）。

长出新羽毛

羽毛会磨损，因此需要定期更换。鸟类通常每年更换一次羽毛，这个过程被称为换羽。羽毛是鸟类生存的关键，因此大多数鸟类演化出有序的换羽步骤，在不妨碍飞行并且保持身体温暖干燥的前提下逐步更换羽毛。

- 羽毛生于皮肤的羽囊中，最初是卷成圆筒状的，最先长出的部分是羽尖（第 15 页 下段）。
- 在激素的作用下，同一个羽囊可以在不同时期长出颜色和图案迥异的羽毛。许多鸟类会通过换羽来改变全身羽毛的颜色，它们每年进行两次换羽，一次是换成颜色暗淡的非繁殖羽，另一次是换成春夏季节亮丽的繁殖羽（第 165 页上段；第 186 页，猩红丽唐纳雀）。

- 和人类的头发一样，羽毛一旦长成就成为“无生命的物体”，只会磨损、褪色或染色（第 47 页中段）。
- 由于一根羽毛每天只能长几毫米，因此即便是小型鸟类也需要至少六个星期才能完成全身换羽，而大型鸟类换羽的时间则更长。羽毛上深浅相间的横向条纹透露出羽毛在每个白天和夜晚的生长痕迹（第 175 页中段）。
- 长出新的羽毛需要消耗许多能量，也会让飞行和保暖变得更加困难。因此，鸟类一般会在温暖的季节进行换羽，并且会避免在换羽过程中同时进行其他能量需求高的活动，例如筑巢繁殖或迁徙（第 165 页上段）。
- 在更换飞羽期间，大多数鸟类会采用逐步更换的方式以维持飞行能力（第 99 页上段）。
- 雁鸭类会同时更换所有飞羽，因此它们在夏末的几个星期里完全无法飞行。这种换羽方式风险更高，但能缩短整体换羽时间（第 5 页中段）。
- 在极罕见的情况下，鸟类会一次性更换头部的所有羽毛，而不会遭受明显的负面影响（第 147 页右中）。

鸟类的色彩

鸟类的外观不仅十分醒目而且复杂多变，其中部分原因是鸟类十分依赖视觉，因此外观是彼此之间非常重要的信号，并且深受自然选择的影响。鸟类羽毛呈现出的颜色可以由两种不同的机制产生：一种来自色素分子，另一种来自羽毛表面的微观结构。

【色素】

色素是以电磁方式与光能发生相互作用的分子，能够反射和吸收特定波长的光，色素分子的结构和电子排布决定了其所能反射的波长范围。鸟类的羽毛中有两类常见色素：可以产生大部分红橙黄色调的类胡萝卜素，和可以产生从黑色到灰色、从棕色到皮黄色的黑色素。

- 鸟类只能从食物中获取类胡萝卜素，而基于类胡萝卜素的色彩鲜亮的羽色被认为是更健康、适合度[1]更高的标志。然而，这一观点尚未得到确切证实（第 163 页中段）。

1　适合度是衡量一个个体存活和繁殖成功机会的一种量度，适合度越高，个体存活和繁殖成功的机会也就越大，反之则相反。

- 近年来，北美洲出现了一种入侵植物，其所含的特定类胡萝卜素分子可以导致雪松太平鸟等鸟类的羽毛不再呈现黄色（第 139 页中段）。
- 鲜艳羽色的产生不仅仅需要色素的参与，许多鸟类鲜艳的红色、黄色羽毛之下还藏着能够反射光线的白色羽毛，其功能相当于反光板，能够将其上方的羽色照得更加光彩夺目（第 165 页中段）。
- 北美洲鸟类身上绿色系的颜色大部分是由黄色（类胡萝卜素）和灰色（黑色素）色素组合而成（第 121 页下段）。
- 鸟类身上鲜艳的羽色在黑色的衬托下会显得更为醒目，而羽毛的品质决定了黑色素所能呈现的黑度（第 186 页，白颊林莺等）。
- 黑色素不仅能形成颜色，还能提高材料的强度，这也是鸟类身上具有深色羽毛的原因之一。深色翼尖是许多鸟类的共同特征，因为翼尖需要承受更多的磨损，而黑色素则能增强羽毛的强度（第 47 页中段）。此外，黑色素还能在卵壳上形成深色的斑点和纹路，以加固卵壳并减少雌鸟对钙的需求（第 109 页中段）。有些鸟类冬季时喙的颜色也会因为更多的黑色素沉积而变深，有助于鸟喙在处理粗糙坚硬的食物时更耐磨损（第 137 页左下）。
- 黑色素还有助于羽毛抵御细菌的侵袭，这在潮湿的气候条件中尤为重要（第 159 页下段）。
- 有时候，鸟类会长出黑色素含量很少甚至几乎没有黑色素的羽毛。这种现象可能由多种不同的原因造成，并且会对鸟类产生各种影响：
  - 黑色素的减少或缺失会导致鸟类的羽色比正常个体更显苍白，或者身上出现成片的白色斑块，甚至是全身白色（第 173 页中段）。
  - 黑色素的减少可以突显出其他色素，创造出令人意想不到的颜色和图案（第 85 页上段）。

【结构色】

鸟类羽毛更多的色彩是通过结构产生的，而无需色素的参与。这些结构色有赖于光波和羽毛微观结构之间的相互作用，从而只反射出特定波长的光。水面上的油脂呈现出五颜六色的光泽就是基于相同的基本原理：油和水本身几乎都没有颜色，但是当水面上的油膜与光波发生相互作用之后，便会呈现出五彩斑斓的光泽。

- 蜂鸟身上如同宝石般绚丽的色彩是由羽毛的微观结构产生的（第 77 页左下）。
- 雄性蜂鸟的喉部羽毛尤为精致，不仅能强烈地反射某种特定的纯色，而且还可以只朝某个特定方向反射这种颜色（第 77 页上段）。
- 鸟类身上没有蓝色色素。东蓝鸲和其他一些鸟类身上的蓝色是由一种可以朝各个方向反射蓝光的结构所产生的（第 133 页上段）。
- 北美洲鸟类的羽毛中没有绿色色素。它们身上的亮绿色既可以是单纯的结构色（比如蜂鸟），也可以由蓝色的结构色与黄色色素组合而成（第 85 页上段）。

【羽色与图案】

鸟类羽毛丰富的颜色与图案都经历了演化的塑造，适用于各种不同的功能。例如，最绚丽的羽色通常是向异性发出的信号，错综复杂的图案是为了伪装而形成的隐蔽色，醒目而对比强烈的图案可以用于伪装（打破鸟类原有的身体轮廓）或惊吓潜在的捕食者或猎物。

- 单根羽毛的图案可以非常复杂而精妙，并随着羽毛的生长而变化（第 15 页下段）。
- 单根羽毛上的复杂图案主要是由黑色素（产生黑色到棕色）形成的，而类胡萝卜素产生的颜色（黄色到红色）通常遍布整根羽毛（第 186 页，白颊林莺等）。
- 单根羽毛上的精细图案只不过是鸟类丰富羽色的一鳞半爪——鸟类羽毛整齐有序地排列可以产生微妙的色彩与渐变，连缀成令人惊叹的织锦般的羽衣（第 71 页下段）。
- 突然闪现的明亮色块有助于吓退潜在的捕食者（第 93 页下段）或惊起猎物（第 135 页中段），例如北扑翅䴕腰部的明亮白斑。

- 许多鸟类身上的羽毛图案看起来像一张脸，这可能是为了威慑捕食者（第 61 页上段，第 119 页右下）。

鸟类的外形差异

尽管鸟类的外观差异很大，但在同一种鸟类中，相同年龄或相同性别的个体通常长相极为一致。比如，一种鸟类不同的成年雄性个体都长得很像，但是雌雄个体的外观却可能截然不同。未成年个体可能和成鸟长得不一样，同一只成鸟在夏天和冬天也可能看起来完全不同。

【雌雄差异】

- 许多鸟类的雄性和雌性外观相似，但可以通过行为等方面进行区分（第 3 页下段）。
- 有些鸟类的雌雄长得截然不同，这种性二型[1]现象常常伴随着迁徙行为演化而来（第 186 页，彩鹀）。
- 鸸类的雌雄差异主要在于头顶的羽色（第 119 页左下）。
- 大多数鸟类的雌雄个体体型差异不大，而且通常是雄性略大一些。但是在猛禽和蜂鸟中，雌性常常明显大于雄性，这种现象背后的原因尚不明确（第 51 页右下）。

【年龄和季节的差异】

未成年个体的羽色往往不同于成鸟，但是它们的体型却不会随着年龄的增长而继续改变。

鸟类第一次飞行时的体型大小就已经和成鸟相差无几，并且终生维持不变。对于同一种鸟类的成年个体来说，无论是雄性还是雌性，无论是一个月大还是已经十岁大，体型几乎都是相同的，因此体型是辨识鸟类的重要线索。这也意味着，如果你的喂食器上出现了一只看起来比旁边其他鸟体型小一些的鸟，并不是因为这只鸟是刚出生的雏鸟，而是因为它是一种不同的鸟。

- 一般来说，鸟类在求偶时会呈现出最为鲜艳的羽色，在非繁殖季和未成年阶段，羽色则较为朴素暗淡（第 21 页下段）。
- 主红雀刚离巢时喙是深色的，羽毛则为浅褐色。不过，它们在随后的几周内就会长出成鸟那样的羽色（第 147 页左中）。
- 人们可以通过飞羽和尾羽的颜色和质地来区分乌鸦的未成年鸟和成鸟（第 105 页下段）。
- 一些鸟类每年会进行两次换羽，并且会在不同季节呈现出截然不同的样貌（第 165 页上段）。
- 有些鸟类不同性别和年龄的个体之间具有不同的迁徙习性，并且可能会在不同的地区越冬（第 155 页下段）。

【地区差异和亚种】

鸟类会不断适应新的挑战和机遇而持续演化。在演化的过程中，特定区域的地理种群可能会与相邻种群之间产生分化和差异。如果这种差异大到足以被人类观察到，但同时又对同种鸟类的相互识别没有太大影响，那么这些种群就会被划分为不同的亚种。

- 新物种的演化是持续进行的，因此我们可以观察到鸟类新物种形成过程中的过渡阶段，暗眼灯草鹀就是一个例子（第 187 页，暗眼灯草鹀）。
- 在许多情况下，鸟类不同地区种群之间的差异呈现出一些与气候相关的普遍趋势（第 159 页下段）。
- 分布于北美大陆不同地区的北扑翅䴕拥有不同颜色的翅膀和尾巴，西部种群为红色，而东部种群为黄色（第 93 页中段）。
- 喙的形状会随着新的觅食条件出现而快速演化（第 161 页上段）。
- 多种鹭属鸟类都有明显不同的色型，并且与年龄和性别无关。每种色型在其对应的特定环境中具有更高的捕食成功率（第 51 页上段）。

鸟类的感官

鸟类和人类一样，主要通过视觉和听觉来感知世界。许多鸟类在视觉、听觉、触觉和嗅觉等方面的能力远比人类更为出色。此外，鸟类甚至还能感知地球磁场。

1 又称两性异形。指同一物种雌雄两性之间存在固有的、明显的体型或外观差别，使人们能够通过观察形态判断出个体的性别。

视觉

鸟类通常拥有出色的视觉，而且在许多方面都超过了人类。鸟类不仅能够看见更大波长范围内的光（包括紫外线），还可以更好地追踪快速移动的物体，并拥有多点聚焦的周边视觉，能够同时看清最广达 360 度的横向视野范围内的事物。有些鸟类在水下可以看得更加清晰，有些能够看到更多细节，还有些鸟类则具有出色的夜视能力或色觉。然而，不同鸟类的视觉能力存在巨大差异。尽管很多鸟类能够看到的细节比人眼要少，但是它们拥有更加广阔的视野以及优异的动态追踪能力。

【色觉】

- 雕类双眼的细节分辨率约为人眼的 5 倍，对色彩的感知能力约为人眼的 16 倍（第 57 页上段）。
- 许多鸟类可以看到紫外线，并且还演化出了在紫外线照射下才会显现的羽色特征（第 184 页，黑顶山雀等）。

【夜间视觉】

- 猫头鹰是出了名的“夜猫子”，虽然它们的听力极佳，但是仍然主要依靠视觉来进行捕猎和社交。由于色觉在夜间不起作用，因此它们看到的主要为黑白两色（第 63 页右下）。

- 眼睛较大的鸟类往往具有更好的弱光视觉，从而能够在天色稍暗的晨昏时分更为活跃（第 131 页下段）。

【视野】

人眼看得最清楚的地方是位于视线正前方的一个小点，但是鸟类却能看清多个独立区域的细节。大多数鸟类的双眼视觉（双眼视野相互重叠并能看到同一景象的视野区域）范围较窄，而且该区域的成像通常不太清晰，这意味着鸟类只能看清自己喙的一小部分，不过它们也因此获得了更广阔的视野。

- 许多鸟类不仅能够同时看到横向 360 度和头顶上方 180 度范围内的景象，还能看清地平线附近一条水平宽横带范围内的细节（第 45 页下段）。
- 雕的每只眼睛各有两个焦点，因此一共可以看清四个区域的细节（第 57 页中段）。
- 由于鸟类视觉最清晰的方向位于左右两侧，因此它们需要侧着头用一只眼睛向下或向上仔细查看（第 57 页上段，第 127 页右上）。
- 有些鸟类的双眼视线朝向前方。虽然这样能让鸟类看到更多前方的细节，但是却失去了看见头部后方的能力，因此它们不得不通过频繁转头来扫视后方（第 167 页下段）。
- 猫头鹰的双眼朝向前方，因此在头后形成了一大片视野盲区，这也是为什么它们能够将头部转动 270 度以上的原因之一（第 63 页左下）。

【视觉处理】

- 鸟类处理视觉信息的速度比人类快得多，这对于追踪快速移动的猎物以及在高速飞行中观察周围环境至关重要（第 55 页中段）。
- 近期，科学家在霸鹟的眼中发现了一种新型视锥细胞，这些细胞可能是专门用来追踪高速移动的物体的，这种演化适应特征有助于霸鹟在半空中看见并捕捉小飞虫（第 97 页中段）。

【水下视觉】

- 有些鸟类需要在水上和水下都能看清物体，因此它们演化出了更具弹性的晶状体（第 27 页下段）。
- 有些鸟类会在夜间下水捕鱼，或者潜到幽暗无光的深水区捕鱼。目前人们仍不清楚它们是如何在这样的条件下找到鱼的（第 25 页下段）。
- 鹭类在瞄准水下的猎物时，能够校正光线穿透水面发生折射而导致的偏差（第 33 页左上）。

【其他视觉适应】

- 鸟类走路时，头部看起来像是在前后晃动，这其实是为了保持双眼视野的相对稳定（第 75 页上段）。
- 鸟类有一种很特别的能力，那就是它们可以在空中振翅悬停时将头部保持在同一位置固定不动，从而紧盯目标（第 83 页上段）。
- 鸟类的眼睛具有瞬膜，这层额外的“眼睑”可以保护双眼免受伤害（第 149 页下段）。

听觉

鸟类的耳朵是开口于头部两侧、眼睛下后方的小孔，通常覆盖着羽毛，耳孔四周还生长着一簇簇有助于声音传导的特化的羽毛。不同鸟类的听力水平各异，它们能够听到的频率范围并不比人类更宽，但是在灵敏度和声音信息处理方面往往比人类优秀。鸟类还演化出特殊的适应性来降低自身发出的噪声，以便更清晰地听到周围的声音。

- 仓鸮可以在一片漆黑的环境中仅凭听觉捕捉老鼠（第 65 页下段）。耳朵位置和结构的改变使它们能够精准地定位声源（第 65 页上段）。
- 鸟类大脑对声音的处理速度是人类的两倍以上，因此它们能够听到更多细节。但是一般来说，人类能听到的声音频率范围更宽（第 157 页中段）。
- 许多鸟类的叫声十分响亮。这些离鸟类自己的耳朵如此之近的声音很有可能会损害它们的听力，但是好在鸟类有多种演化适应特征来避免这种情况（第 109 页上段）。
- 几乎所有鸟类的耳羽都呈流线型。据推测这有助于它们在飞行时或在大风天气中更好地听到周围的声音（第 107 页下段）。
- 为了消减自己在运动时发出的噪声，猫头鹰演化出了柔软、特化的羽毛（第 65 页中段）。

味觉

- 鸟类可以尝出食物的味道，它们口腔中的味蕾一直分布到靠近鸟喙尖端的地方（第 19 页中段）。
- 许多经常被人们认为是依靠触觉捕食的鸟类，也可能利用喙尖的味蕾觅食（第 35 页上段）。

嗅觉

所有鸟类都能闻到气味。整体来说，它们的嗅觉至少和人类差不多，而有些鸟类的嗅觉则更为发达。

- 几十年前，人们就已经知道有些鸟类主要靠嗅觉捕食，比如红头美洲鹫（第 59 页中段）和小丘鹬（第 179 页）。
- 许多鸟类可以凭借出色的嗅觉来辨别家庭成员、区分雌雄、发现捕食者，还可以找到被昆虫侵害的植物，等等（第 137 页左上）。
- 近期研究表明，所有鸟类都会受到各种气味的指引。鸽子和其他一些鸟类还能够以某种方式利用嗅觉进行导航（第 73 页中段）。

触觉

许多鸟类的喙尖都布满丰富的神经末梢，因此它们拥有非常灵敏的触觉。粉红琵鹭（第 179 页）等鸟类几乎完全依靠触觉捕食。

- 鹬类的喙尖相当敏锐，当喙插入泥土时，它们能够感觉到细微的压力变化，甚至可以在碰到某个物体之前就感觉到该物体的存在（第 43 页中段）。
- 鹮类通过视觉和触觉捕食（第 35 页上段）。
- 长在每根羽毛基部的纤羽使得鸟类能够感知单根羽毛的运动（第 141 页中段）。

其他感觉

鸟类的平衡感极佳，这一点尤为重要，因为鸟类只有两条腿（并且经常只用单腿站立休息），而且它们必须始终保持平衡。

- 鸟类之所以拥有非凡的躯体平衡能力，是因为它们不但在内耳中有一个平衡感受器（和人类一样），而且在骨盆中还有一个（第 149 页上段）！

- 鸟类能够在一根细枝上睡觉并保持平衡（第 121 页上段）。
- 对于鸟类而言，单腿站立并保持平衡可谓得心应手，这要归功于它们额外的平衡感受器以及腿部的一些演化适应性特征（第 35 页下段）。
- 鸟类可以感知磁场（第 73 页中段），甚至可能可以“看到”磁场（第 141 页上段）。
- 鸟类可以感知气压变化（第 47 页下段）。
- 鸟类可以通过追踪太阳的移动很好地感知时间（第 186 页，猩红丽唐纳雀）。

鸟类的大脑

除了猫头鹰以外，人们通常认为大多数鸟类都不怎么聪明。然而，实验室研究和野外观察结果表明，鸟类相当有智慧。不过讽刺的是，猫头鹰实际上是相对不太聪明的鸟类。

- 当我们提及聪明的鸟类时，或许不会第一时间想到鸽子，但是鸽子其实非常聪明，它们甚至能够理解抽象概念（第 73 页上段）。
- 大多数鹦鹉是善用左脚的“左撇子”，这种用单侧身体完成任务的技巧通常代表着更好的问题解决能力（第 85 页中段）。
- 乌鸦聪明又好奇，甚至能理解公平交易的概念（第 183 页，短嘴鸦）。
- 鸟类会认人（第 105 页下段，第 135 页上段）。
- 乌鸦能够解谜，对某些问题的理解能力甚至和五岁的儿童相当（第 107 页上段）。
- 蓝鸦和丛鸦能够察觉出其他同类的意图（第 111 页中段）。
- 有些鸟类能够记住成千上万个食物储藏点以及自己所藏的每份食物的关键特征（第 113 页下段）。
- 一群鸟比一只鸟更善于解决问题（就像一群人相较于一个人那样）（第 187 页，家麻雀）。

睡眠

- 鸟类可以睁着一只眼睡觉，也能够轮流让一半大脑工作而另一半处于休息状态（第 75 页中段）。
- 有些鸟类整个冬天都在空中飞行，甚至可以边飞边睡（第 183 页，烟囱雨燕）。

运动

飞行

鸟类的许多演化倾向都受到飞行需求的影响，比如减轻身体重量、使身体呈流线型，以及将重量集中于身体中央。羽毛的出现（见上文“羽毛的飞行功能”）和四肢重量的减轻是鸟类能够飞行的关键，但也只是它们适应空中飞行生活的第一步。即便人类拥有巨大的翅膀，也无法像鸟类那样飞翔，因为我们实在是太重、太笨拙了。

- 鸟类没有笨重的颌骨和牙齿，取而代之的是轻巧的喙（第 7 页下段）。
- 鸟类的肌肉集中在小巧紧凑的身体中央，而四肢则由轻盈的肌腱来控制（第 69 页中段）。
- 鸟类飞行时振翅所需的大块肌肉位于翅膀下方，这样有利于保持平衡，甚至连扬翅的肌肉也是长在鸟类身体的腹面（第 69 页上段）。
- 鸟类会排出浓缩的“尿”，这样就无需携带多余的水分（第 173 页下段）。
- 卵生繁殖的好处在于，当胚胎在鸟巢中发育时，雌鸟的行动能力并不受影响，它们依旧可以继续飞行（第 157 页下段）。
- 甚至连鸟卵的形状似乎也是受到了飞行需求的制约（第 169 页上段）。
- 翅膀的形状由骨骼和羽毛的相对长度决定。这与鸟类的飞行方式有关，并与不同鸟类的飞行需求相匹配（第 99 页中段）。

- 在相同的体重下，翅膀面积较大的鸟类能够产生更多升力，因此飞起来会更轻松，而翅膀面积较小的鸟类则需要更高的飞行速度才能维持飞行高度（第 99 页下段）。
- 大多数鸟类只有一种飞行模式——向前飞行。而鹫类等猛禽则会根据需要采用不同的飞行模式（第 51 页左下）。
- 只有蜂鸟能够真正地悬停（第 79 页右下）。翠鸟和其他能够“悬停”的鸟类则需要一些风来维持自己在空中的位置（第 83 页上段）。
- 长而分叉的尾巴可以为鸟类提供空气动力学方面的好处，而有些鸟类还会利用长尾巴来“扫”出昆虫（第 97 页上段）。
- 成鸟不会恐高（第 145 页上段）。
- 大多数水鸟需要进行长距离的助跑才能从水面起飞（第 21 页上段）。
- 有些鸭类演化出一种直接从水面起飞的技能，它们会利用翅膀拍打水面产生的推力来帮助自己起飞（第 11 页上段）。

【飞行效率】

飞翔是一项极其耗能的行为，消耗的能量可以高达休息时的三十倍。为了提高飞行效率，鸟类演化出许多适应性结构和行为技巧。

- 鸟类在飞行时会通过排成人字形来利用前面同伴翼尖所形成的上升气流。为了做到这一点，它们肯定对空气的流动和升力非常敏感（第 5 页上段）。
- 飞行时翅膀呈 V 字形上扬的鸟类能够通过牺牲一定的升力来获得更多稳定性（第 59 页下段）。
- 对于那些能够翱翔的鸟类来说，它们无需振翅，只需利用从地面上形成的暖空气柱就能轻松升入高空（第 61 页下段）。
- 根据数据测算，大多数小型鸟类采用的波浪状飞行路线并非它们最有效的飞行方式。但是波浪状飞行路线仍然在鸟类中被广泛使用，因此这种飞行方式肯定有一些我们还不知道的优势（第 163 页上段）。

游泳

鸟类在游泳时会遇到许多特殊的挑战，首先面临的问题就是如何保持干燥。在这些方面，鸟类的羽毛有许多相应的演化适应特征（见第 x 页“羽毛的防水功能”）。

- 在水面游泳时，所有的鸟类都会用脚划水。其中，大多数鸟类的脚趾间具有蹼，有些鸟类则具有瓣蹼（第 19 页上段）。
- 许多鸟类会完全潜入水下觅食（第 21 页中上）。
- 在水下游泳时，多数鸟类会用双脚划水，但是也有少数鸟类会使用翅膀（第 25 页下段）。
- 会潜水的鸟类可以通过压紧羽毛、挤出羽毛之间的空气，以及排出体内气囊中的空气来减少身体的浮力（第 23 页中段）。
- 海鸦可以潜到深度超过 180 米的海里，但是它们在那里究竟如何生存和觅食对于人们而言仍然是一个未解之谜（第 25 页下段）。

行走

- 有些鸟类在地上行走，而另一些鸟类则是跳跃前进。人们目前尚不清楚这种差异的原因（第 153 页上段）。

- 鸽子和许多其他鸟类在走路时会前后晃动头部，这种动作可以帮助它们稳定视线、看清周围环境（第 75 页上段）。
- 啄木鸟在树干上会用双脚紧抓树皮，并用尾巴支撑身体（第 91 页上段）。
- 鳾经常头朝下或侧着身子爬树（第 119 页中段）。

鸟类纪录保持者

- 世界上移动速度最快的动物是游隼，空中俯冲时速可达约 389 千米（第 61 页中段）。

- 北美洲跑得最快的鸟类可能是火鸡，时速约为 40 千米，而在全世界的鸟类中跑得最快的是鸵鸟（第 81 页上段）。
- 振翅频率最快的鸟类是蜂鸟，其中一些体型较小的蜂鸟每秒振翅频率可达 70 次以上（第 181 页，蓝喉宝石蜂鸟）。
- 鸥类或许是最全能的鸟类，飞行、跑步和游泳样样精通（第 179 页，环嘴鸥）。

生理

骨骼和肌肉系统

- 为了适应飞行，鸟类的骨骼发生了重大改变，其结构变得更加简单、骨骼变得更为坚硬，但是和同等体型的哺乳动物相比，鸟类骨骼的重量并没有更轻（第 101 页下段）。
- 得益于骨骼结构的演化适应，鸟类可以几乎毫不费力地保持单腿站立（第 35 页下段）。
- 我们所说的鸟类的“腿”，实际上大部分相当于人类的“脚”（第 37 页中段）。
- 鸟类的脖子非常灵活，这要归功于它们为脑部供血的动脉以及颈椎结构的演化适应。当然，除此之外还有许多其他相应的演化适应特征（第 63 页左下）。
- 喙和颅骨的演化适应有助于啄木鸟避免脑震荡（第 87 页左上）。
- 鸟类在睡觉时并不会自动抓握停歇的枝条，它们只是能够保持身体的平衡（第 121 页上段）。
- 鸟类脚趾上的肌腱具备某种机制（原理类似于我们日常使用的塑料扎带），能够毫不费力地收紧脚趾而不放松（第 121 页中段）。

循环系统

- 鸟类的心脏相对较大，而且心率很快。小型鸟类的心率比大多数人类快十倍以上（第 125 页上段）。

呼吸系统

鸟类的呼吸系统与人类截然不同，并且更为高效。

- 鸟类的肺部并不会扩张和收缩，而是依赖一套气囊系统来控制气流。在鸟类吸气和呼气时，新鲜空气都会顺着同样的方向流经肺部，不断地给鸟类的身体提供氧气（第 151 页中段）。
- 鸟类能够飞越珠穆朗玛峰，而且基本上不会断气，它们只会因为体温过高而变得气喘吁吁（第 151 页上段）。
- 边飞边唱是一项巨大的挑战，但是鸟类高效的呼吸系统使之成为可能（第 167 页上段）。

迁徙

鸟类的迁徙行为十分多样化。有些鸟类终生都生活在方圆几百米范围内，有些则会年复一年地从地球的一端迁徙到另一端。我们常说候鸟南迁越冬，但是总体而言，大部分鸟类在繁殖地和越冬地之间迁徙时的方向并非完全正南正北。无论是在不同物种之间还是同一种物种内，鸟类的迁徙策略、路线、距离和时间安排等方面都存在着差异。每种鸟类也都演化出了独一无二的迁徙时间表和路线，不仅与其自身的身体能力相匹配，还能满足它们对食物、水和栖息地的需求。数千年来，随着气候和生态系统的变化，鸟类的迁徙策略和生理机能也在不断演化，以适应新的生存环境。

- 并非所有的鸟类都会迁徙，能够迁徙的鸟类仅占全球鸟类物种总数的约 19%。迁徙可以让鸟类获得更好的食物来源，以抵消迁徙过程中的能量消耗（第 186 页，玫胸斑翅雀）。
- 迁徙这种策略曾在鸟类的演化过程中多次消失和重新出现。目前终年生活在热带地区的很多留鸟都是从具有迁徙行为的祖先演化而来的（第 188 页，橙腹拟鹂）。
- 许多鸟类的迁徙过程比较灵活，它们可以根据当前的天气条件和食物状况来决定加快或减慢迁徙速度，甚至可能会逆向迁徙（第 177 页，雪雁）。
- 在启程秋迁、向南飞往越冬地之前，许多雁鸭类会在夏末时节离开繁殖地，飞行上千千米，前往更靠北的一些地方进行换羽（第 5 页中段）。
- 许多鸟类在迁徙过程中会有明显的东西向偏移，比如从美国的阿拉斯加州飞往加拿大东部（第 143 页上段）。
- 有些鸟类的雄鸟、雌鸟、成鸟和未成年鸟都有各自不同的迁徙习性，并倾向于在不同地区越冬（第 155 页下段）。

- 几种太平鸟和其他一些鸟类的游荡行为主要是为了寻找食物，它们有时候会在北美大陆进行东西向而非南北向的移动（第 185 页，雪松太平鸟）。
- 有些鸟类会为了繁殖而四处游荡，它们只会在条件适宜的时间和地点进行繁殖。一旦食物减少，它们就会移动到其他地区（第 165 页下段）。
- 大多数小型鸣禽会在夜间迁徙，而决定在哪个夜晚进行迁徙是一个复杂的抉择，并且会受到多种因素影响（第 187 页，白冠带鹀）。
- 夜间迁徙的鸟类在日出时分抵达一个陌生的地方后，会借助当地留鸟提供的信息来寻找食物和躲避危险（第 113 页上段）。
- 如果你想帮助迁徙候鸟，可以在自家后院种植本土的灌木和乔木作为鸟类休息、隐蔽和获取食物的场所，并给它们提供饮用和洗澡的水源（第 141 页下段）。

- 有些鸟类会年复一年地在夏季和冬季的小片领域之间往返迁徙（第 185 页，棕林鸫）。
- 许多被认为是“北美鸟类”的繁殖鸟，其实每年有超过一半的时间都生活在中南美洲的热带地区（第 184 页，红眼莺雀）。

【迁徙“达人”】

- 每年，一只北极燕鸥可以在南北极地区之间往返飞行约 9.7 万千米（第 49 页下段）。
- 黑颈䴙䴘在两种状态之间的切换能力令人惊叹：它们可以好几个星期完全不飞行，然后不间断地连续飞上数百千米（第 23 页上段）。
- 有些白颊林莺每年会在美国阿拉斯加州和巴西之间往返迁徙，单程超过 11 000 千米，其中还包括约 4000 千米的不间断跨海飞行（第 143 页上段）。
- 刺歌雀会从加拿大南部迁徙到阿根廷（第 188 页，刺歌雀）。

导航

- 人们对于鸟类导航和定位能力的诸多了解都来源于对鸽子的研究。鸟类可以利用星辰、太阳的运动和位置、次声波甚至气味来进行导航（第 73 页中段）。
- 鸟类还有一些特殊的能力来帮助它们导航，例如感知磁场和偏振光的能力（第 141 页上段）。
- 鸟类感知磁场的能力不仅可以在长距离飞行中进行定位，还可以帮助它们在范围较小的领域内导航以及寻找储存的食物（第 141 页上段）。

鸟类“运输机”

- 集群繁殖的鸟类会从广阔的范围内带回营养物质，并将其聚集到鸟巢周围（第 25 页上段）。
- 鸟类取食果实之后，可以在离取食地很远的地方将种子吐出或排泄出来，有时甚至是数百千米之外，从而将种子散播到四面八方（第 145 页下段）。
- 逆流而上的鲑鱼会将营养物质从海洋输送到森林，这为植物提供了肥沃的土壤，从而帮助了鸟类和整个生态系统（第 125 页下段）。

食物和觅食

由于鸟类的体温较高、新陈代谢旺盛，因而需要耗费大量的能量，这同时也意味着它们需要摄取大量食物。因此，鸟类每天大部分时间都在寻找、捕捉和处理食物。

- 鸟类一个晚上会减少 10% 的体重，并且每夜如此（第 125 页中段）。
- 如果你“吃的像鸟一样多”，那你可能每天要吃至少 27 张大比萨（第 184 页，金冠戴菊）。

- 一只旅鸫每天可以吃掉总长约 4 米的蚯蚓（第 185 页，旅鸫）。

食物处理

鸟类没有手和牙齿，但是它们有一些处理食物的小妙招。英语中有个俗语为“as scarce as hen's teeth”，原意是“像母鸡的牙齿一样稀少”（因为鸡和所有的鸟类一样都没有牙齿），通常用于表示极其稀少、凤毛麟角。

- 鸟类会用喙夹取食物，一般是将其整个吞下，随后交由体内的消化系统继续处理（第 5 页下段）。
- 鸟类可以一口吞下非常大的食物。比如大蓝鹭就能完整吞下一条超过自身体重的 15% 的鱼（第 31 页上段）。

【喙】

喙是鸟类处理食物的首要结构。鸟类演化出了多种喙型来适应不同的觅食习性。读者可以通过浏览书中介绍的鸟类来感受喙的多样性，并了解每种喙型如何适应特定的觅食习性。

- 大多数鸟类都只用喙来处理食物，并且会将食物整个吞下（第 83 页下段）。
- 鸟类的喙是一个轻盈的骨质结构，表面覆盖着一层薄薄的角质鞘（第 7 页下段）。
- 并非所有鸟类的喙都坚硬无比而无法弯曲，许多喙较长的鸟类可以只开启或闭合一部分喙尖（第 41 页下段）。
- 喙的形状会随着新的觅食条件出现而发生快速演化（第 161 页上段）。
- 鸟喙的某些细节构造是专门为理羽而演化出来的（第 145 页中段）。
- 那些要打开坚硬种子的鸟类需要强壮的下颌肌肉，因此它们也需要更牢固的下颌以及更大、更厚重的喙来承受更大的咬合力（第 149 页中段）。
- 用喙敲击橡果的蓝鸦和丛鸦演化出了更坚固的下颌（第 111 页上段）。
- 尽管大蓝鹭等鹭类的喙十分尖锐，但是它们在捕猎时并不是用喙去刺穿猎物，而是用上下喙紧咬猎物（第 31 页上段）。
- 霸鹟会用喙尖夹住飞虫，而不是张嘴“兜”住它们（第 97 页下段）。
- 鹈鹕用巨大的喙和可扩张的喉囊来“捞”鱼（第 29 页上段）。
- 鹬可以利用水滴将食物送入嘴里（第 43 页下段）。

【舌头】

我们通常不怎么会想到鸟类的舌头，一部分原因是我们很少看到它们。事实上，舌头对于鸟类而言至关重要，而且已经演化出多种特殊的形态。

- 许多鸟类会用舌头来控制嘴里的食物（第 85 页下段）。
- 蜂鸟的舌头能够包裹住液滴并将其送入嘴中（第 79 页左下）。
- 啄木鸟的舌头又长又灵活，而且还具有黏性和倒钩，可以从缝隙中取出食物（第 91 页上段）。
- 像啄木鸟那样的长舌头是“装”在一个鞘里的，这个鞘从颅骨的后方环绕到头顶（第 91 页下段）。

【脚】

大多数鸟类处理食物的时候并不用脚。只有鹦鹉经常会用脚抓取食物，而且大多数鹦鹉是“左撇子”（第 85 页中段）。

- 像白头海雕这样的猛禽会用巨大的爪子来捕捉和抓持猎物，然后用喙撕扯猎物（第 180 页，白头海雕）。
- 山雀、蓝鸦和丛鸦会用双脚固定食物，然后再用喙将其敲开（第 111 页上段）。

觅食方法

鸟类演化出了多种觅食方法和策略。大多数鸟类会通过视觉来寻找食物，但是对某些鸟类而言，触觉（第 43 页中段）、味觉（第 19 页中段）、嗅觉（第 59 页中段）和听觉（第 65 页下段）同样重要（见上文“鸟类的感官”）。

- 旅鸫在觅食时歪着头的样子仿佛是在倾听什么，但那实际上是在寻找蚯蚓和其他猎物的蛛丝马迹（第 127 页中段）。

【有助于觅食的各种技巧】

- 和家鸡一样，新大陆鹑会使用单脚扒地的动作来觅食（第 71 页中段）。
- 唧鹀在觅食时会用双脚扒地（第 153 页中段）。
- 海浪会将沙子里的无脊椎动物冲刷到表面，三趾滨鹬便会趁机觅食（第 179 页，三趾滨鹬）。
- 鹭类会使用诱饵和其他一些把戏来引出猎物（第 33 页下段）。
- 啄木鸟会在树上凿出一个个小洞来捉出树干中的昆虫（第 87 页右）。
- 鸟类能够利用猎物的迫近反应[1]来让猎物受到惊吓并暴露行踪（第 135 页中段）。
- 一些鸟类会用长尾巴将昆虫从藏身之处赶出来（第 95 页上段）。
- 东草地鹨会用喙在缠结的草丛中撑开一个空隙，来寻找藏在里面的猎物（第 167 页下段）。

【有助于捕获食物的演化适应】

- 一些鸟类习惯偷取其他鸟类的食物（第 29 页下段）。
- 俯冲入水是在开阔水域捕鱼的一种常见技巧（第 49 页中段）。
- 有些鹰类演化出了敏捷的飞行能力和修长的双腿，因此能够快速飞行并在空中抓住小型鸟类（第 55 页下段）。
- 蜂鸟和花朵之间发生了协同演化：蜂鸟的鸟喙形状与花朵的形状相匹配，而花朵的特征只会吸引蜂鸟前来，而不会吸引昆虫（第 181 页，棕煌蜂鸟）。
- 霸鹟几乎完全依靠在飞行中捕获的昆虫为食，为此它们演化出了许多视觉方面的适应特征（第 97 页中段）。

1　受物体逼近时的阴影视觉刺激而产生的生理性防御反应，比如眨眼等无意识的动作。

- 许多鸟类会潜入水中觅食（第 21 页中段，第 25 页下段），而有些鸭类只会将前半身压入水中来获取水下的食物（第 177 页，绿头鸭）。

消化系统

鸟类将食物吞下之后会先储存在嗉囊，然后再送入肌胃（又称砂囊）粉碎和研磨，接下来送入肠道，在这里吸收食物中的营养物质和水分并将废弃物聚集起来。

- 鸟类的反刍是正常现象（第 35 页中段）。
- 嗉囊是靠近消化道起始处的食物储存器官，而肌胃中强大的肌肉可以粉碎和“咀嚼”食物。许多鸟类还会吞下碎石和沙子来帮助磨碎食物（第 5 页下段）。
- 有些鸟类可以吞下整个蛤蜊，然后在肌胃中将其粉碎并消化（第 178 页，斑头海番鸭）。
- 美洲鹫的肠道菌群有助于消化腐肉，而这些菌群对大多数动物来说是有毒的（第 180 页，红头美洲鹫）。
- 有些鸟类会将食物中无法消化的部分以食丸的形式呕吐出来（第 95 页下段）。
- 鸟类的粪便通常黑白相间，而且含水量很低（第 173 页下段）。

食物的品质

鸟类对于不同食物的营养价值了然于心，它们会为自己和孩子寻找高质量的食物。

- 即使是热衷于造访鸟类喂食器的山雀，也至少有一半的食物来源于野外。为了给雏鸟提供牛磺酸这种营养物质，山雀亲鸟会特地寻获蜘蛛来喂养雏鸟（第 113 页中段）。
- 鸥类成鸟自己可能会在垃圾场觅食，但是却会为雏鸟捕捉新鲜的鱼（第 47 页上段）。
- 鸟类会权衡利弊，精心挑选食物（第 115 页上段）。
- 有些鸟类在喂食器中挑好一粒种子后，会飞到别处把种子吃掉，因此究竟选择哪粒种子显得尤为重要（第 115 页中段）。

- 一些鸟类会为了补充钙质而去吃油漆碎片（第 109 页中段）。
- 橡果在为鸟类提供热量的同时，也会导致蛋白质流失，因此食用橡果的鸟类必须有额外的蛋白质来源（第 111 页上段）。

储存食物

大多数鸟类在找到食物之后会当场吃掉，但是有些鸟类则会投入大量精力来储存食物，以备未来之需。

- 一群橡树啄木鸟可以储存成千上万的橡果，留待今后食用（第 89 页上段）。

- 蓝鸦和丛鸦会将一些食物储存起来，等到冬季再食用，并且还会小心翼翼地避免暴露储藏地点（第 111 页中段）。
- 一只山雀在一个季节里就能储存多达八万个食物。它们不仅能记住每个食物的储存地点，还能记住有关这些食物质量的信息（第 113 页下段）。

饮水

- 鸟类每天可以喝下和自己体重相当的水，同时也能几乎滴水不进（第 153 页下段）。
- 生活在炎热干燥气候下的鸟类有许多减少水分散失的演化适应和策略（第 186 页，棕喉唧鹀）。
- 一些鸟类的额部具有盐腺（就像额外的肾脏），因此可以在必要的时候喝咸水，并且能够在咸水和淡水环境之间自由切换（第 17 页上段）。
- 为了保存水分，鸟类将尿液浓缩成几乎不含液体的白色固态物质（第 173 页下段）。

生存

鸟类和天气

不管面对何种天气条件，鸟类都需要生活在野外环境之中。虽然它们可以依靠羽毛来保护自己，也能利用各种技巧来求得生存，但是恶劣天气依然是一个巨大的挑战。

- 为了在风暴中生存，鸟类会在风暴来临前通过不断进食来囤积脂肪，并且会在风雨最猛烈时寻找庇护所（第 47 页下段）。
- 燕子主要以在飞行中抓到的昆虫为食，因此长时间的恶劣天气可能会给它们的生存带来严峻挑战（第 183 页，双色树燕）。

【保持温暖】

由于鸟类的体型较小且体温较高，因此在寒冷的天气中保持温暖是一项极大的挑战。在这种情况下，羽毛便成了御寒保暖的第一道防线。

- 同等重量下，绒羽是已知效果最好的保暖材质（第 9 页中段）。
- 鸟类会在冬季长出更多羽毛（第 161 页中段）。
- 在极寒天气中，鸟类会减少活动、待在避风处，还会蓬起羽毛来加厚隔热层，并收起喙和脚以减少热量散失（第 125 页中段）。
- 鹈鹕会进行日光浴，具体的方式就是蓬起羽毛，让深灰色的皮肤吸收热量（第 178 页，黑颈鹈鹕）。
- 给天鹅的长脖子保暖想必很难，因此它们的颈部覆盖着一层浓密的羽毛（第 7 页中段）。
- 为了在寒冷的夜晚节省能量，许多小型鸟类会进入一种短暂的休眠状态，称为“蛰伏”（第 77 页下段）。
- 鸟类利用逆流交换循环机制来避免热量通过缺乏保暖层

的腿脚流失（第 15 页上段）。

- 在寒冷气候下生存的鸟类往往具有较小的喙和脚，这样可以减少暴露在外的体表面积（第 159 页下段）。
- 长着巨大鸟喙的北极海鹦是如何在北极寒冷的海水中保持温暖的呢？没有人知道答案（第 25 页中段）。

【保持凉爽】

鸟类穿着一身性能优良的隔热羽衣，而且和人类一样也会在运动之后发热。想象一下，这就好比你时刻穿着羽绒服，即使在运动时也不例外！因此，鸟类必须注意避免体温过高。

- 实际上，具有深色羽毛的鸟类会比身披白色羽毛的鸟类体感更为凉爽（第 107 页中段）。
- 鸟巢的保温作用是非常重要的，可以避免卵和雏鸟变得太冷或太热（第 117 页下段）。
- 鸟类不会出汗，而是通过喘气来降温（第 143 页中段）。
- 生活在沙漠地区的鸟类会避免在一天中最热的时段费力活动（第 186 页，棕喉唧鹀）。

躲避捕食者

鸟类经常遭受多种捕食者的猎杀，它们的外观和行为在很大程度上就是为了应对这类威胁而演化出来的。这些对策通常可以分为三类：保持低调，保持警戒，以及最后的绝招——分散捕食者的注意力。

【保持低调】

许多鸟类依靠躲藏来生存，并且具有用于伪装的各种隐蔽色。

- 双领鸻等鸟类身上醒目的羽毛纹路可以通过打破身体轮廓来达到伪装效果（第 179 页，双领鸻）。
- 许多鸟类的羽毛有复杂的纹路图案，可以和周围环境融为一体（第 180 页，东美角鸮）。
- 许多鸟类能够在需要的时候把自己鲜艳的羽毛隐藏起来（第 143 页下段，第 175 页上段）。
- 鸟类通常会谨慎地选择巢址，让鸟巢不易被发现，而亲鸟在接近和离开鸟巢时也会十分隐秘（第 12 页中段）。
- 许多在地面筑巢的鸟类会产下具有保护色的卵，并选择和卵的颜色相仿的巢址。它们还演化出没有气味的尾脂腺油脂，可以在繁殖季隐藏自身的气味，避免被捕食者发现（第 39 页上段）。
- 䴓天生就会将芳香物质或有黏性的材料涂在洞巢的开口处，这种行为可能是为了赶走捕食者，但是目前人们还不清楚其真正的作用（第 119 页上段）。
- 大多数鸟类会尽量藏在植被中，避免前往开阔地带，同时还会权衡进食机会的风险和利弊得失（第 115 页上段）。
- 为了尽可能躲避捕食者，雀鹀会将进食时间推迟到黄昏时刻，这样就能保证一天中的活动时间里直到最后一刻都拥有轻盈而敏捷的身体（第 159 页中段）。

- 鸟类通常会选一个不太起眼而且捕食者难以接近的地方睡觉或休息。在树林中栖息的鸣禽则会待在离地面很高的树枝上栖息（第 121 页上段）。
- 许多小型鸣禽会在夜间进行迁徙，有一个假说认为这种策略的目的是躲避捕食者（第 187 页，白冠带鹀）。

【保持警戒】

捕食者捕捉猎物时通常需要乘其不备，因此它们的目标往往是那些看起来飞行缓慢或注意力不集中的鸟类。为了不让捕食者得逞，鸟类会发出响亮的警报声来告诉捕食者“我们已经看到你了”，同时也能提醒附近的其他鸟类。它们还会用一些其他技巧来表示自己处于警戒的状态。

- 很多鸟类都能听懂警报声，甚至一些鸟类在起飞时振翅发出的“呼呼”哨声也能够提醒其他鸟类注意危险（第 75 页下段）。

- 乌鸦会互相传递复杂的信息来提示危险（第 105 页下段）。
- 许多鸟类羽毛上的图案看起来像眼睛，能够形成一张“假脸”，这种策略可能是为了让捕食者以为自己已经被猎物看见了（第 61 页上段）。
- 摇尾巴和弹尾巴的行为似乎是在向捕食者传递一个自己处于警戒状态的信号（第 95 页上段）。
- 许多鸟类真的会睁着一只眼睡觉（第 75 页中段）。
- 鸟群中的成员会依靠同伴的帮助来共同保持警戒（第 173 页上段）。
- 当迁徙候鸟飞抵一个新地方后，可以从当地留鸟那里获取与捕食者有关的信息（第 113 页上段）。

【分散捕食者的注意力】

当其他方法都失效时，鸟类会试图迷惑、骚扰或惊吓捕食者。

- 体型较小的鸟类通常飞得比捕食者更快、更敏捷，所以它们在骚扰和追赶捕食者时会显得凶猛而大胆，有些鸟类甚至以此而闻名，比如西王霸鹟（第 182 页）。
- 小型鸟类经常大胆而吵闹地聚集在一起骚扰或“围攻”捕食者（第 123 页左下）。
- 许多鸟类还会假装自己受伤来引开捕食者，以保护自己的鸟巢（第 39 页右）。
- 一大群鸟可以在空中眼花缭乱地翻转腾挪。虽然这些动作看上去像是精心编排过的，但其实只是对鸟群中其他个体的行为所做出的反应，就像人们在体育场玩“人浪”一样（第 43 页上段）。
- 像北扑翅䴕的白腰这样炫耀夺目的羽色可能有助于吓退正准备发动攻击的捕食者（第 93 页下段）。
- 有些鸟类会在威胁炫耀时展示出吓人的图案，比如眼状斑（第 119 页下段）。

社会行为

所有鸟类的社会生活都很复杂。由于鸟类主要通过视觉和声音进行交流，我们才得以从远处就能研究和欣赏它们彼此之间的互动。有些鸟类的社会性非常强，常年成群活动或集群繁殖，其他鸟类则主要单独活动，只有在繁殖季才会与配偶有所联系和交流。

竞争与合作

鸟类通常会努力寻找一个食物充足且安全的领域，而且经常需要捍卫这些资源，以免被其他鸟类夺走。但是在其他情况下，集群生活和合作则会有更多好处。

- 威胁炫耀通常包含一些能够让鸟类看起来更高大的动作和姿势（第 7 页上段）。
- 体型较小的绒啄木鸟演化出了和体型大得多的长嘴啄木鸟相似的外观，这可能是为了在鸟群中获得更高的地位等级（第 182 页，绒啄木鸟）。
- 当食物集中分布在某些零散的地点时，集群活动就会展现出优势（第 173 页上段）。
- 当合适的巢址有限（比如在岛屿上）而食物零散分布（比如在海里）时，集群繁殖便是最佳策略（第 49 页上段）。
- 小群体比个体更善于解决问题（第 187 页，家麻雀）。
- 橡树啄木鸟需要通过一小群同伴之间的相互合作来共同储存食物（第 89 页上段）。
- 乌鸦有丰富而复杂的社会生活，它们通常会成群活动，一个群体中往往会包含一对亲鸟以及它们近几年出生的孩子（第 105 页上段）。
- 有些鸟类会互相理羽（第 183 页，渡鸦）。
- 山雀的社会性很强而且好奇心十足，常常是混合鸟群的核心物种（第 113 页上段）。

【求偶】

大多数鸟类的求偶过程既漫长又复杂，几乎都会包含声音和视觉两方面的炫耀。

- 鹤是一类十分引人注目的群居性鸟类，它们的求偶行为包括舞蹈和一些其他炫耀方式（第 37 页下段）。
- 雄性绿头鸭会聚集成群，通过精心编排的炫耀和叫声向雌鸟求爱（第 12 页上段）。
- 红尾鵟的求偶过程包括复杂精细的飞行炫耀以及交换猎物和巢材的行为（第 52 页上段）。

- 雄性主红雀会向雌性展示其鲜艳的红色羽毛和鸣唱能力，还会把食物喂给雌鸟（第 186 页，主红雀）。
- 火鸡利用“求偶场”来寻找配偶（第 67 页上段）。
- 在求偶“舞蹈”中，北扑翅䴕会张开尾巴并左右摇摆身体（第 93 页上段）。
- 鸟类在求偶时的鸣唱行为往往会搭配视觉方面的展示，比如露出一些颜色鲜艳或对比强烈的羽毛。但是这些部位在其他时候通常会被藏起来（第 143 页下段，第 175 页上段）。
- 大多数鸟类的配偶关系会维系终生，但是对于体型较小的鸟类而言，双方在下一年都能存活下来并共同进行第二次繁殖的概率相对较小（第 169 页下段）。

声音和炫耀

鸟类通过鸣唱来向潜在的配偶和对手炫耀自己，并以这种方式宣示对自己领域的“主权”和标记领域的边界。

- 鸟类会练习鸣唱，也会根据不同的听众调整“演出曲目”。比如，它们在面对配偶和竞争对手时唱的曲调就不一样（第 143 页下段）。
- 昼夜长短的改变所造成的激素变化会促使鸟类开始鸣唱（第 147 页右下）。
- 许多鸣禽会通过遗传获得某种曲调的模板，但是它们必须听过同类的鸣唱才能唱出相同的歌声。大部分鸣禽在年幼时就能学会一种或多种不同的曲调，并且终生只唱这些歌曲，不会有太大改变（第 157 页上段）。
- 一只小嘲鸫的鸣唱歌单可以有超过两百首歌（第 185 页，小嘲鸫）。
- 卡罗苇鹪鹩会唱出多达五十种不同的乐句（鸣唱片段），而一只雄性长嘴沼泽鹪鹩则可能唱出两百多首不同的乐曲（第 184 页，卡罗苇鹪鹩）。
- 鸟类用鸣管发声，并且可以同时唱出两种不同的声音，每一侧鸣管各唱一种（第 131 页中段）。
- 有些鸟类鸣唱中的音高具有数学上的相关性，就像音阶一样（第 131 页上段）。
- 有些鸟类之所以在夜间鸣唱，主要是为了利用夜晚的宁静来更好地传递信息（第 135 页下段）。
- 鸟类的鸣唱就像精心设计的体操动作一样，兼具力量、速度和精确性（第 157 页中段）。
- 许多鸟类会边飞边唱，这不仅仅是为了视觉方面的炫耀，也是为了将歌声传递得更远（第 167 页上段）。
- 鹦鹉那肌肉发达的舌头可能在发声方面发挥了重要作用（第 85 页下段）。

鸟类发出的声音不一定来自鸣管。

- 沙锥等一些鸟类会用特化的羽毛来制造声音（第 45 页上段）。
- 许多鸟类的翅膀会在飞行时发出哨声（第 75 页下段）。
- 小丘鹬的炫耀飞行十分令人惊叹，炫耀时发出的声音主要甚至是完全来自翅膀（第 179 页，小丘鹬）。
- 大多数啄木鸟会用喙敲击木头所发出的急促的錾木声来代替鸣唱（第 87 页右）。

家庭生活

鸟类生活的核心活动是繁殖。它们会寻找配偶、挑选领域或营巢地、筑巢、产卵、孵卵，然后喂养和保护后代。对于体型较小的鸟类而言，完成整个过程可能只需一个月，而许多较大型的鸟类可能要花 4 ~ 6 个月，少数鸟类甚至需要一年以上的时间。

【领域】

繁殖领域能够为鸟类提供食物、水和合适的营巢地，因此大多数鸟类都会保卫自己的领域，并在领域中度过整个繁殖季。留鸟则可能全年都待在自己的领域之中。

- 大多数候鸟每年夏天都会回到同一片小小的繁殖领域，而且通常就在它们的出生地附近（第 103 页上段）。
- 一些迁徙候鸟也会保卫一片越冬领域，并且每年都会回到那里越冬（第 185 页，棕林鸫）。
- 鸟类会保卫自己的领域并赶走入侵者，领域争端还可能导致短暂的激烈打斗。有时候，领域性强的鸟类甚至会被窗户或汽车后视镜中的影像所迷惑（第 187 页，歌带鹀）。

筑巢繁殖

在找到配偶并建立领域之后，鸟类便开始进入实际的产卵育雏工作，而不同的鸟类则演化出了不同的策略。本书展示了三种鸟类不尽相同的完整的筑巢繁殖过程：绿头鸭（第 12—13 页）、红尾鵟（第 52—53 页）以及旅鸫（第 128—129 页）。

【筑巢繁殖的时机】

整体而言，鸟类似乎会挑选合适的繁殖时机，以便在育雏阶段能够获取到丰富的食物。对于大多数鸣禽来说，春天和初夏是最佳的繁殖季节，因为那时候的昆虫数量最多。

- 太平鸟会考虑果实成熟的高峰期来相应地安排自己的繁殖周期（第 139 页上段）。
- 大多数鸟类的繁殖季十分短暂，但是哀鸽等鸟类几乎全年都可以繁殖（第 181 页，哀鸽）。
- 近期一项关于繁殖时间的研究发现，随着气候变暖，许多鸟类的繁殖时间有所提前（第 111 页下段）。
- 有些鸟类一年中会在两种不同的生境筑巢繁殖（第 139 页下段）。

【筑巢】

每种鸟类都有自己的筑巢风格，包括位置、材料、建造方法和形状等方面。有些鸟类会为自己的卵筑造独具匠心的巢，也有一些鸟类完全不筑巢，还有的甚至不会亲自养育雏鸟。这些行为都是与生俱来的本能，但是也会根据当地情况进行调整。

- 红尾鵟（第 52 页中段）和旅鸫（第 128 页上段）通常需要花 4 ～ 7 天时间筑巢，但是短嘴长尾山雀的筑巢周期可以长达 50 天（第 117 页左）。
- 啄木鸟会在树干上凿洞筑巢（第 87 页右）。
- 有些鸟类会用泥巴建造形状独特的巢，我们甚至可以通过鸟巢形状来判断筑巢的鸟类物种（第 101 页上段）。
- 短嘴长尾山雀生来就会建造两种不同样式的鸟巢（第 117 页上段）。
- 鸟巢具有十分重要的隔热保暖功能，可以避免卵和雏鸟遭受严寒或高温。有证据表明，生活在寒冷地区的鸟会建造更厚实的巢（第 117 页下段）。
- 在树洞（如啄木鸟的旧巢）中筑巢的鸟类依赖于充足稳定的巢洞来源。而在缺乏天然巢洞的区域，人工巢箱是很好的树洞替代品（第 133 页中段）。
- 有些鸟类根本不筑巢，而只是将卵产在地面的浅坑之中，不过它们演化出了多种有助于成功繁殖的策略（第 39 页上段）。
- 在沙滩上筑巢的鸟类不得不与人类、狗、车辆以及其他威胁共存（第 39 页下段）。

【护巢】

- 即使鸟类在平时较为胆小，它们在守护自己的巢穴时也可能变得极具攻击性（第 135 页上段）。
- 集群繁殖的一个潜在优势是所有的巢都可以由一大群鸟来共同守护（第 49 页上段）。

【鸟卵】

每一枚鸟卵都代表着巨大的投入。

- 一枚鸟卵的重量可达雌鸟体重的 12%，而雌鸟可能会连续几天每天都产下一枚卵（第 157 页下段）。

- 形成卵壳需要大量的钙元素，鸟类必须从日常饮食中获取这种营养物质。一些鸟类尝试获取钙元素的途径是去吃房屋上掉落的油漆碎片（第 109 页中段）。
- 杀虫剂滴滴涕（dichloro-diphenyl-trichloroethane，缩写为 DDT）的影响之一是会降低鸟类代谢钙元素的能力，这会导致卵壳变薄，从而造成繁殖失败（第 29 页左中）。

每一种鸟的卵都具有独特的形状、颜色和纹路。

- 不同鸟类的卵外形有所不同，并且可能受到了飞行需求的影响（第 169 页上段）。
- 鸟卵上黑斑的主要功能是用来加强卵壳的强度（第 137 页左下）。
- 每巢的卵数因鸟类物种而异。许多鸣禽通常会产 4 枚卵，而且一对亲鸟完全有能力为这么多雏鸟提供充足的食物（第 128 页中段）。
- 早成性鸟类可以产下更多的卵，因为它们的雏鸟在破壳时就已发育得较为充分，出生后不久就能独立觅食。这些鸟类通常一巢可以超过 10 枚卵，比如绿头鸭（第 12 页中段）。
- 有些鸟类每巢只产一枚卵，而红尾鵟等鸟类则会产 2 ~ 3 枚卵（第 52 页中段）。
- 亲鸟在孵化开始之前的产卵阶段并不会守护鸟巢。雌鸟会每 1 ~ 2 天回巢产下一枚卵（第 12 页中段）。
- 如果在地上发现了卵壳的碎片，那就说明鸟卵很可能被捕食或发生了意外。相反，如果卵壳较规整地裂成了两部分，那就意味着雏鸟大概率已经成功孵化（第 133 页下段）。

【亲鸟的角色】

不同鸟类的雌雄双方在筑巢繁殖过程中扮演着不同的角色。总体而言，雌鸟承担的工作比雄鸟更多。

- 一般来说，那些雄性和雌性长相相近的鸟类会大致平均分担筑巢繁殖过程中的各项工作（第 3 页下段）。
- 鸟类的迁徙习性不仅与性二型相关，也和雌雄双方的角色分配有关，通常是雌性承担更多的筑巢和养育工作（第 186 页，靛蓝彩鹀）。
- 大多数鸭类由雌性来负责所有的筑巢繁殖工作（第 12 页）。
- 蜂鸟和松鸡，包括那些采用“求偶场”交配制度的种类，都不会形成稳定的配对关系，而且雄鸟不会参与任何筑巢或养育雏鸟的工作（第 67 页上段）。
- 鹡鸰亲鸟的育儿分工与众不同（第 23 页下段）。
- 乌鸦亲鸟通常会有帮手协助养育后代，这些帮手一般是它们前一两年生下的孩子（第 105 页上段）。

【孵化】

孵化是指亲鸟坐在卵上利用体温加热鸟卵，促使胚胎开始发育并最终破壳而出的过程。胚胎一旦开始发育就会对温度的变化十分敏感，因此亲鸟每天孵卵的时间可以长达 23 个小时。

- 大多数鸟类的亲鸟在产下一巢中的最后一枚卵后才会开始孵卵。这样可以保证所有的雏鸟一起发育和破壳（称为同步孵化）（第 12 页中段）。
- 另一些鸟类的亲鸟则在产下第一枚卵后就开始孵卵。因此，雏鸟会按照产卵的顺序依次破壳而出（称为异步孵化）（第 52 页下段）。
- 一般来说，早成雏的孵化时间较长，而晚成雏则较短（第 3 页上段）。
- 有证据表明，一些鸟类尚未出壳的雏鸟会在破壳前的最后几天和亲鸟进行声音交流（第 23 页下段）。
- 卵的发育和孵化时间长短，一定程度上是在和兄弟姐妹的竞争压力之下演化而来——它们会争先破壳而出（第 115 页下段）。
- 红尾鵟的孵卵工作主要由雌鸟完成，时间长达 4 ~ 5 周（第 52 页中段）。
- 绿头鸭的孵卵工作由雌鸟全权负责，大约需要 4 周（第 12 页）。
- 旅鸫的孵卵工作同样由雌鸟独自承担，雏鸟只需不到 2 周就能孵化（第 128 页）。
- 孵化期对于鸟类而言是最危险的时期（第 12 页中段）。

【雏鸟的生长发育】

- 早成雏在破壳时就能睁开眼睛，而且身上被覆羽毛，它们一生下来就知道如何觅食和躲避危险（第 3 页上段）。
- 早成雏能够自主觅食，但是需要依靠父母来帮助它们维持体温并给予生存指导，尤其是在刚出生的第一周（第 13 页下段）。
- 晚成雏刚孵化出来的时候全身裸露无羽，完全没有能力照顾自己，而是需要亲鸟多日的精心照料。早成性和晚成性鸟类各有利弊（第 103 页中段）。
- 有些鸟类采用的策略介于早成性和晚成性之间，这些鸟类的雏鸟在破壳时已经长好了绒羽并且行动自如，但是它们仍然需要依靠亲鸟来提供食物（第 19 页下段）。
- 在像红尾鵟这样异步孵化的鸟类中，亲鸟会优先喂养最强壮的（通常就是最早孵出来的那只）雏鸟，其他兄弟姐妹只有在食物充足时才能得到食物（第 53 页）。
- 雏鸟会对“长得像父母”的东西本能地形成依附，这种行为被称作“印记行为”（第 3 页中段）。

- 潜鸟的雏鸟经常待在亲鸟背上休息，因为这比在水里游泳更温暖也更安全（第 21 页中段）。
- 如果食物离鸟巢的距离较近，亲鸟会直接用喙叼住食物带回巢中喂养雏鸟。而如果距离较远，亲鸟则会将食物存在嗉囊中带回巢，随后反刍出来喂给雏鸟（第 35 页中段）。
- 亲鸟会选择营养价值高的天然食物来喂养雏鸟，而且往往不同于自己所吃的食物（第 47 页上段）。
- 在喂养雏鸟的大约第一周内，山雀会特意抓一些蜘蛛来喂养雏鸟，因为蜘蛛富含雏鸟必需的营养物质——牛磺酸（第 113 页中段）。
- 留巢雏鸟所产生的排泄物会以“粪囊”的形式排出体外（第 87 页下段）。

【羽翼初丰】

雏鸟在羽翼丰满之前待在巢内的时间因鸟种而异。早成雏孵化后几小时就会离巢，但离巢后要经过相当长的时间才能飞行。而晚成雏是另一个极端，它们出生后要先在巢中待上好几周并完全依赖父母生活，直到能够飞行。

- 尽管雏鸟常常会在完全掌握飞行技能之前就离巢，但是离巢的雏鸟通常无需人类的帮助（第 105 页中段）。
- 为了尽早长齐飞羽，许多雏鸟会先长出一套不太耐用的羽毛，然后在接下来的几周内再换成一套更坚韧、更像成鸟的羽衣（第 147 页左中）。
- 就像人类不是“学会”走路一样，鸟类也不是“学会”飞行的。雏鸟需要的是长出飞行所需的羽毛和肌肉，并锻炼自己的协调能力（第 53 页）。
- 旅鸫雏鸟孵化出来以后只需约两周的时间就能离巢（第 129 页）。
- 红尾鵟雏鸟会在孵化后 6 周左右离巢，但是在接下来的几个月内仍然需要从亲鸟那里获取食物（第 53 页）。
- 潜鸟的雏鸟在孵化后大约需要 12 周才会完全独立（第 21 页中段）。
- 绿头鸭在出生后几小时就会离巢，随后逐渐变得更为独立。等到孵化后约 8 ~ 9 周的时候它们就能飞行（第 13 页）。

【离巢后的照料和雏鸟的独立】

大多数雏鸟离巢之后仍然需要亲鸟的喂养和保护，时间可达几天或几周之久。

- 大部分鸣禽的亲鸟会在雏鸟离巢后继续照顾它们，时间最长可达两周（第 129 页）。
- 对于像红尾鵟这样的大型鸟类而言，雏鸟离巢后会在巢附近逗留几周时间，并在离巢后继续接受亲鸟的喂养至少 8 周，这个时间最长可达 6 个月之久（第 53 页）。
- 雁鸭类等早成性鸟类的雏鸟不会从亲鸟那里获取食物（第 13 页）。
- 大多数鸟类到了冬天就不会以家庭为单位活动，而是会各奔东西（第 155 页下段）。
- 一些集群鸟类会成对或成群活动数月甚至数年（第 37 页下段；第 188 页，暗背金翅雀）。

【再次筑巢繁殖】

- 大多数鸟类每年只繁殖一次。如果繁殖失败时仍然处于繁殖季早期，它们可能会尝试第二次筑巢繁殖。但是由于时间有限，它们无法在一个繁殖季内完成两次完整的繁殖周期（第 13 页）。
- 许多小型鸟类的繁殖周期较短，因此可以在一个繁殖季内成功完成 2 ~ 3 次繁殖，而且通常每次都会建造新巢（第 129 页）。
- 有些鸟类会重复利用旧巢（第 95 页中段）。

【巢寄生】

有些鸟类完全不筑巢，也不照顾自己的雏鸟。牛鹂采用的就是这种被称为“巢寄生”的繁殖策略。它们会将自己的卵产在其他鸟类的巢里，让不知情的养父母来承担所有的养育工作。

- 牛鹂的卵比宿主的卵更早孵化，牛鹂雏鸟也长得更快更大。因此，牛鹂雏鸟比巢中的其他雏鸟更具竞争优势（第 171 页下段）。
- 牛鹂雌鸟会密切关注自己产下的卵，这可能是牛鹂雏鸟在离巢几周后就能认出同类的关键原因（第 171 页中段）。

鸟类与人类

鸟类与人类之间的联系主要有以下几类：鸟类对人类文化的影响，商业贸易下的鸟类，以及人类对鸟类生活的改变。

鸟类与人类文化

鸟类在民俗文化中占据着举足轻重的地位，它们的外形、习性和声音也在过去数千年中激发了无数作家、音乐家和科学家的灵感。

- 鸟类的鸣唱和人类的音乐之间具有相似之处（第 131 页上段）。
- 科学家们一直在从鸟类的羽毛和其他结构的各种细节中获得启发（第 103 页下段）。
- 人们通过鸟类的迁徙和鸣唱来感知四季更迭（第 147 页右下）。
- 沙锥（snipe）是一类真实存在的鸟，但“捕猎沙锥（snipe hunt）”却是个捉弄人的把戏（第 45 页中段）。
- 许多猛禽几个世纪以来一直遭受着人类毫无根据的杀害（第 55 页上段）。

【鸟类的名称】

常见鸟类的名称通常源自它们的声音、习性或外观。

- 长尾霸鹟的英文名“phoebe”来自它们那听上去像“FEE-bee”的鸣唱声（第 182 页，黑长尾霸鹟）。
- 在北美，山雀的英文名为“chickadee”，取自它们那听上去像“chick-a-DEE-DEE-DEE”的叫声（第 184 页，黑顶山雀）。
- 䴓的英文名“nuthatch”似乎来源于它们那像小斧头（hatchet）一样“破开（hatching）坚果（nut）”的习性（第 184 页，白胸䴓）。
- 几种凤头山雀的英文名“titmouse”来自两个表示“小鸟”的中古英语单词，即“tit”（意为“小”）和“mose”（意为“小鸟”）（第 184 页，纯色冠山雀）。
- 旅鸫的英文名“American Robin”来源于和它们长相相似的远亲欧亚鸲（European Robin）（第 185 页，旅鸫）。

商业贸易下的鸟类

早期的人类捕杀野生鸟类是为了获取食物。直到 1900 年左右，野生鸟类仍旧被作为食物以及时尚用品而遭到猎杀和广泛售卖。如今，我们通过饲养家禽来获取食物。

- 19 世纪的商业化捕猎是一些鸟类灭绝的原因，旅鸽就是其中之一（第 73 页下段）。
- 1900 年前后，为了装饰女帽而屠杀鸟类的行为引起了公愤，美国因此成立了奥杜邦学会和国家野生动物保护区，并且通过了新的野生鸟类保护法案（第 179 页，雪鹭）。
- 人类只成功驯化了少数几种鸟类（第 177 页，疣鼻栖鸭）。

- 由灰雁驯化而来的家鹅是人类最重要的家禽之一，它们不仅可以为我们提供肉、蛋和羽毛，还能看家护院（第9页下段）。
- 家养火鸡起源于墨西哥，后来经由欧洲传入美国（第67页中段）。
- 家鸡是北美洲数量最多的鸟类（第69页下段）。
- 在过去长达数百年的一段时间里，羽毛曾一直是人们首选的书写工具（第9页上段）。
- 鹅身上每种类型的羽毛都可以用来制作不同的产品（第9页中段）。
- 因为宠物贸易，全球的鹦鹉都在遭受猎捕的威胁（第182页，灰胸鹦哥）。
- 丽彩鹀的种群数量正在遭受威胁，部分原因是人们为了将其作为笼养鸟而进行捕捉（第151页中段）。
- 喂食野生鸟类的背后是一个庞大的产业。显然，这些食物需要有土地来种植，而且要在植物生长过程中防止被野生鸟类全部吃光（第175页下段）。

鸟类与人类环境

日益增长的人口对鸟类产生了广泛的影响，主要表现为人类侵占鸟类的自然栖息地，将其改造为人类所用。尽管一些鸟类能够适应这种改变并且从中获益，但是大多数鸟类却难以适应。

- 不同于在悬崖上筑巢的祖先，如今的家鸽轻松地适应了在人类建筑物的窗台上筑巢，并且在世界各地的城市中大量繁衍生息（第181页，家鸽）。
- 家麻雀大概在一万年前人类刚进入农耕社会时就逐渐适应了人类的环境并从中获益，它们始终和人们保持着密切的关系（第161页上段）。
- 家朱雀十分适应郊区生活，经常在窗台和其他建筑结构上筑巢繁殖（第187页，家朱雀）。
- 家燕（第101页上段）和烟囱雨燕（第99页下段）几乎只在人类建筑物上筑巢。
- 蓝鸲会在洞中筑巢繁殖，比如利用啄木鸟的旧巢。如果不是人们提供了人工巢箱，它们能够筑巢的地方可能就会非常有限（第133页中段）。
- 由于人类制造的噪声改变了环境中声音的“景观”，鸟类也因此在改变它们的声音（第159页上段）。
- 城市中有越来越多的鸟类选择在夜晚歌唱，或许是因为鸟类想要利用夜间的安静环境来更好地传递信息（第135页下段）。
- 沙滩资源本就十分稀少，而人类对沙滩的需求又很大，这就使得人类与那些在沙滩上筑巢繁殖的鸟类之间产生了冲突（第39页下段）。

农业和鸟类

工业化农耕的蓬勃发展不利于鸟类的生存，尤其是除草剂和杀虫剂的使用对鸟类造成的伤害更为严重。

- 随着农田面积不断扩张并且土地越来越贫瘠，原本生活在田间灌木丛中的鸟类数量也随之下降（第71页上段）。
- 现代的牧草生产方式会导致在牧草地中繁殖的鸟类没有充足的时间完成筑巢繁殖的完整过程，因为生产中更频繁的收割意味着两次收割作业之间的时间间隔过短（第167页中段）。
- 拟八哥和乌鸦等鸟类得益于人类农业的发展，但是它们的种群数量增加对生态系统产生了巨大的影响（第188页，拟八哥）。

给鸟类喂食

在大多数地方，你只需提供一点点食物就可以把鸟类吸引到自家院子里来。如果你放一些种子或其他营养价值更高的食物，鸟类一定会尽情享用。

- 蜂鸟（和一些其他鸟类）会被糖水吸引（第 79 页上段）。
- 相较于喂食器里的食物，鸟类通常更喜欢天然食物（第 155 页上段），而且来自喂食器的食物绝不会超过鸟类取食总量的一半（第 155 页中段）。
- 鸟类不会对喂食器产生依赖，喂食器也不会阻止鸟类迁徙或者增加它们被捕食的风险（第 155 页上段）。

生态学和鸟类保护

生态学是一门研究生物之间以及生物与环境之间相互作用的学科。在自然界中，任何事物都紧密关联，而鸟类就很好地展示了这些联系。

- 毫无疑问，鸟类需要干净、健康的环境（第 178 页，普通潜鸟）。
- 从吸汁啄木鸟凿出的洞里流淌出的树木汁液，也是许多其他动物重要的食物来源（第 182 页，黄腹吸汁啄木鸟）。
- 北扑翅鴷和其他啄木鸟啄出的树洞可以为其他几十种动物提供繁殖和栖息场所（第 182 页，北扑翅鴷）。
- 鲑鱼对于许多鸟类的生存而言至关重要，因为鲑鱼会将营养物质输送到河流上游（第 125 页下段）。
- 植物的果实演化出了吸引鸟类的特征，可以让鸟类帮助植物散播种子（第 145 页下段），而花朵则能吸引蜂鸟前来帮助植物传粉（第 181 页，棕煌蜂鸟）。
- 大蓝鹭得益于河狸创造的栖息地（第 31 页下段）。
- “恐惧”这种生态因素拥有巨大的影响力。捕食者会改变猎物的行为，从而为处于食物链下游的物种创造生存机会（第 180 页，库氏鹰）。
- 人类会将动植物运送到世界各地并放生到不同的生态系统中，这种行为有时会造成毁灭性的后果。其中有些物种得以在新环境中落地生根、繁衍生息，但是它们会对本土的其他物种产生严重的负面影响，人们称之为“入侵物种”（第 185 页，紫翅椋鸟）。
- 在北美洲，大多数人见到的天鹅通常是外来入侵物种而非本土物种（第 177 页，疣鼻天鹅）。
- 旅鸫是北美洲的原生鸟类，但是它们却得益于蚯蚓、南蛇藤和药鼠李等外来入侵物种（第 127 页左上）。

栖息地

- 在“资源争夺战”中，每个物种都会适应并占据一个可以与其他物种共存的生态位（第 41 页上段）。
- 许多鸟类对栖息地的具体情况相当敏感，比如树叶、昆虫、湿度、温度、光照等因素（第 185 页，黑喉蓝林莺）。
- 红尾鵟和美洲雕鸮会利用相似的栖息地并捕食相似的猎物，但是它们分别在白天和夜间捕食（第 180 页，美洲雕鸮）。

鸟类种群数量

- 北美洲数量最多的野生鸟类是旅鸫，即便如此，旅鸫的数量仍然远少于人类。全球数量最多的鸟类是家鸡（第 69 页下段）。
- 一种鸟类的种群数量可能受制于其生命周期中的某个特定因素（第 83 页中段）。

- 有些鸟类的种群数量会随种子或其他食物的周期性波动而发生巨大变化。当食物供应充足时，这些鸟类的种群数量会增加；而在食物匮乏的年份，由于鸟类被迫四处游荡觅食，它们的种群数量就会减少（第 165 页下段）。

【赢家与输家】

- 20 世纪初，加拿大雁还是一种亟需保护的罕见鸟类，如今它们已变得数量繁多、遍布北美洲（第 177 页，加拿大雁）。
- 在 1900 年前后，美国的野生火鸡几乎绝迹，现在它们又重新成了常见鸟类（第 181 页，火鸡）。
- 随着美国东部大多数农田重新恢复为森林，北美黑啄木鸟也因此从中获益（第 182 页，北美黑啄木鸟）。
- 家燕也从人类文明中获得了好处：人类的粮仓为它们提供了筑巢场所，而粮仓周围的田地更是理想的觅食地。然而，如果昆虫数量持续减少，家燕的种群数量可能也会难以为继（第 183 页，家燕）。
- 旅鸫是土地开发的受益者，它们在郊区草坪和人造树林附近繁衍生息（第 127 页左上）。
- 主红雀在郊区的栖息地中适应得很好，分布范围也在 20 世纪向北扩张（第 186 页，主红雀）。
- 美洲隼的种群数量正在下降，可能的原因包括栖息地丧失、环境污染、营巢地丧失和昆虫数量下降（第 180 页，美洲隼）。
- 雉科鸟类在世界各地被广泛猎杀，许多雉科物种现在已变得相当罕见，甚至有少数已经灭绝，曾经分布在美国东北部的新英格兰草原松鸡就是其中之一（第 181 页，草原松鸡）。
- 由于栖息地丧失和农耕模式的改变，草原鸟类的数量正在大幅下降（第 167 页中段）。
- 人们仍然不清楚山齿鹑种群数量大规模下降的原因（第 71 页上段）。
- 在过去的一百年中已经有多种北美鸟类灭绝。最后一只旅鸽死于 1914 年（第 73 页下段）。

鸟类种群面临的威胁

大多数鸟类面临的主要威胁是栖息地丧失（见“赢家与输家”），其他重大威胁包括家猫、鸟撞（撞击窗户及玻璃幕墙等）、杀虫剂和气候变化。近期一项研究发现，北美鸟类的总体数量在过去的五十年中下降了 1/4。

- 人们很少能够见到鸟类的尸体，被发现的尸体通常都是死于人为因素（第 123 页右下）。
- 大多数鸣禽活不过第一年。即使它们能够长到成年，接下来的每一年也只有约 50% 的机会存活下来（第 169 页下段）。

家猫

家猫并非北美的原生物种，而且它们对于鸟类而言是十分危险的捕食者。据估计，北美洲每年被猫猎杀的鸟类超过十亿只（被猫杀死的小型哺乳动物数量甚至更多），比任何其他人为因素导致的鸟类死亡数量都要多。尽管生活在野外的流浪猫是造成这些鸟类死亡的主要原因，但即使是不愁吃喝的宠物猫，每年杀死的鸟类数量也多到数以亿计。

聚集生活的流浪猫对它们周围的鸟类种群而言是极大的灾难。尽管有诸多证据显示这些流浪猫的生活极其艰苦而且寿命短暂，但是许多地方的人们仍然放任甚至助长流浪猫聚集成群。如果你养猫，请务必将其养在室内，这是你能为鸟类做的一大善举。在室内生活的猫不会猎杀鸟类，而且也更长寿、更健康。

鸟撞

在造成鸟类死亡的人为因素中，鸟撞是最为严重的原因之一。仅在美国，每年就有数亿只鸟类死于鸟撞。尽管鸟撞事件很普遍，但是对于单个建筑物来说发生鸟撞的概率很低，因此极易被人们忽视。鸟撞发生的原因在于，当鸟类看到玻璃中反射的开阔天空和树木时，会误以为那是它们能够飞越的空间，因此，它们会在高速飞行状态下撞上坚硬的玻璃窗，而最终的结果往往是致命的。

不同于鸟撞，一些领域性强的鸟类会攻击窗户中自己的影像，这种行为通常不致命（第 187 页，歌带鹀）。另一种不同于鸟撞的情况是，候鸟会在夜间被灯火通明的城市办公大楼吸引并与其相撞。在这种情况下，人们只需关掉灯光、避免吸引鸟类就可以轻松地解决问题。

【如何防止鸟撞】

为了避免鸟类撞上自家窗户，你必须让它们意识到玻璃窗是无法飞越的。最简单、最有效的解决办法之一是在窗户外侧按几厘米的间隔挂上一些绳子或者竖直地贴一些不透明的胶带。这样一来整个窗子看起来像是一个屏障，会让鸟类觉得缝隙过于狭窄而无法飞越，但是同时也不会影响屋内的采光和视野。人们曾广泛使用猛禽造型的窗户贴纸，但是其效果并不理想，因为玻璃窗上仍然会留下许多空隙，鸟类会试图绕过贴纸飞行。市面上有防止鸟撞的产品出售，你也可以自己动手制作。

气候

在不久的将来，温室气体过度排放引起的气候变化将对鸟类种群产生深远的影响。但是实际上现在已经能够观察到一些改变，比如候鸟迁徙时间的改变，以及对于各种自然周期的破坏性影响。此外，对于滨海鸟类而言，海平面上升也是一个严重威胁。

- 气候变化正在改变植物和昆虫的物候周期，有些鸟类成功地适应了这种变化，但是有些鸟类却无所适从（第 111 页下段）。
- 许多鸟类向北扩散的历程至少已有百年之久（第 89 页中段）。
- 如今，旅鸫的越冬地更靠北方，导致这种现象的部分原因是气候变暖，同时也是因为北方有更多的果实来源（第 127 页左上）。

- 如果对美国西南沙漠地区的气候预测准确无误，那么许多目前在那里生存的鸟类种群未来将难以为继（第 186 页，棕喉唧鹀）。

环境污染

鸟类依赖人类提供干净的生存环境，同时也需要充足的昆虫、鱼类和其他食物来源。20 世纪 60 年代，杀虫剂 DDT 的使用对许多鸟类造成了影响。在美国禁止使用 DDT 之后，大部分鸟类的种群数量得以恢复。但是，自那时起，杀虫剂的总体使用量一直在增加，而其中一些杀虫剂同样也会对鸟类造成危害。

- 像杀虫剂 DDT 这样的污染物会随着食物链逐层富集（第 29 页左上）。
- 种群数量正在恢复的白头海雕是差点因 DDT 灭绝的多种鸟类之一（第 180 页，白头海雕）。
- 鸟类的铅中毒是由人工制品引起的，对许多鸟类而言，这是一个非常严重但又较为隐蔽的威胁（第 57 页下段）。
- 食虫性鸟类数量的大幅下降与人类广泛使用新型杀虫剂有关（第 101 页中段）。

疾病

人们在野外不常见到生病的鸟类，因为它们往往会躲起来，而且更易遭受捕食者的攻击。

- 结膜炎是一种多发于家朱雀的眼病（第 163 页下段）。
- 西尼罗病毒对鸟类的种群数量产生了巨大影响（第 183 页，西丛鸦）。

PORTFOLIO OF BIRDS

西 布 利 的 鸟 类 世 界

加拿大雁成鸟和它的宝宝们

Canada Goose
加拿大雁

五十年前，加拿大雁被认为是自然荒野和季节更替的美好象征。然而，在它的种群数量大幅增长之后，如今有许多人视其为郊区的“祸害”。

刚孵出来没几天的加拿大雁雏鸟

■ 和鸡、鸭、鹬一样，雁属于早成性鸟类。它们的雏鸟在孵化出壳时就能睁开眼睛，并且身披羽毛，在接下来的几小时内就能行走、游泳、觅食和保持体温。它们大部分的行为是出于本能，因此在人工孵化器中孵化出来的雏雁，即便没有亲鸟的照料，也可以成长为健康的成鸟。在野外，成雁会保护雏鸟免受捕食者和其他危险的伤害，它们带领雏鸟前往食物丰富的觅食地，但是不会直接喂养雏鸟。相比之下，鸣禽属于晚成性鸟类，雏鸟破壳时全身裸露无羽、双眼紧闭、无法独立活动，需要亲鸟精心照料和喂养长达两周或更长时间才能存活（第103页中段）。

■ 雏雁孵化出来后，会对看到的第一个“长得像父母”的东西本能地形成依附，这种行为被称作“印记行为”。对于雁来说，这个关键期是孵化出壳后的13 ~ 16小时。由于刚孵出来的雏鸟辨别能力较弱，因此它们也可能对其他物种（包括人类），甚至是玩具火车之类的无生命物体产生依附。这种本能的行为对于雁这一类鸟来说显然有好处，因为早成雏在孵化后很快就会离开鸟巢，它们唯有紧跟亲鸟才能获得最佳生存机会。

加拿大雁一家

■ 加拿大雁的雌性和雄性外表相似，是一种典型的由两性共同承担护巢和育雏工作的鸟类。尽管外观相似，但人们仍然可以通过仔细观察它们的行为来辨别雌雄。在一个雁家族中，雄雁通常是体型最大的那只，经常挺着身子站立，彰显其高大的身姿，充当家族的哨兵和守卫。与大多数鸟类不同的是，雁类会全家一起度过整个秋冬。在英语中，雄雁被称为gander，而雌雁叫作goose。

一对加拿大雁——左边是雄鸟，右边是雌鸟

Snow Goose
雪雁

雁群经常会根据天气和食物的变化而改变迁徙的时间和方向。

成群迁徙的雪雁

■ 排成人字形编队飞行可以帮助鸟类减少自身能量消耗、增加飞行距离。这种队形还能让鸟群中的同伴看见彼此，增强鸟群内部的交流。每只鸟在飞行时都会在身后产生一股涡旋气流，因此在人字形编队中，后一只鸟可以利用前一只鸟产生的上升气流来节省能量。当空气流过鸟类翅膀的弧形翼面时，会导致翅膀下方的气压较高、上方的气压较低，正是这样的气压差将鸟类“托”起来，使鸟类在空中保持一定的高度。飞行时，翅膀的扇动会将大部分空气向下推，形成下降的气流，但翅膀下方形成的高压会从翼尖涌出，形成上升的气流。尾随其后的鸟类会移到一侧来躲避下降气流，并且还会调整自身的位置，使一侧的翅膀能够充分利用前一只鸟留下的上升气流。它们甚至会调整振翅节律以及与前一只鸟的距离，让翅膀扇动的步调一致，这样它们的翼尖就可以在空中遵循相同的轨迹，使自己留在领头鸟振翅所产生的上升气流中。要做到这一切，鸟类必须对空气运动、升力和阻力具备非凡的灵敏度，才能在空中找到高效省力的路径。

排成人字形编队飞行的雁群

■ 羽毛会不断磨损，因此所有鸟类都会定期更换羽毛，这个过程被称为换羽。在换羽期间，大多数鸟类会逐步更换飞羽，以保持自己的飞行能力（第 99 页上段）。但是雁鸭类的换羽方式不同，它们会一次性褪去所有的飞羽，然后长出一整套全新的羽毛。因此在夏末时节，雁鸭类有 40 天左右的时间完全无法飞行。为了保证换羽期间的安全，它们常常待在天敌罕至的隐蔽湿地，有的甚至会为了换羽而飞行上千千米，而且通常是往更靠北的方向飞去。在那些备受雁鸭类青睐的换羽地，水边到处散落着换下的旧飞羽。待新羽长成之后，雁类便会在秋季启程南迁。

换羽中的雪雁

■ 鸟类没有牙齿。虽然鸟类的喙可以咬碎一些食物，但大部分粉碎食物的工作是由肌肉发达的肌胃（又称砂囊）完成的。当鸟类吞下食物后，会先储存在嗉囊中（一种位于鸟类体内前部的可伸展的袋状结构），随后经过腺胃（又称前胃）进入肌胃，在那里，强有力的肌肉会对食物进行挤压和研磨。肌胃非常强壮：火鸡可以用肌胃压碎一个完整的核桃，而斑头海番鸭则能压碎小型蛤蜊。雪雁主要吃植物性食物，因此它们会在进食过程中吞下一些碎石来帮助肌胃磨碎食物。

Swans
天鹅

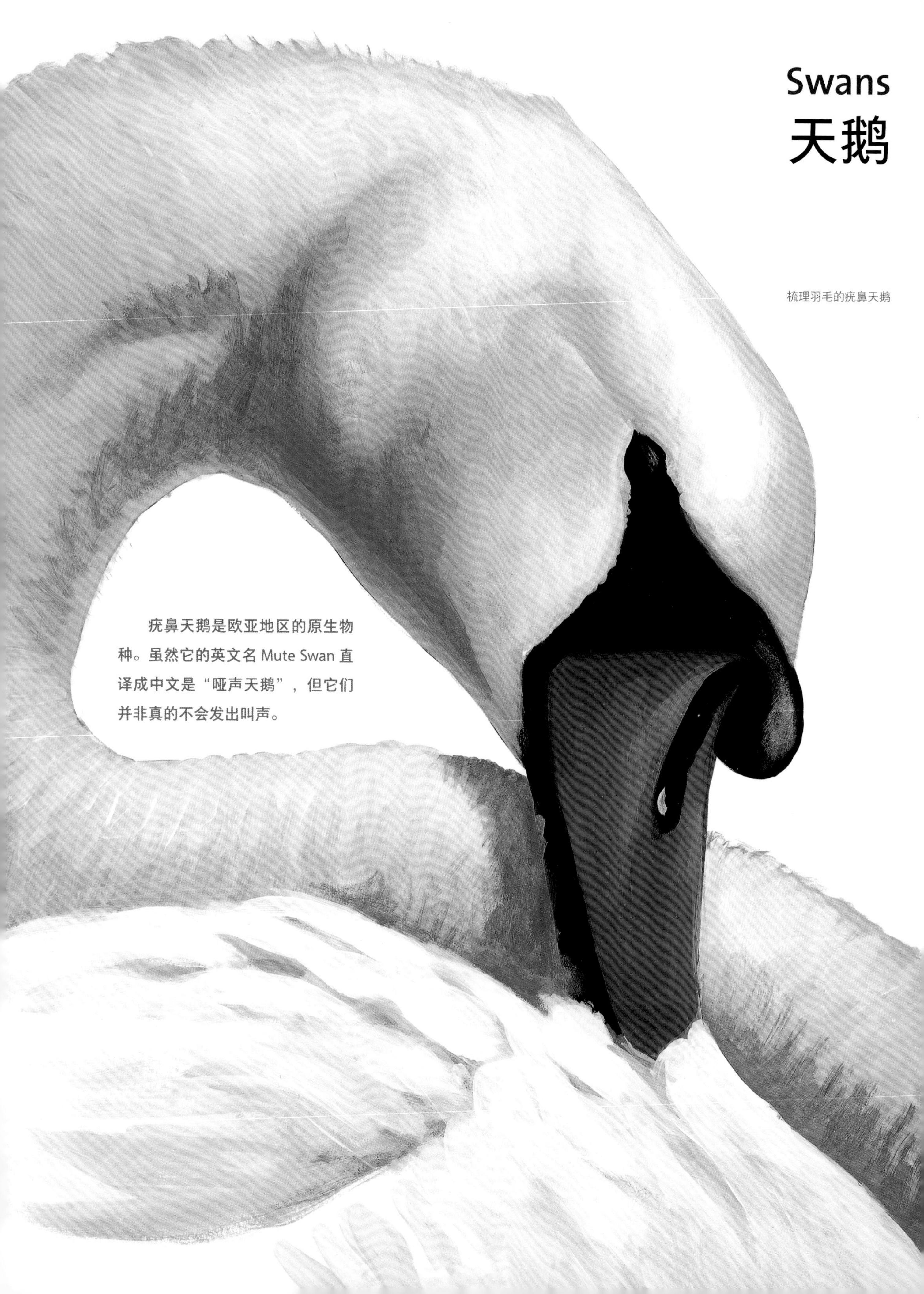

梳理羽毛的疣鼻天鹅

疣鼻天鹅是欧亚地区的原生物种。虽然它的英文名 Mute Swan 直译成中文是“哑声天鹅”，但它们并非真的不会发出叫声。

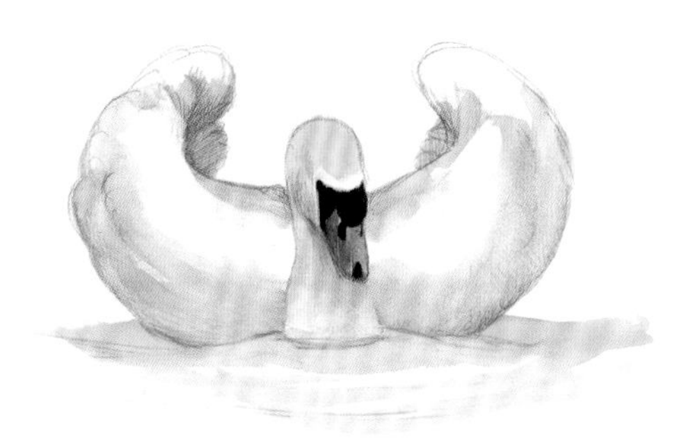

疣鼻天鹅的攻击性炫耀

■ 许多鸟类的攻击性炫耀是为了让自己看起来更强大，疣鼻天鹅的威胁炫耀就是一个很好的例子。它们会先将翅膀举到背上，抖松脖子上的细小羽毛，然后拼命划水向前冲，同时发出吓人的嘶嘶声。虽然在大多数情况下，鸟类对人类做出这样的威胁炫耀只不过是虚张声势，但是重约 9 千克的疣鼻天鹅还会用翅膀的骨质前缘或喙猛力挥击，因此人们还是对天鹅敬而远之为妙。

■ 天鹅和雁都有细长的脖子，需要在各种天气状况下保暖，尤其是暴露在凛冽的寒风中或是反复泡在水中之后。为了减少暴露和保持热量，拥有长脖子的鸟类会尽可能将脖子紧紧地盘靠在身体上。鸟类用于腿部保暖的逆流交换循环机制（第 15 页上段）在颈部行不通，因为大脑需要持续稳定、富含氧气的温暖血液。因此，这些物种演化出了一层覆盖整个颈部的浓密且细小的绒羽。实际上，小天鹅保持着鸟类羽毛数量的最高纪录：一只小天鹅全身拥有超过 2.5 万根羽毛，其中 80% 的羽毛分布在头部和颈部。

蜷缩着脖子取暖的疣鼻天鹅

■ 什么是鸟喙？鸟类的喙是一种非常轻盈的结构，由两种类型的骨头构成：薄而坚实的骨头形成一个外壳，里面包裹着海绵状的骨头，这种构造使得鸟喙既轻巧又坚固。此外，骨头的外面还包着一层坚硬的角质鞘（成分类似于我们的指甲），由于角质鞘是活的组织，因此其颜色可以发生变化，但是变化的速度较为缓慢。角质鞘不间断的生长可以修复喙的划痕和刮伤，并维持喙的形状，包括由于日常使用而受到磨损的锋利边缘和钩状的喙尖。

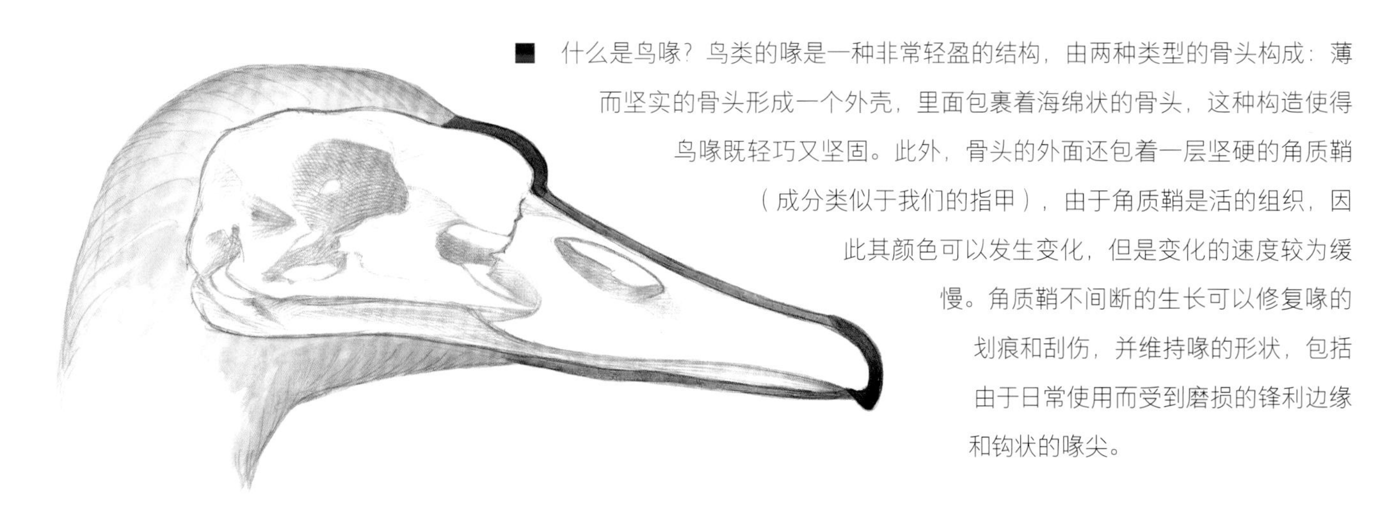

疣鼻天鹅的喙部结构：白色部分为骨头，橙色和黑色部分为薄薄的角质鞘

Domestic Ducks and Geese
家鸭和家鹅

这只是家鸭和家鹅众多品种和杂交种中的两个例子。

疣鼻栖鸭（上）和绿头鸭（下）的驯化品种

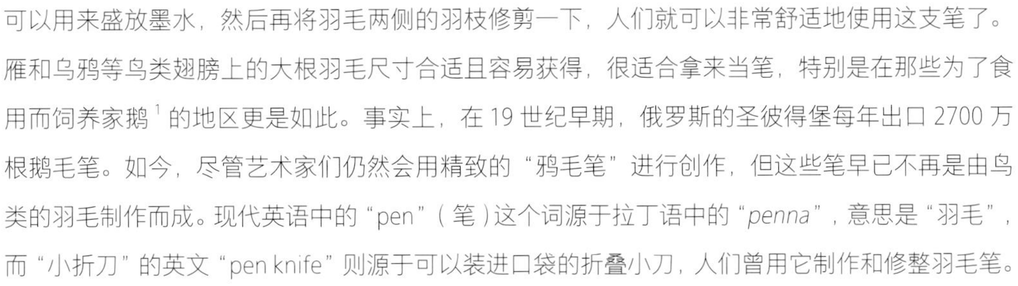

■ 从公元 7 世纪到 19 世纪的一千多年间，羽毛是最重要的书写工具。羽轴的管状结构和坚硬而富有弹性的质地非常适合拿来做笔。人们只需简单地在羽轴上斜切一刀，就可以得到一个精致的笔尖，上方的中空管正好可以用来盛放墨水，然后再将羽毛两侧的羽枝修剪一下，人们就可以非常舒适地使用这支笔了。雁和乌鸦等鸟类翅膀上的大根羽毛尺寸合适且容易获得，很适合拿来当笔，特别是在那些为了食用而饲养家鹅[1]的地区更是如此。事实上，在 19 世纪早期，俄罗斯的圣彼得堡每年出口 2700 万根鹅毛笔。如今，尽管艺术家们仍然会用精致的“鸦毛笔”进行创作，但这些笔早已不再是由鸟类的羽毛制作而成。现代英语中的“pen”（笔）这个词源于拉丁语中的“*penna*”，意思是“羽毛”，而“小折刀”的英文“pen knife”则源于可以装进口袋的折叠小刀，人们曾用它制作和修整羽毛笔。

灰雁翅膀上的大根羽毛被修剪成羽毛笔

■ 除了用翅膀上的羽毛做笔之外，人们还发现了雁身上另外两种羽毛的用途——覆盖身体的正羽可以用来填充枕头和制作其他羽毛制品，而贴近身体的蓬松绒羽是已知的保暖效果最好的材质，因此被广泛用于夹克和睡袋等专业保暖用品。鸟类的绒羽兼具高效的保暖性能和轻盈的重量，没有任何天然材料或人工制品可以与之匹敌。然而，将绒羽用于人类日常生活时存在一个缺点，即当绒羽被打湿后，其保暖性能就会大打折扣。为了应对这个问题，鸟类会投入大量的时间和精力来保养羽毛，确保绒羽的干燥。

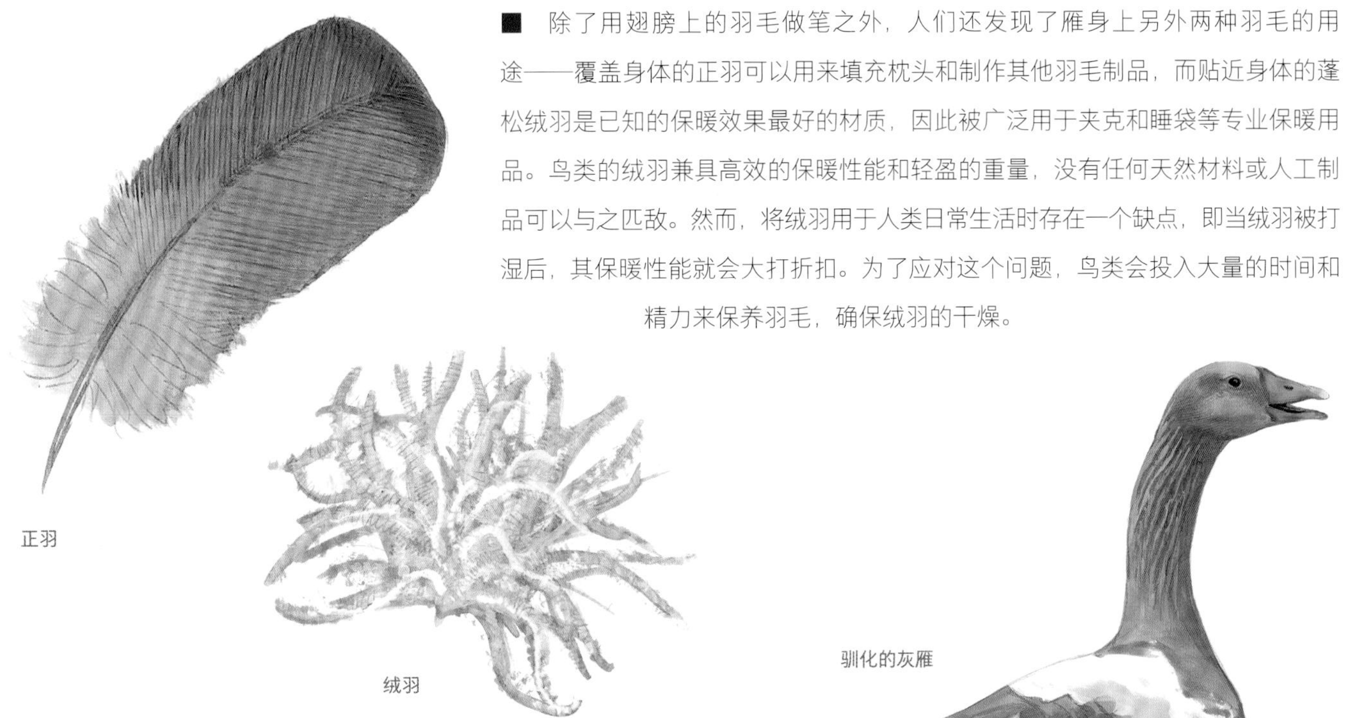

正羽

绒羽

驯化的灰雁

■ 在过去的几个世纪里，鹅一直都是十分重要的家禽。在欧洲，人们驯化和饲养的灰雁不仅可以提供肉和蛋，还可以提供绒羽和制作羽毛笔。家鹅甚至可以凭借其警惕性高和叫声响亮的特点，为人们看家护院，成了实用的“看门狗”。

1 家鹅的野生祖先包括灰雁（在欧洲、北非及西亚被驯化）和鸿雁（在东亚被驯化）。

Dabbling Ducks
浮水鸭

为了吃到水面以下的食物，绿头鸭和其他一些鸭类只需在游泳时将前半身压入水中，并伸直脖子，这样就能吃到想要的食物。

将一部分身子没入水中觅食的绿头鸭

从水面起飞的绿头鸭

■ 由于水面并非一个坚实的表面，因此直接从水面起飞颇具挑战。大多数水鸟（第 21 页上段）需要在水面上助跑一段距离才能达到起飞所需的速度，但是像绿头鸭这样的浮水鸭类却非比寻常。它们能够利用翅膀拍击水面产生的推力，直接从水面起飞。起飞时的第一次振翅会用力地拍打在水面上，而并不是空气中。一旦离开了水面，它们就会在空中猛扇翅膀，以此爬升并加速到正常的飞行速度。

■ 浮在水面时，鸭类的翅膀处于什么状态呢？它们会将翅膀折叠起来，收在身体两侧，胁部（身体腹部两侧的部位）的羽毛从腹部向上包裹并盖住翅膀。此时，胸部、腹部和胁部的羽毛形成了一个完整的防水层，就像船一样托住身体和翅膀漂浮在水中。此外，当鸭类背部的羽毛从上方展开并遮住收拢的翅膀时，这些背部的羽毛又恰好会被胁部的羽毛盖住。如此一来，整个身体会被防水的羽毛紧紧包裹而不会被水浸湿。

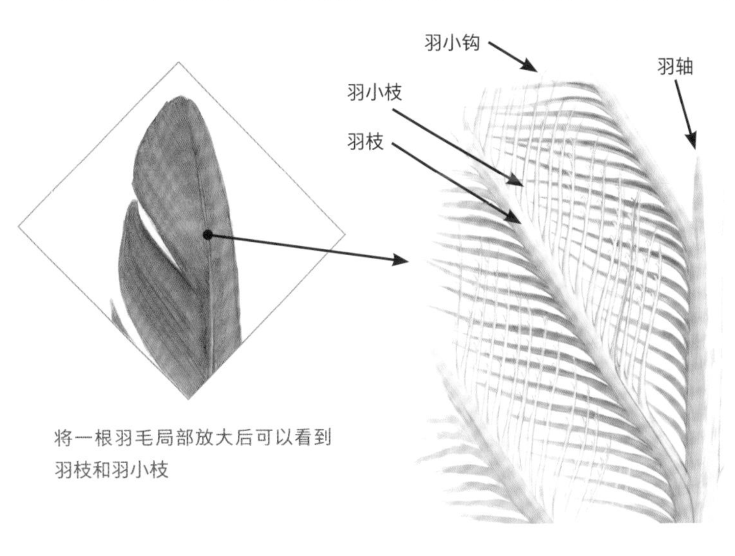

将一根羽毛局部放大后可以看到羽枝和羽小枝

最上方的图展示了绿头鸭在水中的自然姿态，它的翅膀藏在胁部和背部的羽毛之下。中间的图是翅膀露在外面的样子。最下面的图展示了胁部的羽毛是如何在身体两侧向上包裹，形成一个完整的防水层

■ 所有的鸟类都有羽毛，且现存的生物类群中唯独鸟类有羽毛。一根典型的羽毛（正羽）具有一个中心轴（羽轴），羽轴的两侧具有斜向生长的羽枝，每根羽枝上整齐排列着许多细小的羽小枝。羽枝一侧的羽小枝上具有许多细小的钩子，称为羽小钩。这些羽小钩会钩在下一个羽枝伸出的带有凹槽的羽小枝上，就像魔术贴一样把羽小枝“粘”在一起，形成一个轻巧、坚固、灵活而又防水的平面。羽毛中的纤维从羽毛的根部出发，沿着分支一路延伸到羽枝和羽小钩的最末端，因此羽毛具有极佳的抗断裂性（图中的橙色线展示了单根纤维的走向）。

两只雄性绿头鸭在一只雌鸭面前求偶炫耀

绿头鸭的繁殖过程

绿头鸭最早从十一月开始求偶，并且会持续整个冬季。在这段时间内，雄鸭会相互竞争，以引起雌鸭的关注。一旦形成配对关系，雄鸭和雌鸭将从春季迁徙期到筑巢和产卵阶段都待在一起。但是当雌鸭开始孵卵时，雄鸭就会离开。

雌鸭通常独自在远离水域的地面筑巢。它会先粗略地构建一个杯状结构，将干草等巢材放在巢的边缘。由于巢的位置通常在小灌木丛或草丛之下，因此雌鸭有时候会利用天然生长的草作为巢的顶棚。它们会精心挑选巢址和巢材，从而给鸟巢提供绝佳的伪装效果。即使雌鸭开始产卵，它们仍然会花大量时间和雄鸭一起在巢址附近的池塘或沼泽中活动，每天只会安静迅速地回巢一次，每次仅产一枚卵。在这个时期，亲鸟几乎不会看管鸟巢，而雌鸭也很少为鸟巢提供保护。当开始孵卵后，雌鸭会从自己的胸前拔下绒羽，垫在巢内，并在整个孵化过程中不断往巢中增添绒羽和植物性巢材。

生存

绿头鸭的每一次繁殖尝试中，只有 15% 的雏鸭能够顺利长到飞羽齐全：刚从卵里孵出来的小鸭子中，只有不到一半的个体能活到两周大，其中又只有约三分之一能撑过接下来的六周并长到羽翼丰满。对于成年雌鸭而言，孵卵阶段是最危险的时期，它们几乎整天都趴在卵上，依靠自身的伪装来躲避捕食者。一些研究表明，在为期四周的孵化期中，成年雌鸭的死亡率高达 30%。

绿头鸭平均每巢产 10 枚卵。当雌鸭产下所有卵后就会开始孵卵，持续约 28 天，每天约有 23 个小时坐在巢中给卵加温保暖。在这段时间里，它们依赖良好的伪装、小心隐秘的行踪，以及一些运气来躲避捕食者。一旦雌鸭开始孵卵并整天待在巢内，雄鸭的繁殖工作就结束了，它们通常会飞行数百千米，寻找一个食物丰沛的湿地，在那里度过整个夏天。

这些大约 30 天大的小鸭子已经顺利地度过了最脆弱的时期，但仍需要几周时间才会飞行。如果能顺利通过来自捕食者和其他危险的考验并幸存下来，小鸭子就会迅速成长。当它们长到约 60 天大时，翅膀上的飞羽就会长齐，它们就能够飞翔了。再过几个月，这些“小鸭子”将长得和那些成年鸭别无二致，而且在出生后的来年春天就能参与繁殖。

雏鸭孵化出壳后不久，雌鸭就会带着它们离巢。作为早成雏，雏鸭几乎一出生就能够独立生活，它们能走、能游、能自己觅食，但是仍需依靠成年雌鸭来保暖。在气候较为寒冷的繁殖地，小鸭子们经常会在白天躲到鸭妈妈的肚子下取暖，到了晚上更是如此，这个阶段最长可达三周。此外，亲鸟还要在捕食者靠近时发出警报，也要指引孩子们前往食物丰富的觅食地。这个时期的小鸭子十分脆弱，有许多会被吃掉，它们的天敌包括狐狸、猫、猛禽、鸥类、乌鸦、肉食性鱼类（如大口黑鲈和狗鱼）、鳄龟，甚至连牛蛙也会捕食雏鸭。

胚胎在雌鸭孵卵提供的温度触发下才会开始发育，因此，即使是相隔多日产下的卵，一窝雏鸭破壳而出的时间也就相差不到几个小时。破壳前大约 24 小时，雏鸭会在卵中发出一些嘶嘶声或咔嗒声，这些声音或许有助于它们同步孵化。从第一只雏鸭孵化出来到一家子准备离巢去寻找优质的觅食地，通常前后只需要几个小时。

Wood Duck
林鸳鸯

雄性林鸳鸯是自然选择和雌性选择的共同产物。由于雄鸳鸯并不承担育雏工作，因此雌鸳鸯择偶时主要考察的是对方的魅力。数百万代以来，雌性不断地挑选外表出众的雄性作为配偶，因而造就了像林鸳鸯这样引人注目的俊美鸟类。

一只雄性林鸳鸯正在展示自己最美的一面

■ 鸟类身上裹着一层很好的隔热外衣，但它们的双脚却是裸露的，并且经常暴露在严寒之中。其实应对腿脚的寒冷对鸟类而言并不难，因为双腿的肌肉组织很少，无需大量的血流供应（第 121 页中段）。但是问题在于，当那些流向冰冷腿脚的血液要流回体内时，血液的温度太低了，不过幸好鸟类有相应的解决方案。它们的腿部血管能够利用一种被称为“逆流交换循环”的机制来传递热量，以此来提高回流血液的温度。在双腿的根部，较大的动脉和静脉分支成为许多较小的血管并互相交织，促使温暖的动脉血中的热量更充分地传递到温度较低的静脉血中。这个热交换系统非常有效，可以将动脉血中多达 85% 的热量转移到回流的静脉血中。逆流热交换在动物界中非常普遍，比如鸟类的翅膀也有这样的系统，人类的手臂则有这套系统的雏形。相同的原理在化学物质的转移方面也很重要，例如盐腺的排盐过程（第 17 页上段）。

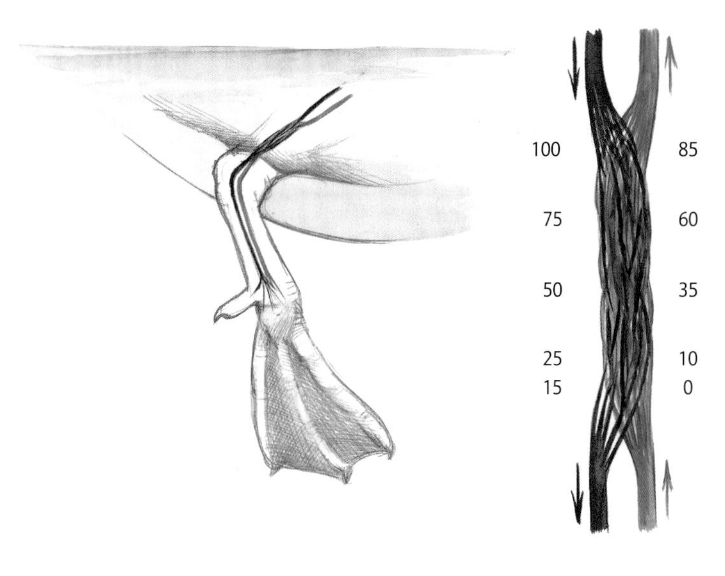

流向肢端的动脉（红色）与流回体内的静脉（蓝色）互相交织。在这个系统中的任意位置，动脉血的温度始终高于静脉血（数字表示血液中有效热能的百分比），因此在整个系统中，热量会不断地从动脉血传递到静脉血中

雌性林鸳鸯

■ 雌性的选择可以影响雄性的外观，而雌性的外观则主要由经典的自然选择所决定，比如需要隐蔽色（保护色）伪装自己来躲避天敌，这就导致一些鸟类呈现出非常夸张的性二型。与此同时，雌性对雄性某些特征的选择也会对它们的雌性后代产生一定的影响，这是因为性别特征的分化在胚胎发育约一周后才会开始显现，此前发育的特征会同时出现在雌雄两性身上，包括骨骼结构、没有羽毛生长的皮肤裸区的位置，以及某些部位的羽毛长度等。尽管成年雌性林鸳鸯的羽色与雄性迥然不同，但它们的喙形、眼睛周围一圈裸露的皮肤，以及脑后的一小簇羽冠都是相同的。

■ 鸟类羽毛上颜色与图案的多样性和复杂程度超乎人们的想象。与此同时，同一种鸟中，不同个体相同位置的羽毛图案却又极其一致。那么，鸟类是如何做到精确地生成这些花纹的呢？与人类和其他哺乳动物的毛发一样，鸟类的羽毛一旦从羽囊中长出来后就不再发生变化，所以在羽毛上形成图案的唯一机会是在其生长的过程中。我们可以把这个过程大致想象成一张纸从喷墨打印机中打印出来：颜色从羽尖开始，在羽毛长出来之前就被一步步“打印”在羽毛上。不同于纸张在通过打印机时始终保持平整的状态，羽毛在生长过程中是绕着中间的羽轴卷起来的，直到长出来后才逐渐展开。凭借这种方式，鸟类可以在羽毛生长的过程中，通过在不同部位生长出来的时候短暂地“打开”黑色和棕色色素的开关，从而产生深色的斑点、条纹和横纹等图案。同一个羽囊可以长出许多不同图案和形状的羽毛，具体长成哪种羽毛，取决于鸟类成长过程中或季节更替时体内的激素变化（第 165 页上段）。

一根雄性林鸳鸯胁部的羽毛。上图是羽毛从管状羽鞘中长出并逐渐展开的样子，下图是完全长好的羽毛

Diving Ducks
潜水鸭

海番鸭属于潜水鸭类，会将身体完全没入水中潜到深水区域觅食。它们会把蛤蜊整个吞进肚子，然后用强壮的肌胃将其磨碎。

在海里找蛤蜊吃的斑头海番鸭

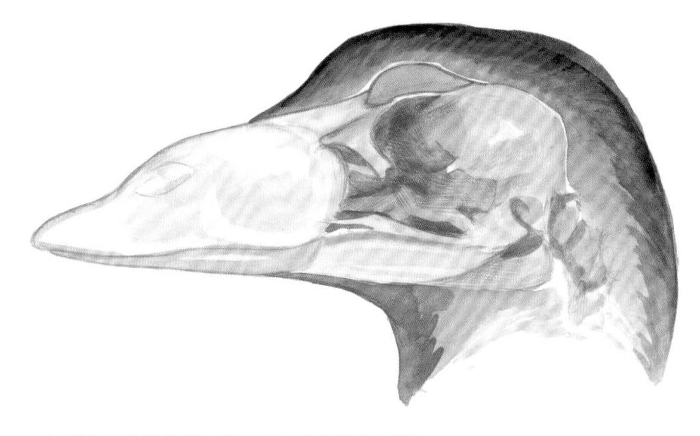

斑头海番鸭的头部，其中蓝色的部分为盐腺

■ 人类依靠肾脏来清除体内多余的盐分和其他有害物质，而有些鸟类除了肾脏外，还具有盐腺。盐腺位于鸟类头顶、眼睛上方，可以浓缩血液中的盐分并将其排出体外，这些高度浓缩的盐溶液会从鼻孔中流出。盐腺通过逆流交换循环机制将盐从血液转移到水中（第 15 页上段），人类肾脏的工作原理同样如此，但盐腺的效率要比肾脏高得多。曾有人在实验中让一只鸥喝下重量约占其体重十分之一的盐水，结果发现，这只鸥在三小时内就将体内多余的盐分完全排出体外，而且身体并没有任何不适。（千万不要在家自己尝试！）对于像海番鸭这样以蛤蜊和其他海洋无脊椎动物为食的鸟类来说，清除多余的盐分是一大挑战，因为这些食物的体液与它们所生存的海水盐度相近（鱼类则不太一样，它们体内的盐浓度低于海水）。当海番鸭在内陆的淡水湖中繁殖时，盐腺会变小，等到冬天前往海上生活时，盐腺则会再次变大。

■ 羽毛的防水性能主要归功于它独特的结构。水的表面张力能让水滴维持自身的形状，而羽毛的羽枝相互重叠钩连，仅留下极小的缝隙，小到连液态水滴都无法穿透（这和戈尔特斯面料[1]的防水原理相同）。羽毛上具有倒钩的羽小枝不仅可以避免羽枝被拉扯开，也可以防止羽枝被推挤得太近，从而始终维持合适的羽枝间距。根据生活习性的不同，不同物种的羽枝间距经历了各自的演化过程。例如，潜水鸟类的羽枝间距很窄，这样就可以防止潜水时水在压力的作用下穿透羽毛。然而，狭窄的羽枝间距虽然能避免水透过羽毛，却也会让水滴在羽枝上互相接触，打湿羽毛表面。相比之下，陆地鸟类具有较宽的羽枝间距，既能保持羽毛最佳的防泼水性能，还可以防止羽毛的表面被水浸湿，但也会让水在受压时穿透羽枝间隙（如果鸣禽想要潜水的话就会遇到这个问题）。海番鸭等一些鸭类则是采取了折中方案，羽枝间距不宽不窄。它们会将尾脂腺分泌的油脂涂抹在羽毛上，以增强防泼水性能，也会通过多层重叠的羽毛来提供多重保护，防止水分渗透。

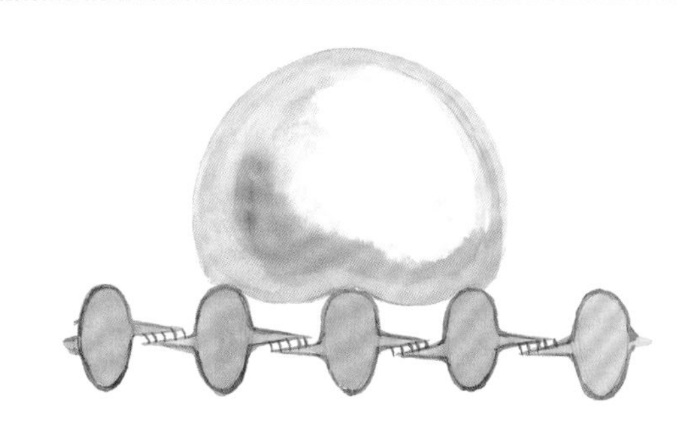

一滴水停留在羽毛的羽枝表面。英语中有句谚语 like water off a duck's back，形容对某人的批评或告诫毫无作用，就像流过鸭背的水，抖一下就滑落了

海番鸭（左）和乌鸦（右）的羽毛及羽毛从体表剖面观察时的排列状态

■ 水鸟（如斑头海番鸭）身上的羽毛非常坚硬，并且明显向后弯曲，这样的构造可以让前一根羽毛的羽尖紧紧地压住后面的羽毛。羽毛互相重叠、紧密生长，形成一个多重防水层，集合起来构成坚固而灵活的“外壳”，既能防水，又能在正羽的下方维持绒羽的干燥，保证其保暖性。相较而言，陆地鸟类（如乌鸦）的羽毛数量较少，而且这些羽毛更直、更有弹性，如此形成的外壳虽然也有很好的防泼水性能，但对游泳来说还是不太够用。

---

1 戈尔特斯（GORE-TEX）面料是美国戈尔公司（W. L. Gore & Associates, Inc.）独家发明和生产的一种轻薄、坚固、耐用的薄膜，兼具防水、防风以及透气功能，攻破了一般防水面料不能透气的缺点，被誉为“世纪之布”，目前被广泛用于服装、宇航、军事和医疗等领域。

Coots
骨顶

尽管骨顶看起来和鸭类很像，但它其实是鹤的近亲。

正在吃水生植物的美洲骨顶

■ 游禽通过在水中划动双脚来推动自己前进。大多数游禽的脚趾间演化出了连接脚趾的蹼，其宽阔的表面能让鸟类高效地划水。然而，包括骨顶在内的少数物种演化出了沿着脚趾两侧生长的瓣状皮褶，称为“瓣蹼”。瓣蹼使脚趾变得更宽，为划水提供了更大的受力面积。除了骨顶之外，䴙䴘、鹬科的瓣蹼鹬，以及分布于热带地区的鳍趾䴙的脚上也都有瓣蹼。

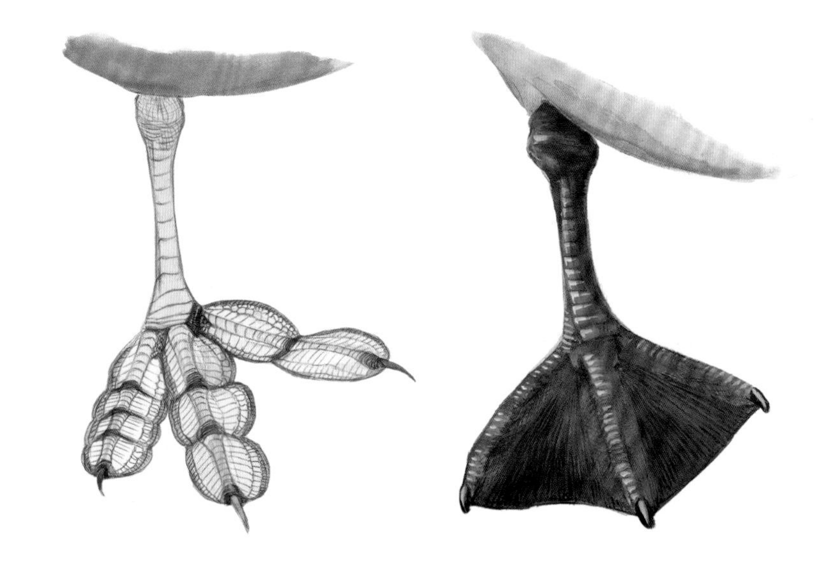

骨顶的瓣蹼足（左）和鸭子的蹼足（右）

■ 鸟类的味觉十分发达，尽管它们的味蕾数量比人类少得多，但是和人类一样有四种主要味觉（甜味、咸味、酸味和苦味）。左图的美洲骨顶正在品尝嘴里的植物。鸟类的味蕾一般不分布在舌头上，而是在口腔的顶部和底部，有些味蕾分布在口腔靠近喙尖的位置，这种分布方式可以让鸟类一叼起食物就尝出它的味道。

绿色的点标出了味蕾在鸟喙内侧的大致位置

■ 美洲骨顶雏鸟刚孵出来的时候身上就长满了绒羽，也能睁开眼睛，大约6小时后就能游泳并紧跟亲鸟活动。然而与雁鸭类的早成雏不同的是（第13页中段），刚出生的美洲骨顶雏鸟无法自己独立觅食，而是需要亲鸟喂养几周。䴙䴘和潜鸟的雏鸟也是如此。

给雏鸟喂食的美洲骨顶

Loons
潜鸟

迷人的普通潜鸟是北方洁净湖泊的标志性象征，那里是它们筑巢繁殖的地方。

背着一只雏鸟的成年普通潜鸟

正在助跑起飞的普通潜鸟

■ 潜鸟需要一大片开阔的水域才能起飞。它们需要脚和翅膀并用，在水面上助跑相当长的距离才能达到起飞所需的速度。由于逆风可以提高空气流经翅膀时的相对速度，因此潜鸟倾向于迎着风起飞。如果它们降落在面积过小的池塘中，就很有可能因为无法顺利起飞而被困住。潜鸟的双脚是为游泳量身定制的，但是由于其位置太靠后，导致它们在陆地上的行走变得困难重重，更不用说从陆地助跑起飞了（第 11 页上段，绿头鸭）。

■ 潜鸟觅食的时候会将整个身子潜入水中捕捉鱼类。下潜之前，它们常常会将头埋进水里，寻找潜在的猎物。等到要开始下潜时，它们会将双脚用力向后蹬，头朝下顺势潜入水中，接着用脚划水四处游动，努力接近目标，像鹭类那样用匕首状的喙猝不及防地把鱼抓住（而非刺穿），随后回到水面将鱼吞下。潜鸟能在水下停留长达 15 分钟，潜水深度可以超过 60 米，不过它们的平均下潜时间不超过 45 秒，平均深度在 12 米以内。

普通潜鸟探查完水下的情况后潜入水中

背着雏鸟的普通潜鸟

■ 潜鸟的雏鸟在出壳后几小时就能游泳，但在前三个月里，它们需要依赖亲鸟提供食物。在雏鸟还很小的时候，常常会待在亲鸟的背上在水面来回穿梭。等长到 3 周大，它们就能在水深约 30 米的地方抓鱼，但由于身上蓬松的绒羽会大大地减缓游泳的速度，因此捕鱼的成功率只有约 3%。到了 8 周大，雏鸟就会长出像成鸟那样的羽毛，并且能独立捕获自己每日所需中约一半的食物。再过四周，也就是 12 周大的时候，它们就能实现独立生活，不仅能够飞行，还能完全自给自足。

■ 所有的鸟类每年至少会进行一次换羽，其中潜鸟和许多其他物种一年会换羽两次。潜鸟在繁殖季的羽色黑白相间、十分醒目，到了冬天则会转变成相对朴素的灰褐色和白色。未成年的潜鸟在一岁之前主要是单调的灰褐色羽毛，与成鸟的冬季羽色非常相似。

普通潜鸟的未成年羽色

Grebes
䴙䴘

尽管䴙䴘长得很像潜鸟和其他水鸟，但近期的 DNA（脱氧核糖核酸）研究表明，和䴙䴘亲缘关系最近的其实是红鹳（俗称火烈鸟）！

身着繁殖羽的黑颈䴙䴘

■ 在一年中的大部分时间里，黑颈䴙䴘都不怎么飞翔，但到了每年春秋两季，它们就会踏上一段需要连续飞行数百千米的艰苦旅程。初秋时节，占整个北美种群数量超过 99% 的黑颈䴙䴘都会聚集到两个地方——美国加利福尼亚州的莫诺湖和犹他州的大盐湖。每个湖中都会有超过 100 万只黑颈䴙䴘疯狂地享用卤虫，不断地增加体重。这段时期，这些䴙䴘所有的精力都放在吃东西和消化食物上——它们的消化器官变大，而飞行所需的肌肉则萎缩变弱，以至于无法飞翔。等到体内储存的脂肪多到让体重翻倍，湖中的食物供应也越来越少时，它们便停止进食。随后，体内的消化器官会缩小到仅为高峰期的 1/4 并停止运转，黑颈䴙䴘转而开始锻炼翅膀，增强飞行所需的肌肉，为接下来的重大旅途做好准备。由于此时已无法进食，成败皆在此一举：它们必须在短时间内将飞行所需的肌肉练得足够强壮，否则脂肪储备就会因为过度消耗而不足以支撑整个旅程；它们储存的能量也仅够尝试一次，等到十月份那几个时机最佳的夜晚，数十万只䴙䴘将共同起飞，不间断地飞行一整夜，越过沙漠直奔太平洋，在那里度过冬天。

在水面上助跑起飞的黑颈䴙䴘

■ 会潜水的鸟类能够在一定程度上控制自身的浮力大小。䴙䴘经常会将身体沉入水中，只露出头部。它们通过压紧羽毛、挤出羽毛之间的空气，以及排出体内气囊中的空气来减小自己的浮力。当气囊充满气体时会占据大部分体腔，因此压缩气囊体积可以减少浮力。一项关于潜水鸭类的研究表明，排出羽毛中的空气和压缩气囊体积在减少身体浮力方面发挥着同等重要的作用。

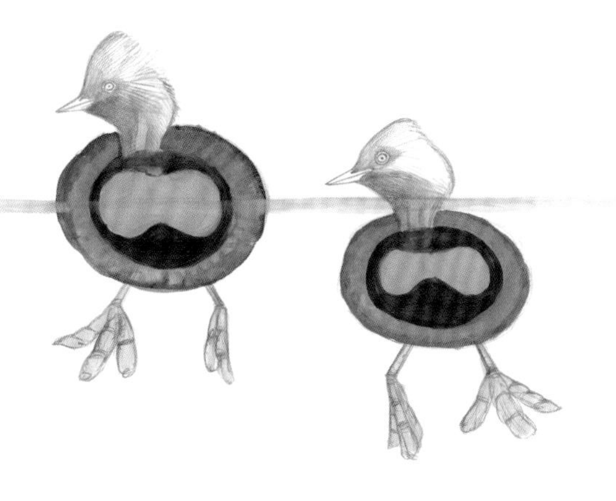
黑颈䴙䴘通过压紧羽毛和排出气囊内的空气来让自己沉入水面以下

■ 令人不可思议的是，黑颈䴙䴘的雏鸟在孵化之前就能通过声音与在巢中孵卵的亲鸟进行交流，向它们发出“乞求照顾信号”。在破壳前的最后几天，卵里的雏鸟发出的微弱叫声会促使黑颈䴙䴘成鸟更频繁地翻卵、扩大巢堆、带食物回巢，以及花更多的时间孵卵。

雏鸟孵化后的第一周会待在亲鸟的背上。大约 10 天后，䴙䴘父母会各自带走一半雏鸟，分别照料它们长大。

照料鸟卵的黑颈䴙䴘

Alcids
海雀

海雀就像是北半球的企鹅，但实际上二者的亲缘关系并不近。在寒冷的海洋中寻找食物是一个巨大的挑战，但是这两类鸟都发展出了类似的解决之道，这正是一个趋同演化的例子。

在洞巢里给雏鸟喂食的北极海鹦

■ 从许多方面来看，集群繁殖的海鸟对其所在地区的生态环境都十分重要。这些海鸟将从海里捕到的鱼带上陆地，从而把营养物质聚集并转移到岛上，让繁殖区域周围的土壤变得更加肥沃，植物也随之茁壮成长，并为其他许多动物提供了栖息的家园。甚至有一项研究发现，北极地区海鸟群落的鸟粪所释放出的氨分子是促进该地区云层形成的重要成分，这些微粒会“催化”云层，有助于北极区域的降温。

一个岩石小岛上的海鸟群落

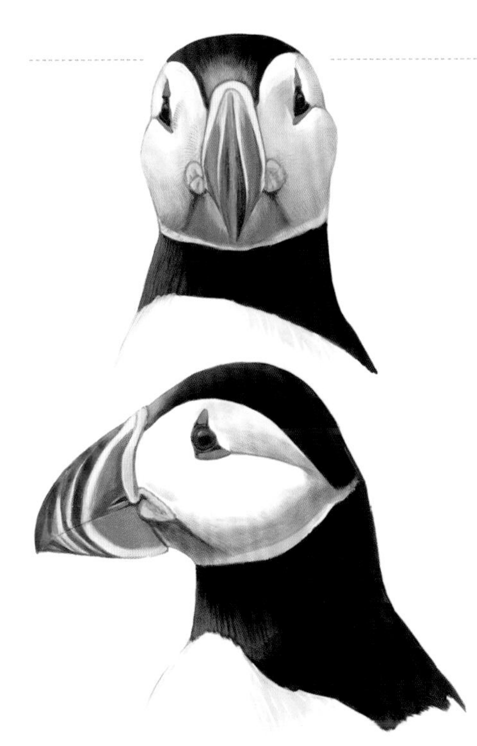

■ 海鹦的“彩色大嘴”是个奇怪而又奇妙的东西，这也是它们被称为“海中鹦鹉”的原因。但是为什么海鹦的喙长成这样呢？扎眼的颜色和醒目的图案可能是为了在其他海鹦面前炫耀和展示，但喙的形状和大小为什么长成这样就很难解释了。巨嘴鸟等大部分长着大型喙的鸟类都生活在炎热的气候环境中，因为大型的喙有助于散热。但海鹦生活在极寒的海域，不需要散热的它们，又为何长着一张大嘴呢？另外，虽然又大又厚的流线型喙有助于它们在水中向前移动，但侧向移动时却不太方便。或许厚嘴的一个好处在于，额外的厚度增加了喙的硬度，从而防止喙受力弯曲，这样一来，海鹦就能牢牢地夹住满嘴的鱼了。

北极海鹦的正脸和侧脸

■ 海鸦是海鹦的近亲，以小鱼为食，常常会潜到超过 180 米深的海底。在水中，海鸦会用翅膀推动身体前进，而不是像潜鸟那样用脚划水（第 21 页中段）。即使是在海水清澈、天气晴朗的白天，在这种深度的海水处，其光照亮度也就近似于陆地上洒着微弱月光的午夜时分。海鸦还经常在夜间觅食，虽然这个时候它们爱吃的食物会游到更靠近海面的地方，但海鸦仍然会潜到最深达 60 米的海里。在漆黑的海水中，海鸦似乎不太可能利用视觉来定位和追捕猎物，但实际上也没人知道它们究竟靠哪些感官来捕食。同样地，我们也不清楚海鸦是如何能承受住深水中的巨大水压（例如，如何防止海水穿透羽毛），也不知道它们如何能在不呼吸的情况下游得又快又远。

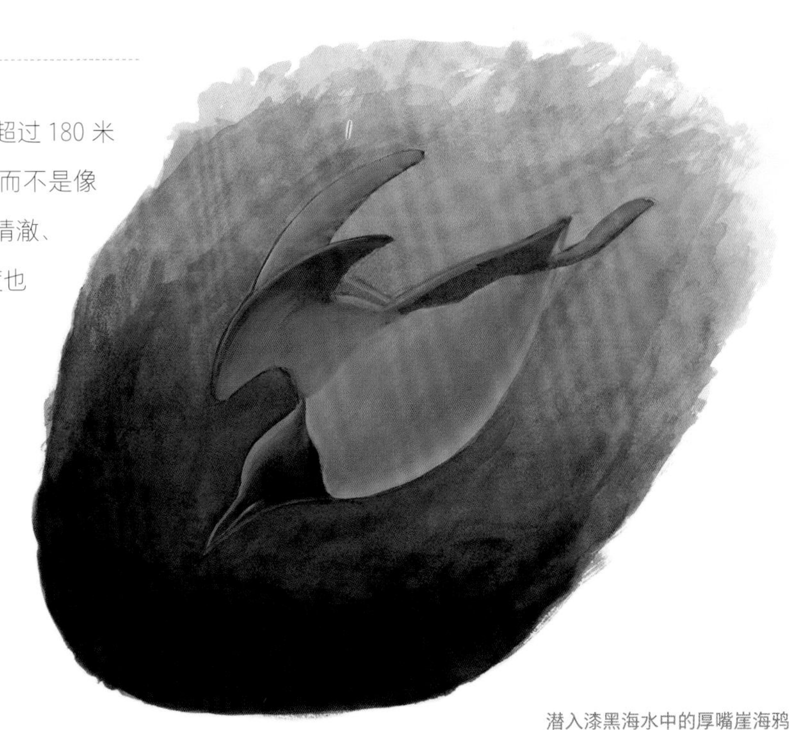

潜入漆黑海水中的厚嘴崖海鸦

Cormorants
鸬鹚

鸬鹚是世界上最高效的海洋捕食者。平均来说，在付出同等努力的情况下，鸬鹚抓到的鱼比其他任何动物都要多。

展开翅膀站着的角鸬鹚

■ 经常有人说，鸬鹚的羽毛会被水打湿是由于缺乏尾脂腺产生的防水油脂。事实上，鸬鹚可以产生防水油脂，而它们的羽毛遇水会湿其实也是演化的结果。鸬鹚正羽外缘的羽枝缺乏羽小枝的连接固定，呈松散的状态，因此当水把羽枝粘在一起时，羽毛的外缘就会变湿。然而，每根羽毛靠近羽轴部分的羽枝却有羽小枝相互钩连、牢牢固定，从而保证了羽毛这部分的防水性能（第 17 页中段）。羽毛上这些防水的部分互相重叠，即使羽毛的外缘完全湿透，也能避免水透过羽毛弄湿皮肤。当羽毛因沾水而增加的重量达到鸬鹚体重的约 6% 时（大约是在水里待上 20 分钟左右），它们就必须从水里出来。在羽毛间隙保留一些水分可以减少近 20% 的身体浮力，这样一来鸬鹚在潜水时就可以少费一些力气。此外，羽毛上的水膜或许还有助于鸬鹚在水中更加自如地游动，但这一点仍有待考证。

角鸬鹚展开双翅，将羽毛晾干

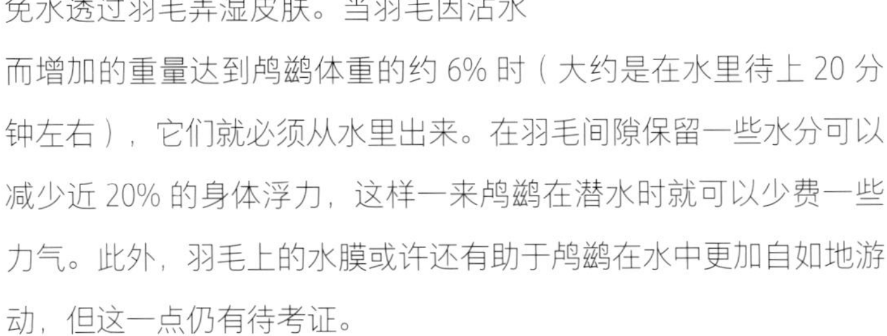
鸬鹚正羽靠近羽轴的部分是防水的，而外缘则会被打湿

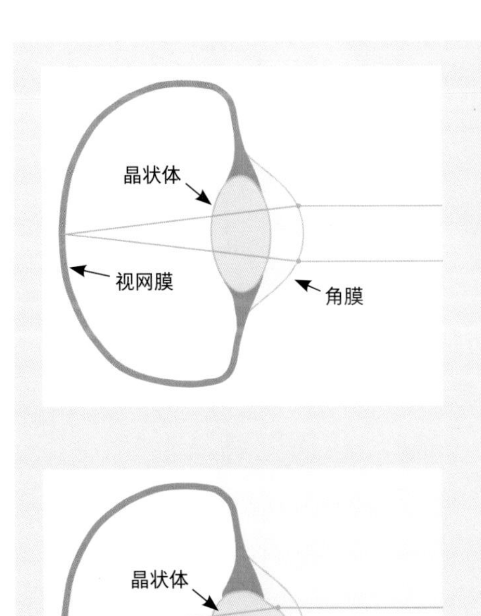

■ **我在水下看出去一片模糊，鸟类是如何在水里看清并抓到鱼的？**

与各种透镜一样，我们的眼睛需要依赖光的折射才能将图像聚焦在视网膜上。折射是指当光线从一种密度的介质斜射入另一种密度的介质时，传播方向发生偏折的现象。两种介质的密度相差越多，光线发生偏折的角度就越大。在空气中，眼睛的大部分折射能力来自角膜的曲面，光线在此处从气体进入液体（从空气到眼球内部），而晶状体只需根据物体的远近对光线角度进行细微的调整。但在水中，角膜几乎不起作用，因为光线是从液体射入另一种液体（从水到角膜）。在这种情况下，人类的晶状体无法弥补角膜的功能缺失，无法将图像聚焦到视网膜上，因此在水下我们的眼前一片模糊。但是鸬鹚和其他一些水鸟演化出了更具弹性的晶状体。为了在水下形成清晰的影像，一组细小的肌肉会挤压晶状体，迫使它通过虹膜中央的瞳孔向外凸出，由此形成强烈弯曲的球面让光线产生更大角度的偏折，可以在水下视物时替代角膜在空气中的作用。

在空气中（上图），光线主要在眼球的外表面发生折射，在晶状体处的折射并不明显。在水中（下图），光线刚射入眼球表面时几乎不发生折射，而聚焦光线的工作主要交由晶状体负责

Pelicans
鹈鹕

一只优哉游哉的褐鹈鹕成鸟。鹈鹕是世界上可以飞翔的鸟类之中体重最大的类群之一。

在食物链中，杀虫剂 DDT（以橙色圆点表示）的含量从昆虫到鱼再到鹈鹕的体内，层层向上富集

鹈鹕是如何用喉囊捕鱼的?

与大多数人的认知不同，鹈鹕的喉囊不是用来装鱼的篮子，而是一个用来在水下“兜”鱼的大勺子。

褐鹈鹕会飞到空中寻觅鱼群，一旦发现合适的目标，它们就会一头扎进水里。

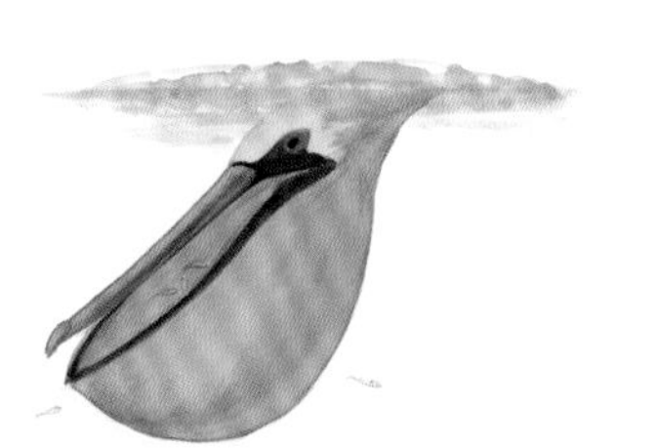

鹈鹕扎进水里时会张开嘴巴，下喙的左右两侧向外弯曲，像气球一样展开喉囊，并往里面装入多达 11 升的水。当然，要是这一“兜”水里有很多鱼的话就再好不过了。

当鹈鹕的头在水里不再往前移动时，下喙便立刻恢复到两侧平行的状态，随后鹈鹕会合拢上喙，把鱼困在扩张的喉囊里。

这时，浮在水面上的鹈鹕会慢慢地抬起头，让水从上下喙之间的窄缝中流出，把鱼留在喉囊中。

最后，当喉囊里所有的水都排出后，鹈鹕一个灵巧的甩头，就可以把所有的鱼吞进肚里。

■ 褐鹈鹕差点因杀虫剂 DDT 的毒害而灭绝。在 20 世纪五六十年代，这种化学药品被广泛用于控制虫害，并且成为 1962 年《寂静的春天》一书中所探讨的主题。DDT 会在动物体内的脂肪中蓄积，历经数年都无法完全清除。虽然每只昆虫仅含微量的 DDT，但以这些昆虫为食的鱼类会持续不断地将昆虫所含的杀虫剂摄入体内，而当鹈鹕吃下这些鱼时，又会不断地增加自身的杀虫剂含量。这种有毒物质随着食物链层级上升、在生物体内含量不断增加的现象，被称为“生物富集”。DDT 会干扰动物身体的钙代谢，鸟类体内 DDT 的富集会导致它们产下的卵卵壳缺钙，从而变得易碎。当褐鹈鹕试图孵卵时，它们一坐上去就会把卵压碎，导致繁殖失败，其种群数量也随之下降。幸运的是，在 1972 年美国禁用 DDT 后的几年之内，褐鹈鹕种群数量下降的趋势发生了逆转，它们再次成了美国南部沿海地区的常客。

■ “偷窃寄生”这个术语听起来花里胡哨的，其实指的是一种偷取和抢夺食物的生存策略。一些海鸟专门会干这种“勾当”，特别是鸥类和它们的近缘物种。当这些海鸟看到其他鸟捕到食物时，就会试着偷过来自己吃。笑鸥就经常在觅食的鹈鹕身边晃悠，有时甚至会站到鹈鹕头上，希望能“顺手”抓住几条鱼。它们会在鹈鹕的喉囊排水时寻找和水一起掉出来的“漏网之鱼”，当然也不会错过任何从鹈鹕张开的喉囊中直接抓鱼的机会。

褐鹈鹕和笑鸥

Herons
鹭类

一只约 3 千克重的大蓝鹭能吞下约 0.5 千克的鱼。这就好比一个体重约 48 千克的人吃了一条约 8 千克重的鱼，而且是直接整条吞下。

大蓝鹭

大蓝鹭捕鱼动作分解图

大蓝鹭是耐心十足的捕猎者。它们会静静地观察水中的情况，偶尔缓缓地向前移一步，一旦发现潜在的猎物，就会将身子前倾、脖子微弯、瞄准猎物，精心地谋划致命一击。在瞬息之间，它们的嘴里就抓到了一条鱼。鱼被叼出水面后，大蓝鹭会将其快速地抛到空中调整位置、使鱼头朝向自己，然后就能一口吞下了。它们可以毫不费力地吞下像小鱼这般体型较小的猎物，对于较大的猎物则可能要花上一分钟的时间才能让其通过整段脖子，这个过程中你甚至能在它们的脖子上看到一个自上而下移动的鼓包。饱餐一顿后，大蓝鹭可能会静静地待上几分钟，让胃里的食物“安顿”下来，然后再开始寻找下一个猎物。

■ 鹭类尖锐的喙不是用来刺穿猎物的。在电光石火的捕猎瞬间，它们会在碰到猎物前的一刹那（时间短于 1/30 秒）张开嘴，用上下喙紧紧咬住猎物。

■ 大蓝鹭经常集小群繁殖。它们会在水中的树上筑巢，这样可以躲避地面的捕食者。随着美国北部地区美洲河狸种群数量的回升，鹭类也因此受益，这是因为河狸筑造的水坝会创造出许多新的湿地，湿地中的很多树木因为长期被水淹没而逐渐枯死，这些枯树为鹭类筑巢繁殖提供了绝佳场所。

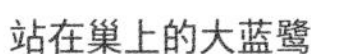

站在巢上的大蓝鹭

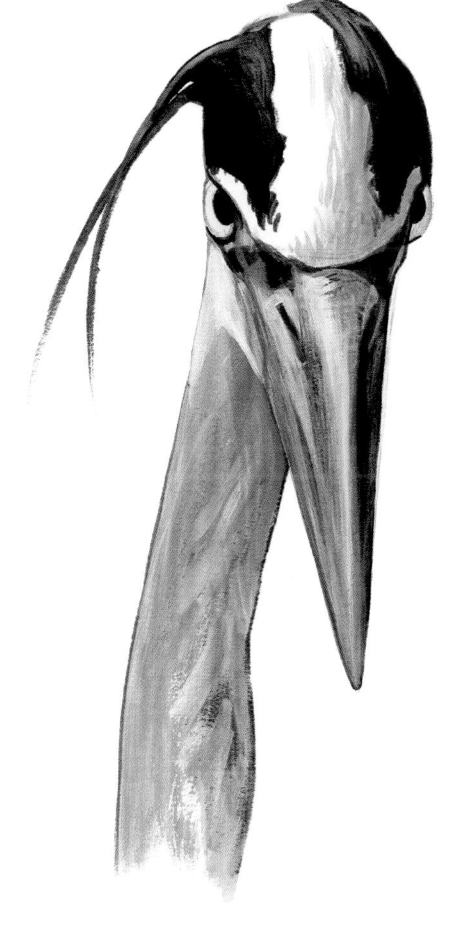

大蓝鹭的正面图

Egrets
白色鹭类

在 1900 年前后，人们为了获得羽毛而猎杀鹭类的行为激起了众怒，也点燃了现代自然保护运动的星星之火。

正在求偶炫耀的雪鹭

从鱼身上反射出来的光线（橙线）在水面发生折射，因此光线最终会以不同的角度进入鹭的眼睛。如果沿着这条线（虚线）直直看过去，那条鱼看上去像是在水里的另一个位置

■ 光的折射：试着将一支铅笔（或任何笔直的物体）浸入水中，你会发现铅笔看起来像是在水面的位置被折断了。此时，如果想打中笔尖，你会瞄准哪里呢？这就是鹭类捕鱼时所面临的挑战。从鱼身上反射出来的光线会在水面发生折射，这意味着鱼实际上并不在它看起来所在的位置。鹭类必须在捕猎时修正这种视错觉，才能准确命中。

折射的角度会随着视角的变化而发生变化，同时折射产生的位置偏移也会随着水深的增加而增加。在鹭类的攻击范围内，鱼的真实位置可能距离它看上去的位置相差多达 8 厘米。因此，如果想要知道鱼的真实位置，就需要对角度和深度进行复杂的计算。实验表明，鹭在出击之前会调整自己的位置，使折射角度和水深符合一定的数学关系，这显然有助于修正由折射造成的视觉偏差。如果这个特定的位置被挡住的话，它们往往就会失手，但在实验室中，如果可以选择出击的位置并瞄准静止的猎物，它们就能百发百中。

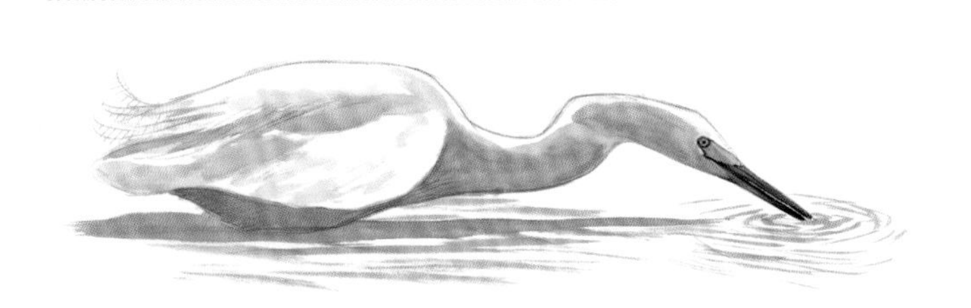

雪鹭正在把鱼引诱到水面

■ 为了靠近鱼，鹭类的招式五花八门。人们见过美洲绿鹭把一小片羽毛（甚至是在公园里找到的鱼饵）放在水面，然后密切关注是否有小鱼“上钩”。雪鹭经常会用喙尖点水，模仿昆虫在水面挣扎时发出的动静，随后等着抓那些靠过来的鱼。把鱼引诱到水面还有一个额外的好处——消除光的折射对判断猎物位置所造成的影响。

羽毛的演化

羽毛并非由鳞片演化而来，其本质上是一种管状结构，最早出现于恐龙身上。羽毛的演化分为五个阶段。

- **第一阶段：**

最早的“羽毛”是一根像鬃毛一样的简单的中空管。这些羽毛的主要用途可能是用来保温，但即使在这个演化的初始阶段，羽毛有可能已经具备颜色，并被用于炫耀或者伪装。

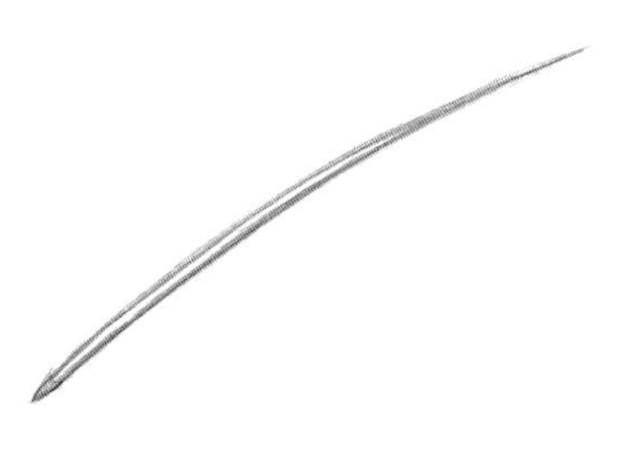

- **第二阶段：**

结构简单的管状羽毛从基部分散成许多独立的纤维，就像现代鸟类身上的绒羽那样。这样的羽毛能够形成一层蓬松的隔热层，其保暖性能远高于第一阶段的粗硬管状羽毛。

- **第三阶段：**

羽毛开始产生分支结构，演化出一根中心羽轴和两侧的羽枝，这样就能产生更为复杂的颜色和图案。

- **第四阶段：**

羽毛进一步分支，每个羽枝演化出了羽小枝，羽小枝上的钩子互相交错，固定住羽枝，形成一个更为坚固的平面。

- **第五阶段：**

为了适应各种不同的功能，羽毛演化出了许多特化的形状和结构。其中，一些最为复杂、最为特化的羽毛与飞行相关，比如结构不对称的羽毛可以提升空气动力学性能。这也意味着羽毛的飞行功能是后期才演化出来的，并非早期就具备的功能。

Spoonbills and Ibises
琵鹭与鹮

粉红琵鹭

琵鹭利用其勺状的喙在泥水中凭触觉和味觉寻找食物。

美洲白鹮将喙戳进土里或洞里，同时依赖触觉和视觉这两种感觉进行觅食

■ 寻找食物是鸟类面临的主要挑战之一，鹭类、鹮类和琵鹭等大型涉禽就展现出多种不同的觅食策略——鹭类完全依靠视觉捕食（第 31 页），琵鹭完全依靠触觉，而鹮类则同时利用视觉和触觉。它们通常会先搜寻猎物的蛛丝马迹，比如小龙虾的洞穴，然后将喙伸进洞中，利用喙尖的触觉和味觉四处探测，直到找到猎物。

■ 反刍对于鸟类来说是正常现象，并且相当常见。所有鸟类的脖子里面靠近底部的位置都有一个可扩张的囊袋，称为嗉囊，位于食道与身体相接处（第 5 页下段）。尽管嗉囊有一定的消化功能，但它主要是一个储存食物的器官。成鸟外出觅食时可以摄入大量食物，并储存在嗉囊中，等飞回巢后再反刍出来喂给雏鸟。鸟类还会将食物中无法消化的部分吐出来，比如种子或贝壳。之所以要吐出这些不能消化的部分，有时候是因为它们的体积太大无法通过肠道，有时候则是为了尽早清空嗉囊、减轻身体重量。

美洲白鹮雏鸟（右）伸着脖子去吃成鸟（左）反刍出来的食物

■ 为什么鸟类要单腿站立呢？简单来说是因为这对它们而言轻而易举。虽然长腿鸟类的单腿站立行为最为明显，但其实所有的鸟类都会采取这种姿势。由于鸟类腿部结构的一些适应性变化，使得这种站姿非常稳定且几乎不费力气。单腿站立时，鸟类的重心位于膝盖下方（类似于人类蹲下的姿势），而骨盆上的一个凸起可以防止腿部向上过度弯曲。为了在单腿站立时保持平衡，站着的那条腿需要保持一定的角度，让脚位于身体的正下方，而此时腿的位置已经基本固定，身体又靠在腿上，之后只需微调脚趾就可以维持直立的姿势。此外，鸟类在骨盆周围还有一个额外的平衡传感器，这无疑有助于它们保持单腿站立（第 149 页上段）。

美洲白鹮单腿站立时的侧面和正面示意图

Cranes
鹤

全世界共有 15 种鹤，其中大部分是受胁或濒危物种，但是有一种鹤的种群数量在不断上升，那就是主要分布于北美洲的沙丘鹤。

翩翩起舞的沙丘鹤夫妇

■ 许多人会把各种体型高大、羽色发灰的鸟类都称为“鹤”，然而在北美洲大部分地区，这些被称为“鹤”的鸟类其实是大蓝鹭（第 30 页）。虽然沙丘鹤和大蓝鹭乍一看很像，但它们在亲缘关系上相距甚远，能够通过外观、生活习性和鸣声等多个细节加以区分。沙丘鹤几乎总是成对或者成群出现（而非独来独往），会发出较为悦耳动人的鹤鸣声，吃东西时会从地面上轻轻地啄起食物（而鹭类捕鱼时则会突然猛烈地出击），而且沙丘鹤的前额有一块红色裸皮，站立时尾部盖着弯曲的羽毛，看起来像是穿着“裙撑”。

大蓝鹭（左）和沙丘鹤（右）

■ 如果你仔细观察鸟类的下肢，你会发现它们的“膝”关节弯曲的方向似乎反了，因为那其实是鸟类的“踝”关节。人类身上组成脚掌的多块骨头（左图中的黄色部分）在鸟类身上融合成了一根又长又直的骨头，看起来就像是腿骨一样。而我们所说的鸟类的“脚”，实际上主要是由趾骨构成的脚趾。鸟类所有的下肢肌肉都紧贴着身体，并且被羽毛包裹和隔热保温，而我们看到的鸟“腿”之所以如此瘦长和骨感，因为那其实只是外面裹了一层粗糙皮肤的、细长的骨头和肌腱。

人类（右）与沙丘鹤（左）的下肢比较图。不同的颜色分别对应脚趾（粉色）、脚掌（黄色）、小腿（绿色）和大腿（蓝色）

沙丘鹤之舞

■ 在繁殖季，鹤类夫妇的领域意识很强，并且在育雏期间（通常是一只雏鸟，有时候是两只）不会与其他鹤有所往来。夏末来临，无论是已成家的鹤夫妇还是未参与繁殖的单身鹤，都会聚集到一起，共同启程向南迁徙。鹤类一家至少会一起生活到来年三月，家庭成员除了亲鸟和当年出生的幼鸟之外，往往还有一只或几只前几年出生的亚成鸟。在这些越冬的鹤群中，社交炫耀行为非常普遍，鹤类独有的壮观而复杂的“舞蹈”就是其中之一。鹤舞通常由雄鸟发起，常见的动作包括低头鞠躬、鸣叫、鼓翼、奔跑和凌空跃起。人们曾认为鹤舞是一种求偶炫耀行为，但实际上这一行为会贯穿整个冬季，而且一对鹤的舞蹈往往会引得附近其他成对的鹤也开始跳舞。

Plovers
鸻

像双领鸻一样在地面筑巢繁殖的鸟类会通过伪装和其他一些花招来避免卵和雏鸟被捕食者发现。

在公园里繁殖的双领鸻

■ 直接产在开阔空地的卵极易被天敌捕食，因此鸟类首要的防御策略是让卵不那么容易被发现，它们也为此演化出了一系列适应性对策。首先，这些卵的保护色能提供很好的伪装。有证据表明，营地面巢的鸟类会选择与自己卵的颜色和花纹相仿的地面筑巢。它们的巢通常只是一个微凹的浅坑，里面没有任何会引起捕食者注意的特殊巢材或构造。此外，成鸟自身也有保护色，它们还会主动诱导捕食者远离鸟巢，这种行为被称为“拟伤行为”。但以上这些都是针对视觉方面的伪装，对于在开阔空地繁殖的鸟类而言，另一大威胁来自靠嗅觉狩猎的捕食者，尤其是在漆黑的夜里。繁殖期间，双领鸻等在地面筑巢的鸟类为了避免被捕食者闻到，它们身上尾脂腺的油脂成分会变成一种没有气味的化学物质，这样就可以有效地掩盖在巢中孵卵的成鸟的气味，降低自身被臭鼬和狐狸等天敌发现的概率。

双领鸻把卵产在开阔空地上的浅坑里，卵壳具备很好的保护色

■ 一些小型鸻类会在紧挨着高潮线的沙滩上生活与筑巢，比如分布于美国东部的笛鸻和西部的雪鸻，这意味着它们与数百万利用这些沙滩进行休闲娱乐活动的人类存在直接竞争。笛鸻的全球种群数量仅剩约 1.2 万只，其中大多数都在美国东部从新泽西州到马萨诸塞州沿岸的沙滩上筑巢和繁殖。如今，笛鸻在大部分海滩上的存亡取决于保护者的宣传工作，他们会告诉其他人（以及他们的狗、车辆、风筝和其他威胁）远离繁殖中的笛鸻。假如能让笛鸻在关键时期免受打扰，那么即使在人潮汹涌的海滩上，它们也能成功繁殖。

我看到一只鸟在地上扑腾，它显然是受伤了。但当我靠近的时候，它扇扇翅膀就飞走了。

这些只是鸟类为了保护卵或雏鸟而进行的一场“表演”，被称为“拟伤行为”或“折翅行为”。鸟类假装断了一只翅膀，一边发出哀鸣，一边拖着断翅在地上踉跄而行。这场表演看起来惟妙惟肖，一旦你跟着它，就会被引离到距离巢很远的地方。当这只鸟认为你已经离巢足够远，它便会扇扇翅膀飞走，之后再悄悄地溜回巢。

正在引开天敌的双领鸻

笛鸻

Large Sandpipers
大型鹬

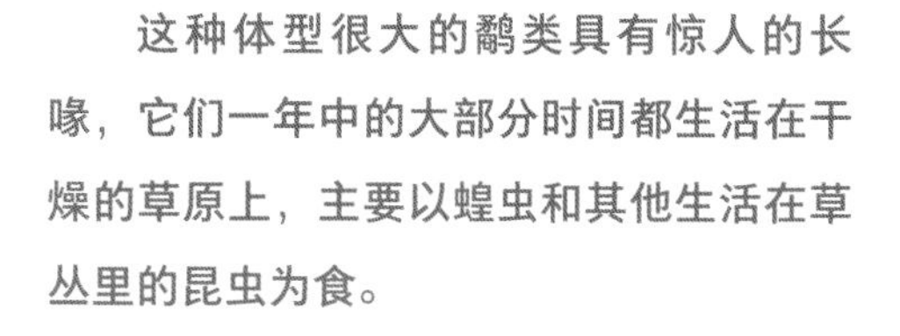

这种体型很大的鹬类具有惊人的长喙，它们一年中的大部分时间都生活在干燥的草原上，主要以蝗虫和其他生活在草丛里的昆虫为食。

夹起招潮蟹的长嘴杓鹬

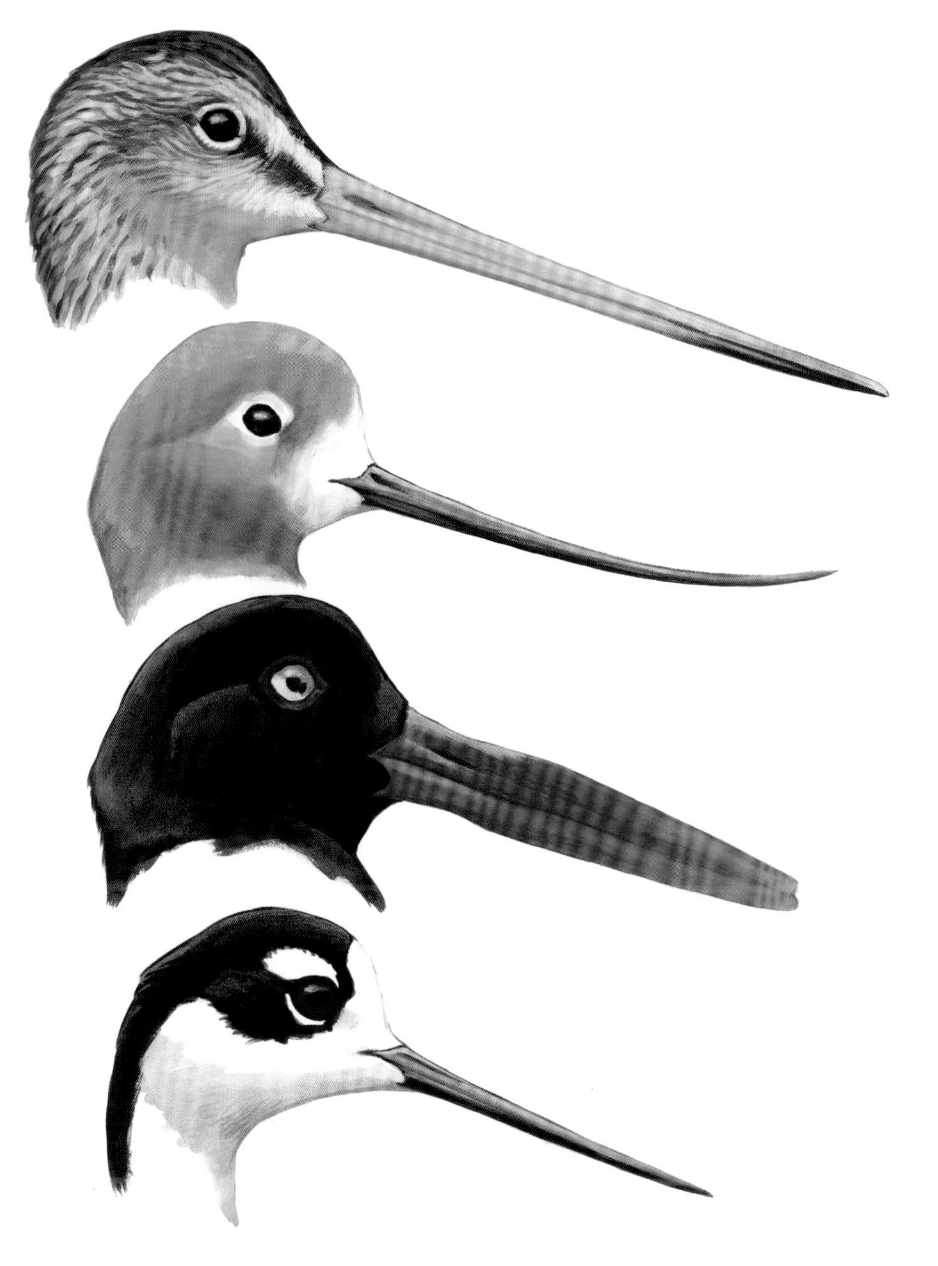

■ 这四种鸻鹬类都有长长的喙，但它们使用喙的方式却各不相同。云斑塍鹬和黑腹滨鹬一样（第 43 页中段），会用喙在泥地或沙地里探寻食物。褐胸反嘴鹬则凭借触觉觅食，将上翘的喙浸入水中左右扫动，一旦碰到食物就立刻抓住（类似于粉红琵鹭，第 34 页）。美洲斑蛎鹬会先用结实的喙敲松螺和贻贝等软体动物的外壳，然后再撬开。（虽然美洲斑蛎鹬的名字里也有“蛎鹬”二字，但其实它们几乎不吃牡蛎。）黑颈长脚鹬极细长的喙能够从水面或泥土中巧妙地夹起微小的食物（类似细嘴瓣蹼鹬，第 43 页下段）。上述四种鸻鹬类都是高度特化的物种，在生态群落中各自占据着独特的生态位，因此才能在同一个地方觅食而避免食物竞争。

由上而下分别为云斑塍鹬、褐胸反嘴鹬、美洲斑蛎鹬和黑颈长脚鹬

■ 鹬类的喙尖布满了神经末梢，因此能感觉到泥土或沙子里猎物的存在。它们的喙尖内侧有味蕾，可以快速品尝每一个找到的食物。此外，在靠近喙尖处还有能够活动的“关节”，由连接到头部肌肉的肌腱控制。有了这样的构造，即使猎物深埋在泥沙之中，鹬类也能利用灵活的喙尖抓住并揪出猎物。

翘起喙尖的云斑塍鹬，可以与上图中合着嘴的云斑塍鹬进行对比

Small Sandpipers
小型鹬

在沙滩上奔跑的三趾滨鹬

这种鸟整天跑个不停：前浪退去时，它们跟着冲下沙滩，寻找被浪翻出来的食物；后浪袭来时，它们又匆匆返回沙滩上面，躲避浪潮。

■ 一大群鹬在飞行时的翻转腾挪是自然界中最壮观的景象之一，近期的研究为我们了解这种群体行为提供了一些信息。鸟群中并没有专门的领头鸟，任何一只鸟都可以带动整个鸟群的转向，当群体中的其他鸟看到某只鸟改变了方向并随之转弯时，这种反应就会以恒定的速率在整个鸟群中传递（就像人们在体育场玩“人浪”那样）。通过这种机制，一个相当于美式橄榄球场大小[1]的鸟群可以在不到三秒的时间内完全改变方向：每只鸟仅需转换到新的方向，然后根据近邻的位置不断调整自己的相对位置，就像军乐队那样。转向通常由鸟群边缘的个体发起，这些个体最终会移动到鸟群靠中间的位置。尽管待在鸟群边缘能更好地看到潜在的危险，但也更容易受到攻击。因此，边缘个体带动的鸟群转向有时是为了应对真实存在的危险，但很多时候可能只是因为这只鸟不想继续待在鸟群边缘。当一只处于边缘的鸟因为紧张而飞向鸟群中间时，鸟群中的其他个体就会做出相应的反应，由此形成的令人眼花缭乱、外形旋转翻飞、方向捉摸不定的鸟群，会让捕食者无从下手、难以出击。即便大部分转向都只是虚惊一场，频繁而突然的变向确实可以让鸟群更为安全。

一群鹬类转向前后的位置变化。一只位于鸟群边缘的个体（浅色所示）发起了一次转向，所有个体都予以回应并以相同的半径转向，最终，原先位于边上的这只个体移到了鸟群的中央

■ 鹬类喙尖的触觉异常敏锐，甚至可以间接地感觉到物体。当它们把喙插入潮湿的沙地或泥地时，水分会被挤开。此时，如果泥沙里有东西（比如一个小蛤蜊）挡住了水流，位于鸟喙和蛤蜊之间的水分就会由于受到挤压而产生较高的压力。一旦鸟类感受到这种压力差，它们就知道哪里值得一探究竟了。

在泥里触探的黑腹滨鹬

■ 如果你仔细观察正在泥滩上觅食的一群鹬，你可能会发现它们不停地从泥滩表面捡东西吃，或者用喙在泥里或水里触探，但是却很少抬头。群体中的每一只个体都能在保持喙始终朝下的情况下，用喙尖夹起食物并将其送入位于上方的口中，这看起来似乎违反了重力。但实际上，一个简单的物理原理就能解释这个现象，即水的表面张力。当鹬类用喙尖夹起一个微小的食物时，一小滴水也会随着食物被带上来。由于水滴会因为表面张力而聚集，当鹬微微张嘴时，水会保持着水滴的状态沿着喙向上移动，同时裹挟着食物一起向上。一旦食物进入口腔，鹬就会把水挤走并甩掉，将食物吞下，然后继续觅食。高速摄像机拍摄的画面显示，红颈瓣蹼鹬仅需依靠表面张力向上“拉”一滴水就可以在短短的 0.01 秒内将食物从喙尖送到嘴里，比我们眨眼的速度快了约 30 倍。

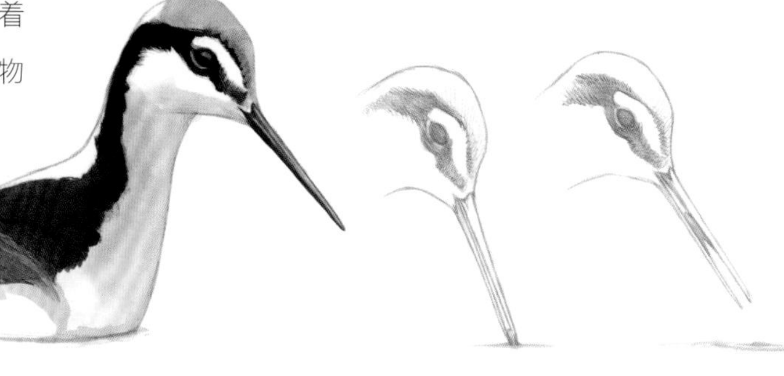

细嘴瓣蹼鹬熟练地将食物送入嘴里

1 美式橄榄球场长约 110 米，宽约 50 米。

探头探脑穿梭于林间地面的小丘鹬

Snipe and Woodcock
沙锥和丘鹬

小丘鹬大多数时候都是独自在林间活动，但到了春季的晨昏时分则会上演一场蔚为壮观的求偶飞行表演。

■ 在俘获芳心、威慑对手时，沙锥并非用嗓子唱歌，而是利用尾巴发出嗡嗡的哨声。虽然这种行为很容易观察到，但直到最近才有研究揭示出这个发声过程中的一些物理机制的具体细节。沙锥最外侧尾羽的内缘颜色较浅，并且缺乏可以将羽枝钩连在一起的羽小枝，因此这些尾羽内缘的硬度较低。在高速飞行时，沙锥将外侧尾羽展开到与身体几乎垂直，这时羽毛的内缘就会像被大风吹动的旗帜一般快速颤动，其形状和弹性决定了羽毛特定的振动频率，进而产生我们所听到的沙锥在炫耀飞行时发出的嗡嗡声。

一只正在炫耀飞行的美洲沙锥，以及“发声”羽毛的特写

■ 早在19世纪40年代，“捕猎沙锥（snipe hunt）”这个恶作剧就在美国广泛流行：一个毫无防备的新人被邀请参与集体“打猎（hunt）”。人们会给他一个袋子，并将其带到一个偏远的地方，吩咐他捕捉一种叫“沙锥（snipe）”的神秘沼泽生物。恶作剧者通常会推荐一些捕猎技巧，比如打开袋子耐心等待，或者在晚上发出奇怪的声音来引诱沙锥进入袋子等。随后，这个可怜的家伙就会独自守在夜晚的树林里，拿着袋子等不知所以的沙锥。现实中，确实有一类真实存在的鸟叫沙锥，属于鹬科，长得又矮又胖，常常躲在潮湿的泥地或草丛中，依靠其隐秘的羽色进行伪装。不过，从来没有人真的只用一个袋子就成功地捕捉到沙锥。

在草丛中的美洲沙锥

■ 鸟类普遍拥有出色的视力，而它们超越人类视力的其中一点在于视野大小——鸟类可以同时观察到更大视野范围内的景象。人眼的位置限定了我们只能将两只眼睛聚焦到一个点，如果保持头和眼睛不动，我们大概能看到眼前180度范围内的东西（但也只能看清视野中央一小块区域的细节）。沙锥像许多鸭子或者其他鹬类一样，可以同时看到周围360度以及头顶上方从前到后180度的景象，并且每只眼睛能分别看清一条宽横带范围内的细节，而不是只能看清一个小点。想象一下，自己不用转头就能看到整个天空和地平线，以及地平线附近大部分范围内的一些细节景象，这会是怎样的一种体验呢？对于像沙锥这样依靠伪装来保护自己的鸟类而言，这样的大范围视野尤为重要，因为当危险临近时，沙锥的第一反应就是蹲下身子、静伏不动。不过，即便身体纹丝不动，它们仍然可以观察到周围的一切（第57页中段，第67页下段）。

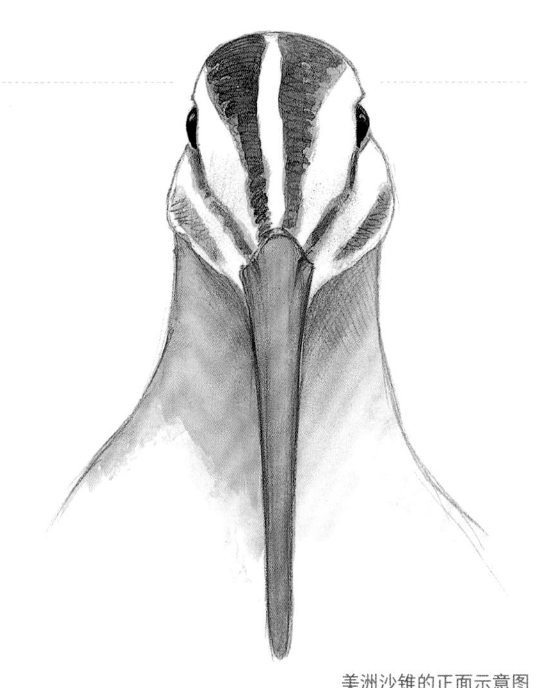

美洲沙锥的正面示意图

Gulls
鸥

鸥或许是世界上最全能的鸟类。如果要进行一场鸟类的三项全能比赛，运动项目包括游泳、跑步和飞行，那么鸥类将会是夺冠热门之一。

环嘴鸥在海滩上抢夺人们野餐的食物

■ 鸥类因吃“垃圾食物”而臭名昭著，而且它们是真的把垃圾当成食物。它们成群结队地聚集在露天垃圾场搜寻吃的东西，也会在野餐区、快餐店、渔船和类似的场所附近徘徊，时刻准备着大口吞下任何被丢掉的食物残渣。尽管如此，鸥类在喂养雏鸟的食物选择方面却非常挑剔。许多研究表明，即使亲鸟自己去垃圾场觅食，它们也会给刚孵化出来的雏鸟喂营养价值高的天然食物，比如螃蟹和新鲜的鱼（第 113 页中段）。

美洲银鸥将食物反刍出来喂给雏鸟

■ 如果你在海滩上发现了一根鸥的羽毛，那有可能是一根使用了一整年后自然脱落的旧羽。倘若那是一根如左图所示的外侧飞羽，你可以仔细观察羽毛的尖端，会发现羽尖的白色部分磨损较多，而深色部分则大多完好无损。几乎所有鸥类都有深色的翼尖（翅膀的尖端），这种特征也普遍存在于各科鸟类身上。究其原因是因为黑色素（负责产生黑色和棕色的色素）能够使羽毛更坚固、更耐磨损。由于翼尖对飞行至关重要，但是却又容易磨损并常常暴露于阳光之下，因此强化翼尖的羽毛就显得尤为重要。

大多数鸥类的外侧飞羽以灰色为主，末端黑白相间。上图为一根新羽，白色的部分十分完整；下图为一根旧羽，白色的部分磨损严重

■ 当飓风来临时，鸟类该怎么办？鸟类能感知气压的变化。当气压下降时，通常意味着风暴即将来临。此时它们的第一反应便是要多吃一点东西，因为鸟类应对风暴的策略往往就是囤积脂肪、寻找庇护所，然后耐心等待。鸥类的风暴庇护所可能是海滩上的一丛草或者一根木头，这些物体可以稍微挡一些风。它们会选择迎风站立，并低下头将身体变得更接近流线型，只要体内的脂肪储备充足，它们就无需到处移动。

美洲银鸥在暴风雨中缩着身子，蜷成一团

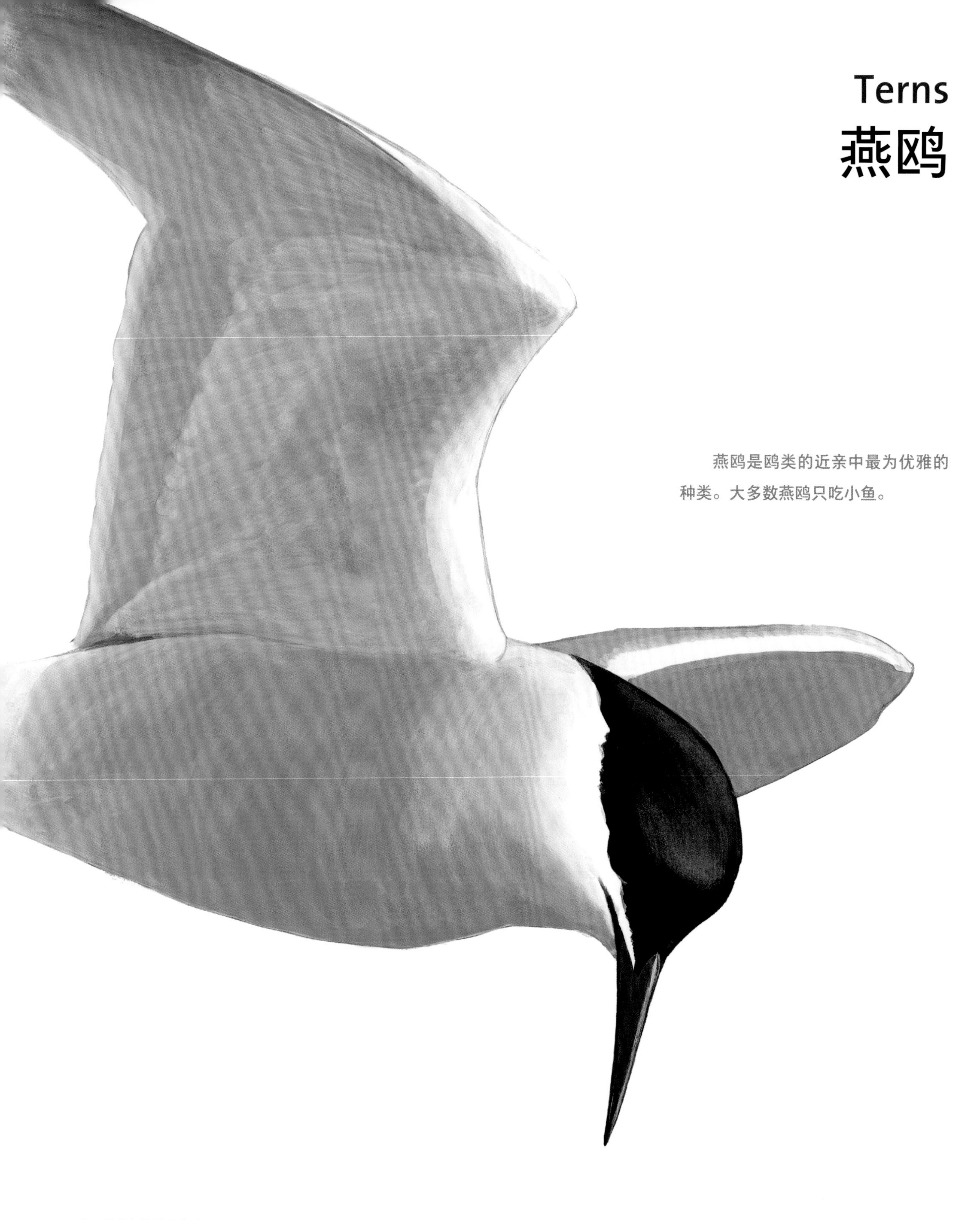

Terns
燕鸥

燕鸥是鸥类的近亲中最为优雅的种类。大多数燕鸥只吃小鱼。

边飞边找鱼的普通燕鸥

集群繁殖的普通燕鸥：每一对燕鸥都会保卫自己巢周围的一小块区域，但其他方面则是共同分享与分担的

■ 为什么有些鸟类会集群筑巢繁殖？当合适的筑巢地点有限，而食物在广阔的区域内零散分布且不稳定时，鸟类就会演化出集群繁殖的习性。比如燕鸥就是在没有地面捕食者的小岛上筑巢，但作为燕鸥食物的鱼群，其行踪却难以捉摸。不过在拥挤的条件下生活也有一些缺点，比如感染寄生虫和传染性疾病的风险会增加，以及各种竞争（例如食物、巢址、巢材和配偶等方面）也更为激烈。集群繁殖的优点是能更好地抵御捕食者的攻击，并且可以获得更多关于食物来源的信息。相较于一个稀疏的繁殖鸟群或孤零零的一对繁殖鸟，更大、更密的鸟群可以对捕食者发动更猛烈的反击。因此，即使一些亲鸟长时间离巢觅食，其他成员仍可以守护整个繁殖集群。繁殖集群还有信息交流的功能，因为亲鸟可以通过左邻右舍的情况来获知食物来源。此外，如果有更多个体一起参与搜寻，燕鸥发现小鱼群的机会就能大幅增加，一旦发现了鱼群，其他燕鸥就可以迅速加入这场饕餮盛宴。

普通燕鸥在空中悬停后扎入水中捕鱼

■ 在广袤的海洋中找鱼是一项艰巨的挑战。由于燕鸥只能捕获海面附近约 10 厘米水深内游动的小鱼，因此它们必须采用低飞巡查的方式来寻找。当燕鸥发现靠近海面的小鱼时，它们会先在水面上方约 3 米处悬停，选定目标，等待合适的时机，然后向下转身、一头扎进水中，试图用喙夹住一条鱼。燕鸥不会在水面停留，因此在俯冲入水之后会立即飞出水面。如果成功捕获一条鱼，燕鸥要么会在飞行中吃掉，要么把鱼带回巢，不过这一路上还要避开四处攫食的鸥类和其他想要偷抢食物的鸟（第 29 页下段，“偷窃寄生”）。

■ 燕鸥十分擅长飞行，尤其是北极燕鸥的飞行能力在燕鸥中更是出类拔萃。北极燕鸥在北极地区繁殖，每年会迁徙到南极，然后再飞回北极。过完北极的夏天，又到南极过夏天[1]，它们一年中的大部分时间都在阳光下生活，并且大都在冰山附近活动。由于燕鸥不善于游泳，因此在漫长的迁徙过程中必须依靠双翼不断飞行。它们的迁徙路线也并非一条直线，而是沿着海洋绕了一大圈，因此一只北极燕鸥一年可能要飞越约 9.7 万千米。（目前，漂泊信天翁保持着鸟类最长迁徙距离的纪录，根据追踪数据显示，它们每年平均会在南半球的大洋洋面上巡航飞行约 18.3 万千米）。

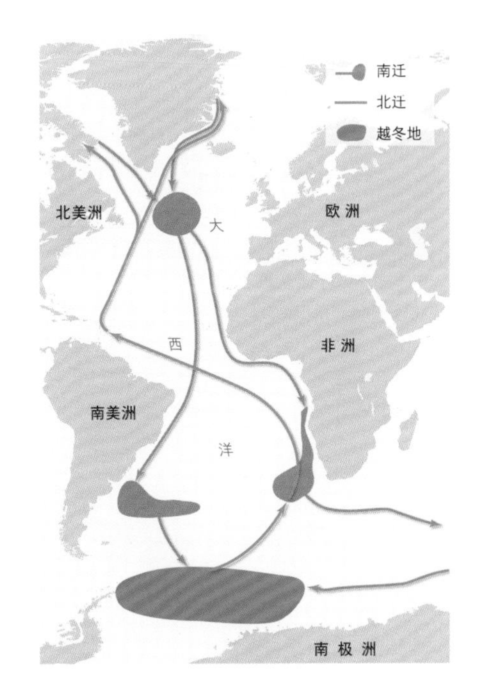

北极燕鸥从北极的繁殖地出发向南迁徙（橙色线）到南极的越冬地（蓝色区域），越冬后再沿着另外一条路线返回北方（绿色线）

1 乍一听或许有些奇怪，不过，因为南北半球的季节相反，北极燕鸥在南极的时候，北半球处在冬季，而南极正处在夏季。

Hawks
鵟

红尾鵟在人类创造的空地和林缘地带繁衍生息。

在道路边捕猎的红尾鵟

■ 鸟类的整体羽色千变万化，一些羽色会随季节或年龄改变，还有一些存在雌雄差异。然而，包括红尾鵟在内的少数物种则具有不同的色型。红尾鵟的色型主要是指其羽毛的颜色偏深色调或偏浅色调，并且这种颜色不随年龄、性别或季节变化，会终生维持。至今为止，人们仍不清楚为什么鸟类具有不同的色型，但近期的研究认为色型的存在与伪装有关（至少对于鵟这类猛禽而言）。在光线昏暗的环境中（如森林），深色型的鵟会不那么显眼，因此它们的捕猎成功率更高，而浅色型的鵟在光线较亮的环境下（如开阔生境）更容易获得成功。此外，由于每种色型在不同的环境条件下各有优劣，无法分出绝对的高下，因此这两种色型都在演化过程中得以保留下来。

深色型和浅色型的红尾鵟

悬停之后向下俯冲的红尾鵟

■ 大多数鸟类只是将飞行作为一种移动方式，并且其飞行模式鲜少变化。然而像红尾鵟这样的物种会在空中停留许久，而它们拥有的五花八门的飞行本领令人惊叹。红尾鵟会根据各种目的（捕猎或移动）采用不同的飞行模式，也会根据飞行需求和当前风向加以调整。作为耐心极佳的猎手，红尾鵟经常在视野良好的树枝或杆子上等待数小时，伺机而动。它们还会在空中悬停（在微风中保持不动，偶尔扇动翅膀）、盘旋，或者在开阔地带滑翔，花上几个小时寻找地面的猎物。红尾鵟主要以田鼠和黄鼠之类的小型哺乳动物为食，但任何不超过小野兔大小的动物都有可能成为它们眼中的美味佳肴。捕捉猎物时，红尾鵟会俯身收翅，高速冲向地面。

■ 大部分情况下，同一种鸟类的体型相差不大。刚出生的个体在孵化后的几周内就能长到成鸟大小，之后不同个体的体型就相差无几。大多数鸟类的雄性会比雌性稍微大一些，然而许多昼行性猛禽（比如鵟）却恰恰相反，雌性反而比雄性更大（这一现象在蜂鸟以及夜行性猛禽猫头鹰中更为普遍）。在对这一现象的多种解释中，许多观点认为雌鸟的体型更大对繁殖和觅食有潜在的好处，但目前尚无研究证实这些假说。由于雌鸟承担大部分的孵卵工作，因此它们更大的体重能更好地为卵和雏鸟保暖，而雄鸟在给自己和孵卵的雌鸟寻找食物时，较小的体型能让它飞得更快更灵活，有利于捕捉小型猎物（小型猎物的数量较多且来源较稳定）。待雏鸟破壳而出后，雌雄亲鸟都会为家庭提供食物，不同的体型大小或许有助于它们在领域内捕获更为多样的猎物。

又大又壮的红尾鵟雌鸟（左）和体型较小的雄鸟（右）

红尾鵟的繁殖过程

在一些地区，红尾鵟不会随着季节迁徙，而是全年和配偶一起在领域内活动。那些迁徙的红尾鵟则会在冬末或初春回到繁殖地，随后开始求偶，求偶的过程包括双腿悬垂姿态的飞行炫耀（如图中上方那只体型较小的雄鸟所示）。

红尾鵟大约在一月到四月期间开始筑巢，具体时间取决于当地的气候条件。雌雄双方会一同造访往年的旧巢以及适合搭建新巢的位置，它们可能会翻新至少两个旧巢，也会建一个新巢，最后从中选择一个来用。雌雄双方会共同收集巢材，用嘴叼回一根根树枝，但碗状鸟巢的最终整形工作还是由雌鸟承担。筑巢工作大多安排在清晨，而且还要偷偷摸摸地进行，以免暴露巢的位置。一般来说，一个巢大约 4 ~ 7 天就能建好。

选定巢后，雌性红尾鵟可能要过 3 ~ 5 周才会开始产卵，通常一窝卵的数量为 2 ~ 3 枚，有时候是 4 枚。两枚卵的生产时间往往会间隔一天，因此产下第一枚卵之后的第四天才会产下第三枚卵。孵卵工作在亲鸟产下第一枚卵之后就会开始，其中大部分时间由雌鸟负责。有时候，雄鸟也会短暂地帮忙孵卵，但是它的主要工作还是为巢中的雌鸟捕捉和提供食物。孵化期约为 28 ~ 35 天。

红尾鵟雏鸟在孵化后的第 42 ～ 46 天离巢，但它们仍会待在巢附近，在接下来的两三周内，仍旧完全依赖父母提供食物。随后的几周里，雏鸟自己捕获的食物日益增多，不过它们在离巢后至少 8 周内还是会从父母那里获得一些食物。离巢之前的最后两周，雏鸟会花费大量时间锻炼还在发育中的翅膀，并在离巢后 4 周左右真正学会翱翔。在具有迁徙习性的红尾鵟种群中，亲鸟和后代在雏鸟离巢后 10 周左右各奔东西，而对于那些全年定居于同一片区域的种群，红尾鵟一家则会在一起生活长达 6 个月之久。

最早产下的那枚卵最先破壳，后面产下的几枚卵按照 1 ～ 2 天的间隔陆续孵化出壳。这种异步孵化[1]的方式造成雏鸟之间的发育程度不同，因而它们在体型和力量方面也差异悬殊。如果食物资源有限，雏鸟就会在巢中互相争夺，通常最早孵出来的那只最强壮，能抢到更多的食物，而最弱小的雏鸟则会饿死或被其兄弟姐妹吃掉。这看起来似乎很残酷，但优先喂养最强壮的个体可以确保有最大数量的雏鸟能获得充足的食物。换句话说，对于一对红尾鵟而言，养育出一只健康强壮的雏鸟要比养育出两只营养不良的雏鸟要好得多。

雏鸟在孵化后的 12 ～ 18 小时内就能抬起头，到了第 15 天就可以坐起来，等到第 21 天就能自主吃父母带回巢中的猎物，然后在第 46 天离巢。在雏鸟孵化后最初的 30 ～ 35 天内，成年雌鸟会帮助雏鸟保持温暖和干燥，而且雏鸟的年龄越小，雌鸟照料雏鸟的时间也越久。在此期间，雌鸟和雏鸟的大部分食物由雄鸟提供，雄鸟每天带回巢中的猎物可以多达 15 只，为一个三口之家提供约 0.7 千克的食物。

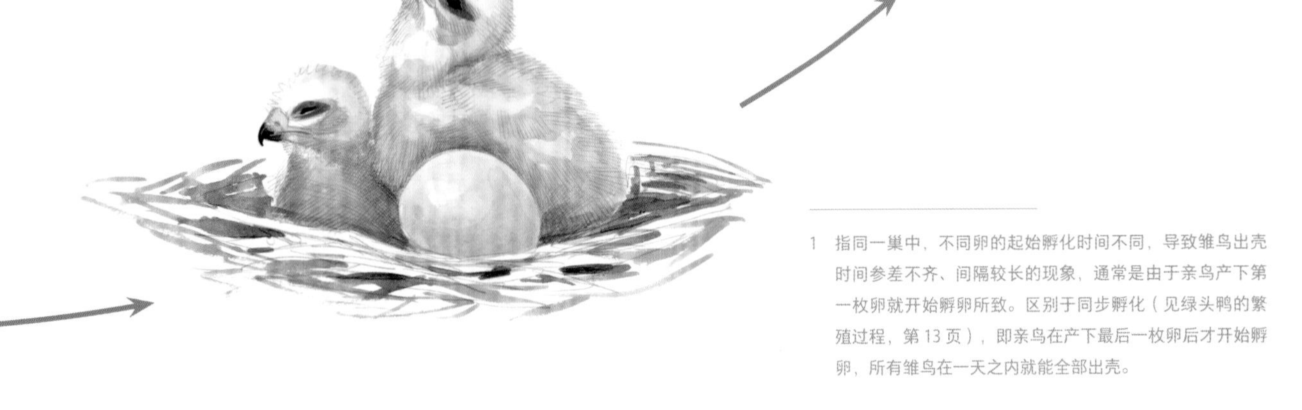

1　指同一巢中，不同卵的起始孵化时间不同，导致雏鸟出壳时间参差不齐、间隔较长的现象，通常是由于亲鸟产下第一枚卵就开始孵卵所致。区别于同步孵化（见绿头鸭的繁殖过程，第 13 页），即亲鸟在产下最后一枚卵后才开始孵卵，所有雏鸟在一天之内就能全部出壳。

Accipiters
鹰

对捕食者的恐惧可以深刻地影响猎物的行为。

捕猎中的库氏鹰

■ 在早期美国人的观念中，库氏鹰和纹腹鹰被视为凶狠的“鸡鹰”，然而这两种鹰的体型通常较小，根本无法捕捉成年的家鸡。与它们关系较近的苍鹰（也是中国俗称的“鸡鹰”）倒是会对家鸡构成更大的威胁，但苍鹰在北美地区相当罕见。由于人们习惯性地认为鹰是邪恶的动物，还会与人类争夺食物，因而鹰类受到人类长达几个世纪的迫害。19 世纪末到 20 世纪初，人们在一系列宣传教育活动中强调了鹰的有益价值，比如鹰可以捕食老鼠来保护农作物。随着越来越多的人意识到捕食者在生态系统中的重要性，美国政府出台了严格的法律条款来保护鹰类，中国也将所有猛禽列为国家重点保护野生动物。然而，在许多地区，鹰仍在遭受人类的迫害，而同样的观念也始终影响着人们对待狼和其他大型食肉动物的态度。

库氏鹰

一只正在逼近黑顶山雀的库氏鹰

■ 除了拥有敏锐的视力和宽广的视野，鸟类还演化出了一项对其生活方式至关重要的视觉特征，那就是比人类快得多的视觉信息处理速度。我们观看的电影是一连串以每秒约 30 张的速度连续放映的静止图像，但是由于这些图像变化得太快，人眼来不及反应，因此这些图像就会“糊”成一片，融合成为动态的影像。鸟类处理图像的速度比人类快两倍以上，因此在鸟类眼中，我们的电影更像是一张张放映的幻灯片。这种快速处理视觉图像的能力，对于鸟类在高速飞行中躲避障碍物和追踪猎物十分重要。当我们在高速公路上飞速行驶时，路牌总是模糊不清地掠过，但鸟类的双眼却能够跟得上每个路牌并清晰地看到上面的具体细节。

■ 机敏的库氏鹰和其近亲纹腹鹰主要以小型鸟类为食。冬天，它们经常在鸟类喂食器附近捕猎，利用树篱、栅栏，甚至房屋作为掩护，伺机偷偷接近猎物，然后像一枚灰褐色的导弹一样冷不丁地猛冲到喂食器所在的空地上，速度可以超过每小时 48 千米。在这一瞬间，它们寻找最容易下手的鸣禽——一个行动迟缓、心不在焉的家伙，或者一个不走运的倒霉蛋。鹰类可以通过翅膀和尾巴的快速收放来改变飞行方向，为了紧追小鸟，它们在空中不断旋转闪躲、努力逼近，最终伸出长腿和锋利的爪子捕获猎物。

捕获一只鸣禽的纹腹鹰

Eagles
雕

在 20 世纪 70 年代，由于杀虫剂 DDT 的毒害等威胁，白头海雕濒临灭绝。随着保护工作的开展，这种鸟的数量得以恢复，如今已重新遍布北美各地。

正在吃鲑鱼的白头海雕

■ 如果一个人能看清很远的物体，英文中会用“eagle-eyed”来形容，意思是这个人的视力像雕一样优秀。虽然这种说法最早出现在 16 世纪，远早于我们对雕的视觉原理有所了解的时间，但是观察过雕的人可能都会发现，它们可以对极远处的事件做出反应，比如发现一只在 1 千米外的山坡上奔跑的兔子，而人需要借助望远镜才能看到这么远的东西。雕眼睛里的感光细胞数量是人眼的 5 倍，更准确地说，它们视网膜上感光细胞的密度是人眼的 5 倍，因此雕能观察到的细节比我们多得多。同时，在雕眼的感光细胞中，几乎所有（80%）的细胞都是负责颜色识别的视锥细胞，而人眼中的视锥细胞比例仅有 5%，其余的 95% 是用于弱光和夜间视觉的视杆细胞。此外，雕的每个视锥细胞中都含有一个有色的油滴，能起到“滤镜”的作用，可以通过阻挡一些特定波长（颜色）的光，进一步增强雕的彩色视觉。我们可以在五倍双筒望远镜的帮助下趋近雕的视力，但是我们无论如何也无法让自己的眼睛模拟出雕眼那样的色觉。

由于眼球里中央凹的位置较为特殊，这只白头海雕其实正在用单眼直勾勾地看着你

■ 现在，请盯住这句话中的某一个字，然后尝试在保持眼睛不动的情况下阅读周围的字。这时你会发现自己只能看清视野中央一小块区域的细节，这是由中央凹——一个位于视网膜上感光细胞密度最高的小凹陷——造成的。人类的双眼各有一个中央凹，并且这两个中央凹所对应的视线会聚焦在同一点上，这意味着我们只能看清一小片区域的细节。此外，我们有超过 110 度范围的水平视野是由两只眼睛共同看到的，被称为“双眼视觉”。然而，雕的每只眼睛各有两个中央凹，双眼共有四个，它们所对应的视线分别指向不同的方向。雕的双眼视野仅有 20 度左右的狭窄重叠区域，而且在这个区域内它们很难看清楚多少细节。但是，由于雕共有四个中央凹，它们在任何时候都能同时看清四个不同区域的细节，并且还拥有接近 360 度的视野！双眼的四个中央凹中，每只眼各有一个中央凹负责看向身体前方，而另一个视力“最强大”的中央凹则对着约 45 度的方向。为了观察天空或地面，雕会把头歪向一侧，用一只眼睛的一个中央凹来仔细观察情况。

白头海雕的四个中央凹所对应的四条视线

■ 目前，铅中毒是雕和许多其他鸟类所面临的最为严重的生存威胁之一。当雕捕食猎物时，会将嵌在猎物体内的铅制弹丸和弹头一同吞入肚中，或者是吃下体内铅浓度含量高的水禽（水禽体内的铅来源于吞入的铅制弹丸和渔坠）。由于鸟类的消化系统依靠肌肉发达的肌胃和胃酸来粉碎和溶解食物，因此石头、种子、骨头和金属碎片等质地较硬的物体会被不断地研磨，直到成为细小碎片后才能通过肌胃。这意味着，一块铅可以在肌胃中停留数天，在这期间被不断磨碎，并释放到体内被鸟类吸收。严重铅中毒的体征包括虚弱无力、嗜睡，以及粪便发绿。这些中毒事件中涉及的铅均来源于人类活动，因此只要将弹药和渔具中的铅替代为其他材质，就能顺利解决鸟类铅中毒的问题。

这只严重铅中毒的白头海雕需要接受治疗才可能有一线生机

Vultures
美洲鹫

美洲鹫独特的肠道菌群是它们针对吃腐肉的习性所演化出的适应性特征之一，但对于大多数其他动物而言，这些菌群却具有毒性。

红头美洲鹫

■ 美洲鹫夜间会集成大群在树上、高压电线塔或房屋上休息，并经常在清晨展开翅膀站立。这种展翅行为可能有多种功效，但确切的原因尚不清楚。美洲鹫的展翅站立行为常见于晴朗的早晨，这也是它们准备离开夜栖地之时。它们通常会背对着太阳站立，张开翅膀，并按照一定的角度倾斜翅膀，以便最大限度地获得光照。在那些凉爽的清晨，展翅可能有助于晒干夜间凝集在翅膀上的露水，从而减轻身体重量，更易于飞行。但有一项研究发现，无论翅膀上是否有露水，美洲鹫都会在凉快的早晨展翅站立，因此这种行为可能只是对强烈的阳光以及可能受潮的翅膀所产生的下意识反应。另一位研究人员认为，温暖的阳光可以让美洲鹫的巨大飞羽恢复弯曲度，为一天的飞行做好准备。此外，在炎热的天气中，展开翅膀、露出散热性能较好的翼下区域有助于降温。

展翅休息的红头美洲鹫

红头美洲鹫的低空缓慢飞行让它们能够利用嗅觉觅食

■ 你可能听过鸟类缺乏嗅觉这一说法，但事实上所有的鸟类都有嗅觉，而红头美洲鹫的嗅觉尤为灵敏。新近死亡的动物是红头美洲鹫最喜爱的食物，对于它们在定位这些食物时更依赖视觉还是嗅觉的问题，人们争论不休。但毋庸置疑的是，嗅觉在这个过程中扮演了极其重要的角色。近期一些研究数据表明，红头美洲鹫的嗅觉还没有灵敏到能在正常的翱翔高度就捕捉到食物的微弱气味，因此它们可能会先利用其他线索，随后才用嗅觉锁定食物（也有可能这个实验研究低估了它们的嗅觉能力）。我们常能看到红头美洲鹫贴着树顶低空飞行，那很有可能是它们正在用嗅觉寻觅食物。黑头美洲鹫是红头美洲鹫的近亲，一般会在早上稍晚一点的时候才开始飞行，它们飞行的高度较高，并经常尾随红头美洲鹫觅食。

■ 红头美洲鹫的飞行姿态别具一格，它们会将翅膀上扬呈 V 字形（类似于飞机机翼的上反角），并随着气流的变化不断地左右倾斜飞行。虽然让双翅维持上反角能飞得更稳定，但这种姿态所产生的升力比翅膀完全水平时要小，因此按体重来说，红头美洲鹫的翅膀面积相对偏大（第 99 页下段）。之所以双翅呈上反角时飞行更稳定，是因为这种姿态可以进行自我校正：当红头美洲鹫向一侧倾斜时，该侧翅膀的位置会变得接近水平，从而产生更多向上的升力，让它们无需振翅也能自动回到双翅齐平的状态。因此，当红头美洲鹫遇到强烈的上升气流时，它们会侧身躲开气流，使空气从更靠上方的那一侧翅膀流过，并且利用处于水平位置的另一侧翅膀提供更多升力，使身体回正。正是通过这种方式，红头美洲鹫可以在低空慢飞的同时寻找食物，并且只需对翅膀进行微调就能维持空中的姿态，而其他物种则需要频繁振翅才能重获身体的平衡。

红头美洲鹫飞行时典型的双翅上扬姿态。如图所示，当它们倾斜身体后，接近水平位置的那一侧翅膀能获得更多升力，从而让身体恢复双翅齐平的状态

Falcons
隼

正在吃蝗虫的美洲隼

美洲隼是世界上体型最小的隼类之一，它们在啄木鸟的旧巢或其他洞穴里筑巢。

美洲隼头部的正面、侧面和背面示意图

■ 美洲隼的头部具有复杂的颜色和图案，其中包括位于后脑勺的两个假眼斑。这两个假眼斑是一个“欺骗色”的例子，可以让其他动物误以为美洲隼的后脑勺是一张脸。对美洲隼来说，假眼斑最有可能的好处是能够迷惑潜在的捕食者，使其误以为自己已经被发现，或者由于无法判断美洲隼面朝哪个方向，而放弃或延迟攻击。（你没看错，即使是体型较小的鹰隼等猛禽也可能成为大型猛禽的猎物）。

■ 游隼是世界上速度最快的动物，时速至少可达约 389 千米，甚至可以超过 480 千米，并能在转弯时承受 27 倍的重力加速度（绝大多数人在 9 倍重力加速度下就会失去意识）。在捕猎时，游隼通常会先在高空盘旋，等到发现像鸭子之类的目标猎物后，就会收起翅膀急速向下俯冲。在空中飞行的鸭子会受到游隼从上方发动的攻击，而且往往还没察觉到天敌的逼近，就已经被游隼的脚击中了。被重约 1 千克、时速约 320 千米俯冲而下的游隼击中的鸭子会瞬间昏迷或死亡，并掉落到地面。此时，游隼会盘旋回到猎物身旁停稳，然后开始大快朵颐。游隼演化出了许多适应高速飞行的特征，包括坚硬而流畅的羽毛，以及在高速飞行中也可以保持呼吸的特化的鼻孔。

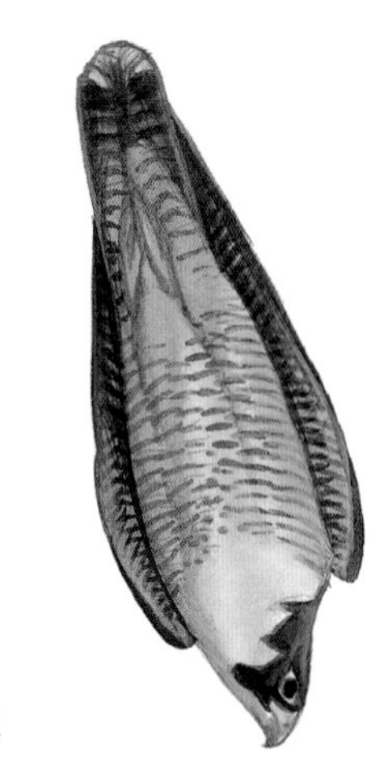

高速俯冲的游隼

■ 鸟类在飞行时有许多节省能量的方法，其中大部分都是在不振翅的情况下维持高空飞行的技巧，而利用上升气流升入高空就是最容易见到的一种方式。像田地和停车场之类的裸露地表可以更有效地吸收来自太阳的热量。当接近地面的空气被地面加热变暖后就会向上升，形成一个上升的暖空气柱，这种上升热气流可以持续升高到数百甚至数千米的空中。翱翔的鸟类可以感知空气的流动，并以盘旋飞行的方式留在这股热气流中。它们只需展开翅膀和尾巴，就可以像坐电梯一样，让上升热气流带它们升入高空。到达气柱顶端后，鸟类会弯起翅膀，朝着目的地的方向滑翔，并继续寻找下一个热气流。所有能翱翔的鸟类都会利用热气流，但像巨翅鵟和斯氏鵟等物种更是个中翘楚，在合适的条件下，这些鸟可以几乎不扇动翅膀就飞越数百千米。

蓝色线条表示从开阔空地升起的上升热气流，红色螺旋线表示一只游隼从低空进入并乘着上升的热气流盘旋而上的轨迹

Owls
鸮（一）

这是北美洲分布最广的猫头鹰，
在加拿大各省和美国各州都能见到。

美洲雕鸮

美洲雕鸮放下和竖起角状耳羽簇的样子

■ 美洲雕鸮的英文名为“Great Horned Owl”，直译成中文为“大角鸮”，但实际上所谓的“角”指的是其头上的一簇羽毛。这些羽簇看起来很像角或耳朵，但其实只是由几根羽毛组成，并且可以随着猫头鹰的心情和状态竖起或放下。关于这些羽簇的功能尚存争议，但毋庸置疑的是，羽簇可以通过打破头部原有的完整轮廓来帮助猫头鹰更好地伪装。此外，羽簇也可能在炫耀行为中发挥一些作用。

为了听清你的一举一动，仓鸮把头倒转了过来

■ 有个常见的传言是说猫头鹰的脑袋可以连续转一整圈，这种说法不完全正确，但它们的头部确实可以向左右各转 270 度，相当于各转 3/4 圈（而且所有鸟类都可以向两侧各旋转超过半圈）。猫头鹰脖子上的颈椎数量是人类的 2 倍（一些鸟类甚至是我们的 3 倍还多），因此它们的颈部非常灵活。但要顺利地扭转头部，不仅需要灵活的颈部，还需要其他条件：在这种极端的动作下，分布于颈部的关键神经和动脉如果缺乏足够的保护，就会被挤压或扭曲。猫头鹰有两条为大脑供血的颈动脉，这两条颈动脉在颈椎中穿行的通道相当宽敞，并且会从靠近颅骨下方的几块颈椎处穿出。如此一来，颈动脉的活动空间相对较大，就可以更为自如地活动，以适应猫头鹰头部的运动。此外，在形成覆盖整个脑部的多个分支之前，这两条颈动脉会在颅内重新汇合。因此，倘若其中一条颈动脉在转动头部时被压迫造成血流不畅，另一条仍然可以向整个大脑供血。

猫头鹰不是夜行性动物吗，为什么却总是在晨昏鸣叫？

虽然猫头鹰是夜行性动物，但它们大部分时间还是需要依靠视觉，有些物种还会利用一些视觉信号来炫耀自己，比如图中这只美洲雕鸮，它正一边鸣叫一边露出自己白色的喉部。在傍晚的昏暗光线下，它喉部的白色颇为惹眼，而这会儿也正是猫头鹰叫得最多的时候。猫头鹰不需要多彩的羽毛，因为颜色在弱光下并不起眼，而且它们的色觉也不太好（猫头鹰眼里的感光细胞以视杆细胞为主，提供敏锐的弱光和夜间视觉）。依赖视觉也是猫头鹰在晨昏时分（即日落后以及日出前几小时）捕猎更为频繁的原因。因为尽管猫头鹰能通过声音来定位猎物，它们仍然需要依靠视觉避开树木和其他障碍物。

正在鸣叫的美洲雕鸮

More Owls
鸮（二）

在树洞里栖息的
东美角鸮

许多猫头鹰都具备的耳羽簇可能有利于它们在白天进行伪装，因为这些羽簇可以打破头部的原有轮廓。

■ 猫头鹰的听觉极为灵敏，一些种类的猫头鹰还演化出了特殊的结构，能够进一步提高声源定位能力，比如仓鸮不对称的外耳道结构——它们的左耳开口较高且朝向下方，而右耳开口较低，朝向上方。人类可以在水平方向上判断声音来自何方，因为声音抵达每只耳朵的时间存在细微差异，但我们几乎无法在垂直方向上准确定位声源。仓鸮耳朵的结构使得开口朝下的左耳可以捕捉到更多来自下方的声音，右耳则能听到更多来自上方的声音，并且可以通过音量的差异来判断声源在垂直方向上的角度。此外，仓鸮还会把自己的脑袋扭到奇怪的位置，那其实是它们在改变耳朵的方向，从不同的角度探测声源，进一步提高定位的准确性。有趣的是，至少有四种不同的猫头鹰独立演化出了不对称的耳朵构造，而且它们各自的结构还存在些许差异。

仓鸮两只耳朵的位置和朝向均不同

■ 猫头鹰翅膀上的羽毛演化出了许多适应无声飞行的构造，例如羽毛前缘和后缘的精细梳齿状结构、羽毛表面的绒毛状外观以及柔软而有弹性的整体质地。柔软的羽毛与富有弹性的梳状羽缘相结合，可以使空气更顺畅地流经翅膀，减少湍流的产生，从而降低飞行时的噪声。这些结构还可以减少翅膀活动时羽毛之间的摩擦声。与翅膀上的羽毛一样，猫头鹰的正羽也是毛茸茸的柔软的羽毛，因此正羽相互摩擦时（比如转动脑袋的时候）同样是悄无声息。想象一下，如果你身上穿的不是尼龙雨衣而是一件柔软的毛衣，那你的动作会是多么安静。保持寂静无声有两个好处：一是让猎物难以察觉到猫头鹰的存在，二是让猫头鹰自己能更清楚地听到周遭的声音。

美洲雕鸮的飞羽（左）和正羽（右）

扑向老鼠的仓鸮

■ 即使拥有出色的听力，大多数猫头鹰捕猎时仍需要借助视觉的辅助，但仓鸮却能在完全黑暗的环境中仅凭声音就捕获猎物。实验表明，仓鸮可以在约 9 米外，完全靠声音精准地定位一只老鼠，而且即使老鼠在那之后不再发出任何声音，它们也能飞到那个确切的位置。仓鸮甚至可以根据老鼠的行进方向确定攻击的方位。想象一下，你要在一片黑暗中横穿卧室，然后把手指放在一个一分钟前曾发出过声音的东西上；继续想象，这时你不是在走路，而是在房间里飘浮而过……仓鸮之所以能准确锁定猎物位置，是因为耳朵结构的演化适应，可它们又是如何知道距离的呢？此外，一旦离开停歇的地方并开始在一片漆黑中飞行，它们又是怎么知道自己已经飞了多远，并最终精准地落在距离起飞点约 9 米外的一只小老鼠身上的呢？这些问题目前仍待解答。

Turkeys
火鸡

正在尽情炫耀自己的雄性火鸡

■ 和雉科的许多其他鸟类一样，火鸡的求偶和交配模式是基于“求偶场”式的集群炫耀。所谓的求偶场是指雄性聚集在一个它们看中的区域，通常是一片空旷的地方，让雌性能够清楚地看到雄性的求偶炫耀。春天，雄性火鸡会在求偶场内停留数周，千方百计地争夺最佳的求偶和炫耀位置。每只雌性仅会短暂到访求偶场，逐一打量那里的雄性，评判它们的表现。雌性火鸡只需交配一次，随后的事情便与雄性火鸡毫不相干：筑巢、产卵、育雏的工作均由雌性火鸡独自完成。

雌性火鸡（上图最前排）正在品评三只求偶炫耀中的雄性火鸡

野生火鸡在北美洲的原生分布范围

16世纪40年代，家养火鸡被带到了英国

英国

欧洲

1620年，家养火鸡“重返”美洲

北美洲

西班牙

大约在1519年，家养火鸡被人们带到西班牙

大西洋

非洲

公元前300年，火鸡被人类驯化

南美洲

家养火鸡的奇妙之旅

■ 最晚在公元前 300 年左右，墨西哥南部的人们就开始驯养火鸡了。约 1519 年，家养火鸡被第一批西班牙探险家带回欧洲并迅速走红，伴随着各地之间的交易，它们很快就遍及欧洲。火鸡的英文名 turkey 来自一个错误的印象——当时的人们以为这些长相奇怪的大鸟是从东方的土耳其（Turkey）地区抵达欧洲的。到了 16 世纪 40 年代，家养火鸡被带到了英格兰，距离它们首次踏上西班牙的土地还不到 30 年。1620 年，当“五月花”号起航前往美国马萨诸塞州时，货物中就装了几只活的火鸡，这些火鸡在（它们的先祖）离开美洲大陆 101 年后再次回到了“故乡”。事实上，今天所有的家养火鸡，都是两千多年前那些在墨西哥被驯化的野生火鸡的后代。

■ 鸟类的耳朵位于头部两侧，在眼睛的后下方。大多数鸟类的耳朵隐藏在特化的羽毛之下（第 107 页下段），但像火鸡这样头部裸露无毛的鸟类，耳朵的开口则清晰可见。

一只雌性火鸡

Grouse and Pheasants
松鸡和雉

新英格兰草原松鸡是草原松鸡的亚种之一。1800 年之前，它们广泛分布于美国东北部，甚至在波士顿和纽约附近也常能见到。然而，该亚种已于 1932 年灭绝。

新英格兰草原松鸡

■ 鸟类身上最大的肌肉是为飞行提供动力的胸肌，其重量可占一只鸟总体重的 20%。鸟类的飞行由两组不同的肌肉参与，一组用于向上扬翅，另一组用于向下扇翅。在大多数物种中，用于扇翅的肌肉比扬翅的肌肉大 10 倍左右。在人类身上，带动手臂向前运动（相当于鸟类的扇翅动作）的肌肉位于胸部，而带动手臂向后运动（相当于鸟类的扬翅动作）的肌肉则位于背部。经过演化，鸟类身上的这两组肌肉均位于身体前方，而在飞行时则位于翅膀以下，这样有利于鸟类更好地平衡重量。左侧的示意图显示了较大的扇翅肌肉（胸大肌，以深红色表示）附着在翅膀下方，负责向下牵拉，而用于扬翅的肌肉（胸小肌，也称上喙肌，以浅红色表示）则绕过肩部，进而与翅膀上部相连，形成了一个类似于滑轮的系统。当你下次在餐桌上切开鸡胸或火鸡胸的时候，或许就会注意到这两组肌肉其实是相互分离的。

环颈雉的两组胸肌
（以不同的颜色表示）

■ 鸟类演化出了许多针对飞行的适应特征，其中尤为重要的一项便是更好地平衡自身重量。鸟类身上较重的骨骼和肌肉几乎都紧凑地集中在位于翅膀以下的身体中央，长长的肌腱从这些肌肉出发，连接并控制双翅和双腿。由于轻巧的喙代替了笨重的颌骨和牙齿，因此鸟类的头颈部也很轻。如果你试着叠一架纸飞机，然后将一枚硬币粘在纸飞机的不同位置，你会发现来自硬币的额外重量唯有添加在机翼下方靠近中心的位置时，纸飞机才能正常飞行。

右图中的红色标出了环颈雉的肌肉与骨骼，
而翅膀和尾巴则主要由羽毛构成

家鸡

■ 北美洲数量最多的鸟类是什么呢？答案是家鸡。目前，北美大陆每时每刻都生活着超过 20 亿只家鸡，其中约有 5 亿只蛋鸡，余下的为肉鸡，这个数量大约是北美地区总人口的 5 倍。相比之下，北美洲数量最多的野生鸟类可能是旅鸫，据估计约有 3 亿只，约为家鸡数量的 1/7，略少于北美总人口数。

Quail
新大陆鹑

新大陆鹑类踪迹诡秘，多藏匿于浓密的灌丛中，但是雄鸟却经常站在空地上引吭高歌。

珠颈斑鹑雄鸟

■　山齿鹑雄鸟的叫声是清脆悦耳的哨音，听起来和英语“*bob-WHITE*”的发音相似，因此它们的英文名为“Northern Bobwhite”。山齿鹑是北美洲东部唯一一种原生鹑类，它那标志性的叫声如此深入人心，以至于 19 世纪移居西部的人们会在充满思乡之情的信件中写下他们对山齿鹑叫声的想念。然而，最早从 19 世纪中叶开始，由于人类的狩猎活动，山齿鹑的数量在人类聚居区急剧减少。到了 20 世纪中叶，随着农田面积的逐渐减少，它们的栖息地面积和种群数量进一步下降。这一下降趋势仍在持续，目前山齿鹑的种群数量不及六十年前的 1/10。为了应对种群数量的减少，自 19 世纪中叶以来，数以百万计的山齿鹑被人们从它们的种群数量仍然较大的地区（如墨西哥）捕捉，并转移到其种群数量正在下降的地区（如美国东北部的新英格兰地区）。此外，还有许多人工繁育的山齿鹑被放归野外。然而，如果从其他地方引入的山齿鹑在基因层面上不适合放归地的环境，那么可能会进一步造成当地山齿鹑种群数量的萎缩[1]。虽然人们目前还能在美国的多个州见到山齿鹑，但其野外种群能否长期存续仍然是个未知数。

一只雄性山齿鹑

正在扒土的珠颈斑鹑

■　鸟类会耗费大量时间寻找食物。如果是在地面找东西吃，它们往往需要在树叶和泥土之间仔细搜寻，才能发现可以吃的食物。鹑类（和它们的近亲家鸡一样）演化出了一种单脚扒地的动作来觅食：它们会单腿站立，用另一条腿向后踢，踢的时候用脚趾扒地面，将树叶和泥土往后刨，有时候也会双腿交替刨土。但是由于鹑类站立时无法看到自己脚下的情况，因此它们在扒完地后必须停下来、后退半步，才能仔细搜索地面以寻找食物。

■　要让羽毛呈现错综复杂的图案，往往只需遵循一个简单的渐变过程就能实现。羽毛的排列方式整齐有序（类似于屋顶上的瓦片），也正是由于这种规律的排列，只需对每根羽毛进行一些相对简单的渐变微调，便能创造出令人惊叹的羽色纹路。以下图中珠颈斑鹑的腹部羽毛为例，羽毛的底色、深色羽缘的宽度，以及羽轴斑纹的粗细与颜色，依照从左到右、从上到下的顺序逐渐发生了细微的变化，最终构成了一个极为复杂却又井然有序的图案，如同美妙音乐的视觉呈现。

1　因为引入的山齿鹑可能会和目的地原生的山齿鹑杂交，而由于引入的山齿鹑不能适应目的地环境，因此其后代的适应能力也可能不如原生的山齿鹑，进而导致原生种群对当地环境的适应能力下降。

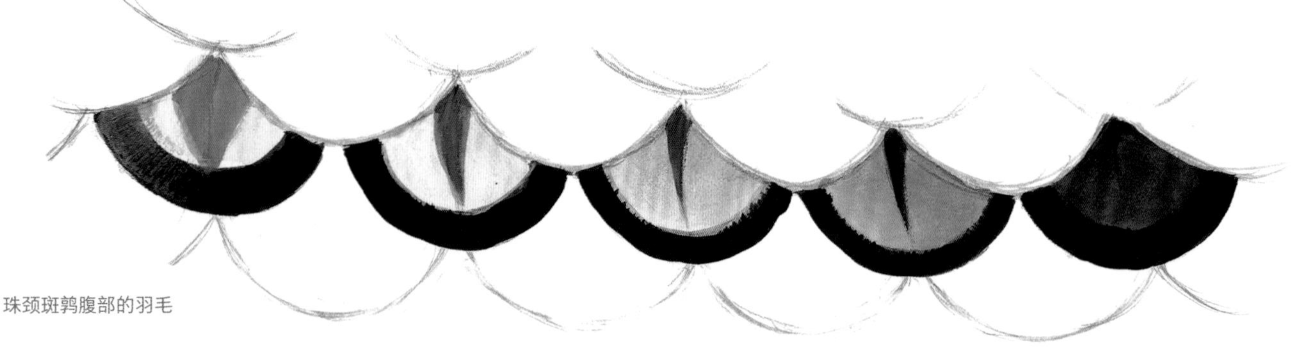

珠颈斑鹑腹部的羽毛

Pigeons
鸽子

数千年前，家鸽就已经适应了人类的生活环境，如今更是在全球各大城市中繁衍生息。

城市建筑窗台上的家鸽

■ Birdbrain（像鸟的脑子一样笨）、silly goose（傻瓜）、dodo（蠢货）……这些和鸟类有关的英文说法，反映出人们对鸟类智力的评价之低，但这样的评价对鸟类而言并不公正。例如，在推理和学习测试中，乌鸦和鹦鹉的表现和狗一样优秀。鸟类还具有自我意识，并且可以通过观察其他鸟类的经历来进行学习。鸽子能理解一些较为抽象的概念，比如水滴、水坑或湖泊中的水有何区别，也能通过训练从不同风格的艺术作品中找出哪些属于印象派画作；它们还能像人类一样解读乳房的 X 光片。家鸽之所以能成功地在全球各个城市安家落户，离不开它们的聪明与创新，而这些充分彰显了鸟类的智慧。

家鸽

■ 数千年来，家鸽凭借其卓越的导航能力一直被人们用于传递信息，直到现在，赛鸽也仍然是一个广为流行的爱好。家鸽可以从至少约 4000 千米外的地方返回自己的鸽舍，而赛鸽比赛就是从彼此相距不远的鸽舍中选出一些鸽子，在某个遥远的地点一齐放飞，最早回到鸽舍的那只就是冠军。以家鸽为研究对象的科研项目成百上千，而我们对鸟类导航的了解也大都来自它们。相关研究发现，鸟类的导航系统非常复杂：它们拥有某种形式的地图和指南针，并且有多种感官和系统共同参与导航的过程；它们能感知磁场、解读星辰、判断太阳的角度和轨迹，还可以听到次声波（频率很低的声波），追踪不同的气味，等等；而且所有的这些都能与精确的生物钟相互结合。此外，一旦家鸽飞过一条路线并在脑海中留下印象，下次它就可以利用河流、山丘、道路、建筑物和其他地标来循着相同的路线飞行。

家鸽的巡航飞行时速接近 80 千米

■ 想必大多数人一听到鸽子这个名字就会皱起眉头，并想到城市中常见的家鸽。这种鸽子已经成功地适应了与人类共同生活，很少会出现在远离建筑物的地方。家鸽的野生祖先——原鸽来自欧洲，但事实上在北美洲也有其他种类的原生鸽类，其中分布最广的是美丽而壮硕的北斑尾鸽，常见于美国西部山区。然而令人惋惜的是，另一种北美洲的原生鸽类已经灭绝，它就是旅鸽。旅鸽曾被认为是北美洲种群数量最多的鸟类，迁徙时会数以亿计地成群飞行，并会在食物充足的地方聚集成大群共同繁殖。然而，到了 19 世纪中叶，随着美国东部城市的不断扩张，以及新建铁路带来的便利交通，人们将集群繁殖的旅鸽一窝端，送到城里的市场作为食物售卖。1914 年，最后一只旅鸽——玛莎（Martha）死于美国俄亥俄州的辛辛那提动物园。

北美的原生鸽类——北斑尾鸽

Doves and Pigeons
鸠鸽

在极端天气中，鸟类会尽量寻找庇护并节省能量。

静待暴雪结束的两只哀鸽

■ 许多鸟类在行走时看上去像在前后晃动脑袋，实际上这种行为有助于它们保持视线稳定。鸟类头部的摆动与脚下的步伐是同步的：当一只脚抬起并向前移动时，头部会迅速前伸并几乎保持固定，直到身体的下半部分也移到前面。等到后面那只脚要抬离地面时，头部会再次前移，以此方式循环往复。这种在行进中摆动头部的动作是由视觉触发的。实验结果表明，如果将鸽子放在跑步机上行走或者蒙住它们的双眼（这样视野就不会改变），鸽子就不会晃脑袋了。

正在行走的家鸽：身体往前时，头部保持静止不动

大脑部分入睡的哀鸽

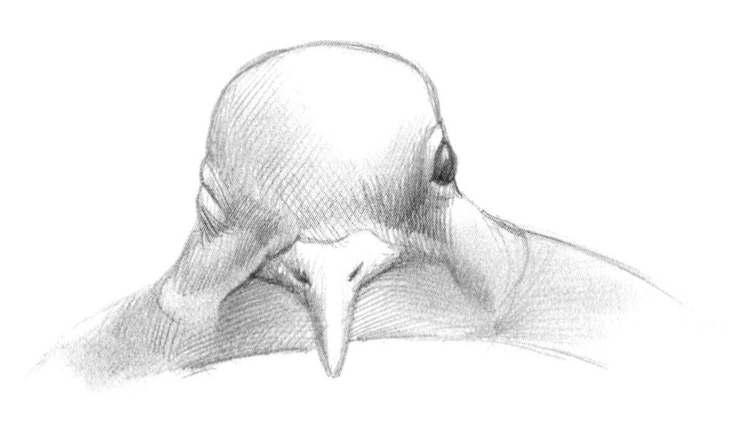

■ 鸟类真的能睁一只眼闭一只眼睡觉吗？答案是肯定的。鸟类的睡眠与人类的睡眠截然不同，它们可以让半个大脑进入睡眠状态，而让另一半继续保持运转。左图中的这只哀鸽，我们可以说它处于“半睡半醒”的状态，但是研究表明，它的大脑其实约有 3/4 的部分正在睡觉，因为睁着眼的那一侧大脑其实处于一种中间状态，既是在休息，同时又能密切地观察周围的环境。那些在鸟群外围休息的个体就经常会睁开朝向鸟群外侧的那只眼睛来站岗放哨。

■ 为什么哀鸽起飞时翅膀会发出“呼呼”的哨声？研究人员测试了哀鸽和其他鸟类对录制的哀鸽起飞声音的反应，结果发现哀鸽在放松状态下的起飞声不会引起其他鸟的任何反应，但如果是仓皇的起飞声（振翅频率较快、音调较高）则会让哀鸽和其他鸟类惊恐地逃离。显然，哀鸽起飞时翅膀所发出的声音是一个重要信号，可以用来提醒其他哀鸽注意潜在的危险，并且像许多鸣禽发出的高频警报声一样，其他物种也可以通过学习来掌握哀鸽翅膀哨声的警报作用。哀鸽还会用振翅的声音进行求偶炫耀，因此它们演化出这种振翅的声音或许主要是为了求偶，警报功能只是一个附带的好处。

腾空而起的哀鸽

Hummingbirds
蜂鸟（一）

为了守护自己领域里的花（或喂食器），雄性蜂鸟会和其他蜂鸟奋力激战。

雄性棕煌蜂鸟为争夺花丛而大打出手

雄性红喉北蜂鸟的侧面和正面示意图

■ 许多鸟类的羽毛都有金属般的色泽，这是由羽毛表面的微观结构所产生的。雄性蜂鸟喉部羽毛的金属色可以说是自然界中最精致、最华丽的颜色之一。它们羽毛表面的结构能增强某种特定颜色的光线，由于其表面结构具有特定的倾斜角度，因此羽毛只会朝一个方向反射该种颜色，也就是鸟的正前方。即使是围绕头部两侧的羽毛，也具有斜向前方的微观平面结构。左图中，雄性蜂鸟的头部在大多数时间里看起来是黑色的，但当它转过来正对着你时，喉部就像发射出一道绚丽耀眼的光束，这使得雄性蜂鸟发出的信号极具方向性，唯独它关注的对象才能看到这个信号。

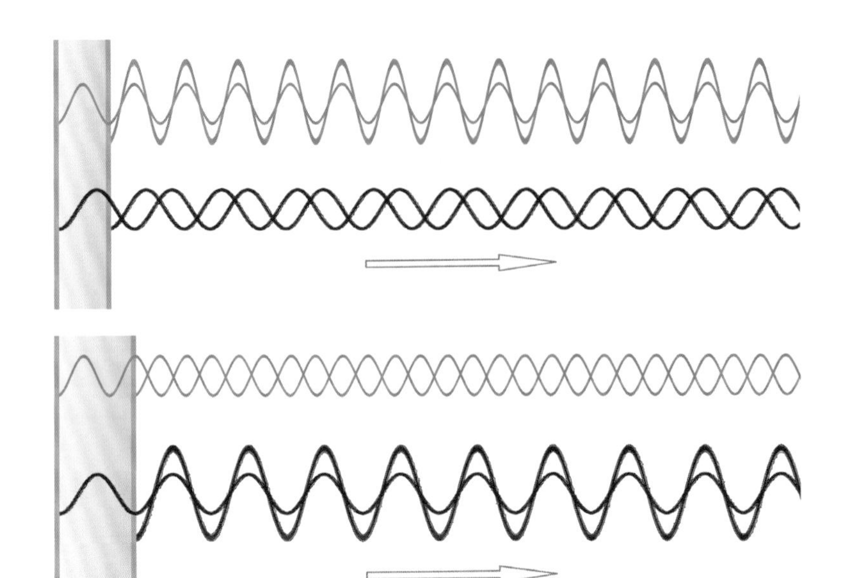

蜂鸟喉部绚丽的颜色并非源于色素，而是由羽毛表面的物理结构产生，是光波与精密排列的羽毛表层相互作用的结果。在上面的这幅示意图中，左边的灰色代表羽毛表面的一层结构，所有波长的光均来自右侧（图中未显示）。当光线从右向左照射到羽毛表面时，一些光波被这层结构的外表面反射，一些则会穿透该结构被内表面反射。图中仅展示了一条红光和一条蓝光光波分别在内外表面被反射的情况。

在这个示意图的上半张图中，羽毛表层结构的厚度恰好等于蓝光的波长，因此，在该结构内外两个表面分别被反射的蓝光光波为同相（波峰和波峰、波谷和波谷对齐），两个波相互叠加形成一个更强的波。然而，其他颜色的光波波长与该层的厚度不匹配，例如图中所示的红光波长就大于这一层的厚度，因此两个表面所反射的红色光波呈异相。这些红色光波的波峰与波谷会相互抵消，所以我们最终看到的只剩下强烈的蓝色。下半张图中的表层结构更厚，与红光的波长相符，因此红光被增强，而蓝光（以及其他波长所对应的颜色）变得不可见了。蜂鸟喉部的羽毛可以有多达十五层这样的表层微观结构，每一层的厚度完全一样，而且正好与某一种颜色的波长相对应，因此一根羽毛反射出来的唯一一种可见光，便是由十五个相同颜色的光波相互叠加而成的超级光波！

（以上只是对一些基本原理的简要解释，实际的情况则要复杂得多）。

■ 为了维持日常生活，蜂鸟需要消耗大量能量，因此它们需要在白天不断进食。当夜幕降临，蜂鸟必须通过节省能量来度过没有食物的漫漫长夜，它们可以降低身体代谢，进入一种称为“蛰伏”的状态。蜂鸟在蛰伏时体温可以降至 16 摄氏度以下，心率从每分钟 500 次下降到少于 50 次，甚至可能短暂地停止呼吸。那么蜂鸟又是如何从蛰伏状态中苏醒的呢？随着心率和呼吸频率回升，用于飞行的大块肌肉开始颤动，翅膀也跟着振动。由于骨骼肌的收缩能够产生热量（哺乳动物也是如此，这就是为什么我们在运动的时候会热起来，以及在冷的时候会发抖），因此肌肉颤动所产生的能量可以使蜂鸟的血液温度升高。当温热的血液流遍全身时，蜂鸟的体温很快就能恢复到温暖舒适的 38 ~ 40 摄氏度。

蛰伏中的棕煌蜂鸟

More Hummingbirds
蜂鸟（二）

分布于墨西哥以北的体型最大和最小的蜂鸟。

蓝喉宝石蜂鸟（上）和星蜂鸟（下）

■ 蜂鸟可以说令人百看不厌，而且给它们喂食其实很简单。你只需要知道以下几点：喂食器里的糖水要用白砂糖，将温水和糖以 4∶1 的比例混合，不要用红糖、有机糖或粗糖，因为这些糖可能含有对蜂鸟有毒的铁元素。不要添加红色的食用色素，喂食器自身的红色就足以吸引蜂鸟。白砂糖是蔗糖，其成分与花蜜相同，因此不需要添加任何其他东西，那些多余的成分甚至可能对蜂鸟有害。要保持喂食器的清洁，为了防止霉菌滋生，需要每隔几天冲洗一次喂食器并更换糖水（天热的时候要换得更勤）。如果有一只蜂鸟独占喂食器，还总是赶走其他蜂鸟，你可以尝试多放几个喂食器。一般情况下，同一只蜂鸟大约每隔半小时会造访一次喂食器，在两次造访期间，它们会捕捉昆虫（昆虫可以占到蜂鸟食物总量的 60%）和采食花蜜。根据粗略的经验，将同一时刻出现在喂食器上的蜂鸟最高数量乘以十，就能大概估算出有多少只蜂鸟在使用你的喂食器了。

到访喂食器的红喉北蜂鸟

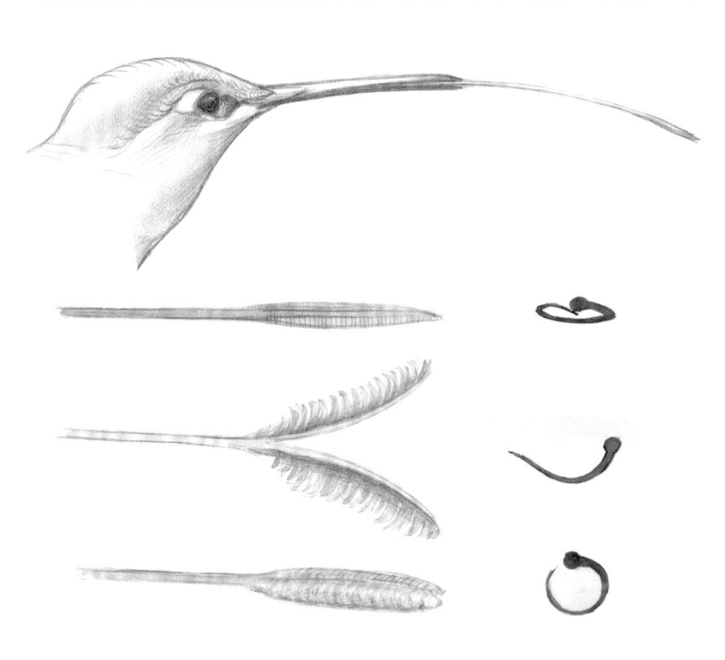

左边是蜂鸟的舌头，右边是放大的舌头剖面图。从上到下表示舌头的三种不同状态，依次为：从喙中伸出（上）、伸入花蜜中（中）和缩回喙里（下）

■ 蜂鸟会将细长的舌头伸入花朵吸食花蜜（第 91 页下段），但直到最近，科学家才揭示了蜂鸟吸食花蜜时的不同寻常之处。蜂鸟的舌头尖端分叉，每个叉上都有一个像软刷一样的边缘，这个边缘可以灵活地卷成一根装盛液体的管子。当舌头伸入花蜜中时，舌头边缘的小刷子会展开，并在舌头缩回喙里的过程中紧紧包裹一滴花蜜。等舌头到了嘴里，蜂鸟将花蜜挤出并吞下，舌头随即再次探入花中，这个动作每秒钟可以重复 20 次，仅靠肉眼根本数不过来。因此，在吸食花蜜时，蜂鸟所做的就是将舌头伸入花中，盛满花蜜后缩回来享用，整个过程就像用画笔沾水一样。

■ 蜂鸟可以在空中悬停，这是因为它们的翅膀可以在前后扇动的过程中扭转并持续产生升力。直升机之所以能升空，原因在于它的旋翼桨叶存在一定角度，桨叶的前缘较高、后缘较低，所以当其旋转时会在桨叶下方形成较高的气压，从而升起直升机。蜂鸟的翅膀也是按照类似的原理运作，只不过它们的翅膀无法绕着蜂鸟完整地转一整圈，而是需要不断地改变振翅方向，前后拍打。无论往哪个方向振翅，翅膀都会扭转，使得翅膀前缘始终处于较高的位置，这样一来振翅的动作就会将空气向下推。

昆虫的悬停效率近乎完美，向前和向后振翅都能产生等量的升力，但是蜂鸟只能从向后的振翅中获得约 30% 的升力。此外，像白腹鱼狗等体型较大的鸟类其实无法真正悬停，它们向后振翅时几乎无法产生升力，因此往往需要风的帮助才能维持在空中。

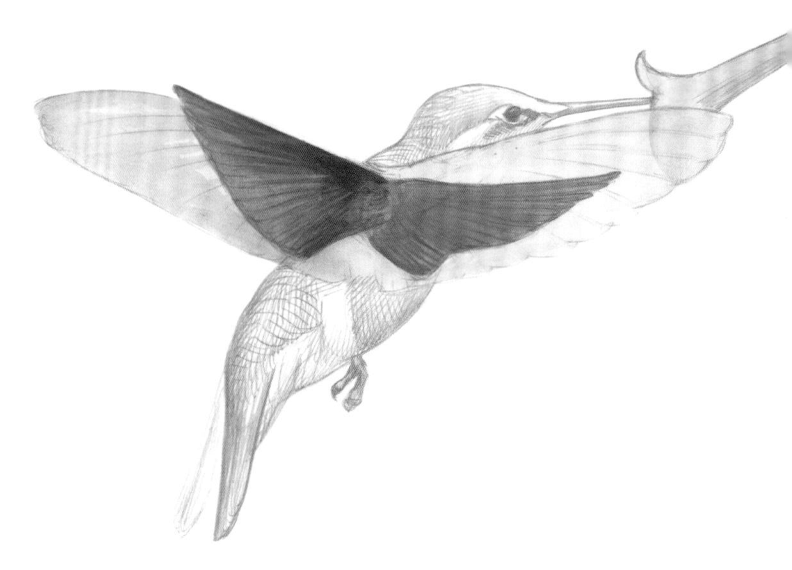

向前振翅时（红色所示），翅膀扭转使其前缘在上；向后振翅时（蓝色所示），翅膀向另一侧扭转，继续让翅膀前缘保持在较高的位置

Roadrunner
走鹃

走鹃凭借眼疾手快和出其不意来捕捉猎物，奔走主要是用于日常移动。

叼着蜥蜴的走鹃

这是一场假想中的比赛，参赛者包括走鹃和其他四位选手

■ 在现实生活中，郊狼的奔跑速度比走鹃快得多（甚至不需要像动画片中的威利狼[1]那样借助火箭或其他任何工具就能跑得很快），但走鹃跑得比大部分人类还快。如果上图中的几位参赛者共同参加百米赛跑，鸵鸟能以不到 5 秒的时间轻松夺冠（它们奔跑时的最高时速约 97 千米，并能长时间保持每小时约 72 千米的速度），郊狼紧随其后，用时不到 6 秒（时速超过 64 千米），而走鹃和尤塞恩·博尔特则需要大约两倍的时间才能完成比赛。据说走鹃的最高时速可以达到约 32 千米，大约 11 秒出头可以跑完。尤塞恩·博尔特的百米短跑世界纪录用时不到 9.6 秒，时速约 37 千米，而一个普通人则需要 15 秒左右才能跨过终点线（时速低于 24 千米）。因此，只有顶尖的人类短跑运动员才能在百米赛跑中击败走鹃，而大多数人都会以失败告终。

身披羽毛的近鸟龙

■ 一个多世纪以来，关于鸟类和恐龙之间的亲缘关系，人们进行过激烈的争论。近年来，由于科学家发现了许多带有羽毛以及其他鸟类特征的恐龙化石，并且对羽毛的演化过程有了更为深入的了解（第 33 页右），争论才逐渐平息。这些研究结果一致认为，现代鸟类的确是恐龙的后代。图中所示的近鸟龙是一种生活在大约 1.6 亿年前的近鸟类恐龙之一，体型比走鹃小，可能还不会飞行。它的羽毛由于缺乏钩连交错的羽小枝（羽毛演化过程中的第三阶段）而显得散乱而蓬松，这种羽毛可能有利于滑翔，但也可能主要用来保温和炫耀。在近鸟龙出现之后的一亿年里，许多被覆羽毛的恐龙和真正的鸟类不断地发生演化，然而在距今 6600 万年前的那次陨石撞击地球事件之后，它们几乎全部灭绝了。

■ 距今 6600 万年前，地球经历了一场终结白垩纪的陨石撞击事件。在此之前，地球上生活着许多鸟类，其中包括很多在树上生活并且具备完全飞行能力的物种。然而，这次陨石撞击杀死了地球上大部分树木以及所有的非鸟恐龙。在此后的数千年里，蕨类植物占据了主导地位。在这场灾难性的全球巨变中，只有约 25% 的动植物物种得以幸存，鸟类中仅有少数小型地栖物种存活了下来，其中一种是如今的鸩和鸵鸟类的祖先，另一种演化成了现在的鸡类和鸭类，而第三种（长相可能类似现在的鸽子或鹂鹛，甚至可能类似走鹃）是所有其他现代鸟类的祖先。

奔跑的走鹃

1 此处的动画片是指华纳动画“乐一通”（Looney Tunes）系列的《威利狼与哔哔鸟》（*Fast and Furry-ous*）。该动画于 1949 年 9 月首映，其中的第 24 集《战争与“碎片”》（*War and Pieces*），以郊狼为原型的威利狼为了追上以走鹃为原型的哔哔鸟，穷尽各种手段，包括试图乘坐火箭，但均以失败告终。

Kingfishers
翠鸟

这种鸟经常会站在显眼的栖枝上俯瞰水面。

白腹鱼狗的典型姿态与生境

■ 翠鸟（包括翡翠、鱼狗）在捕鱼时会先“悬停”（但并非像蜂鸟那样真正的悬停，请参阅第79页右下），随后头朝下扎入水中。如果你仔细观察翠鸟悬停的过程，会发现它们在不断地扇动翅膀、调整尾巴和前后摆动身体，而在做着这些飞行动作的同时，它们的头却能够在空中静止不动，保持在水面上方一个固定的位置。保持头部的稳定非常重要，因为只有这样才能使双眼牢牢锁定水中的潜在目标，但在这一过程中涉及的感觉和控制能力确实令人惊叹。它们必须能够感知极为微妙的空气流动，才能及时预测气流变化对身体位置的影响，同时还需要对自身姿态拥有十分精确的感觉，以便通过调整翅膀和尾巴来抵消空气运动的影响。当它们的身体随风摇摆，翅膀和尾巴不断拍打和收放以维持自身在空中的位置时，颈部必须立即吸收缓冲这些身体部位的运动，才能保持头部的稳定。你可以想象自己站在一艘摇晃的船上，然后试图将头部保持在空中固定的位置，是不是觉得很难？然而，这只是翠鸟在悬停时所做的一系列动作中的一小部分。（另见第75页上段，“鸽子头部的晃动”）。

悬停的白腹鱼狗

白腹鱼狗和它在河堤上的洞巢

■ 生态学家常用的“限制因子”一词，是指限制某个物种种群数量的某种稀缺资源。对于白腹鱼狗而言，适宜的筑巢地点可能就是一种稀缺资源。很多地方的鱼类资源非常丰富，足以喂饱白腹鱼狗一家，但是如果想要筑巢的话，它们需要一处被河水侵蚀而成的合适的沙堤。这处沙堤不仅要足够软，能让鱼狗挖出一个足够深的洞穴，还要足够高和陡峭，以防天敌进入。随着人们在河流和小溪中开渠筑坝，符合条件的沙堤越来越少，因此，适宜的筑巢地点便逐渐成为白腹鱼狗种群数量的限制因子。

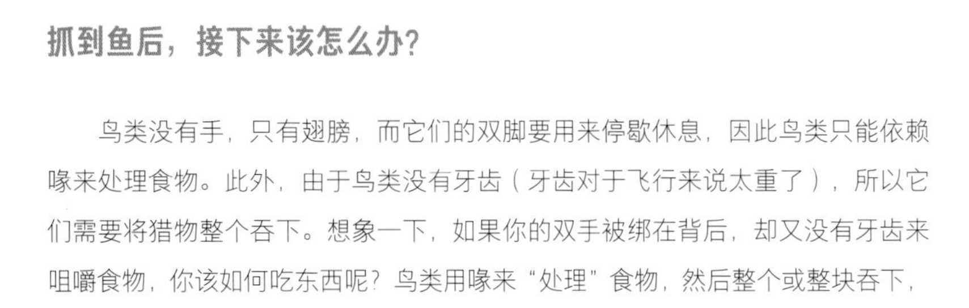

这只鱼狗正横咬着一条不停扭动的鱼，它会在树枝上用力摔打这条小鱼，直到其不再挣扎。随后，它灵巧地将鱼抛向空中，咬住鱼头，把整条小鱼从头到尾吞入肚中

抓到鱼后，接下来该怎么办？

鸟类没有手，只有翅膀，而它们的双脚要用来停歇休息，因此鸟类只能依赖喙来处理食物。此外，由于鸟类没有牙齿（牙齿对于飞行来说太重了），所以它们需要将猎物整个吞下。想象一下，如果你的双手被绑在背后，却又没有牙齿来咀嚼食物，你该如何吃东西呢？鸟类用喙来“处理”食物，然后整个或整块吞下，“咀嚼”的任务则交由肌肉发达的肌胃来完成。

Parrots and Parakeets
鹦鹉

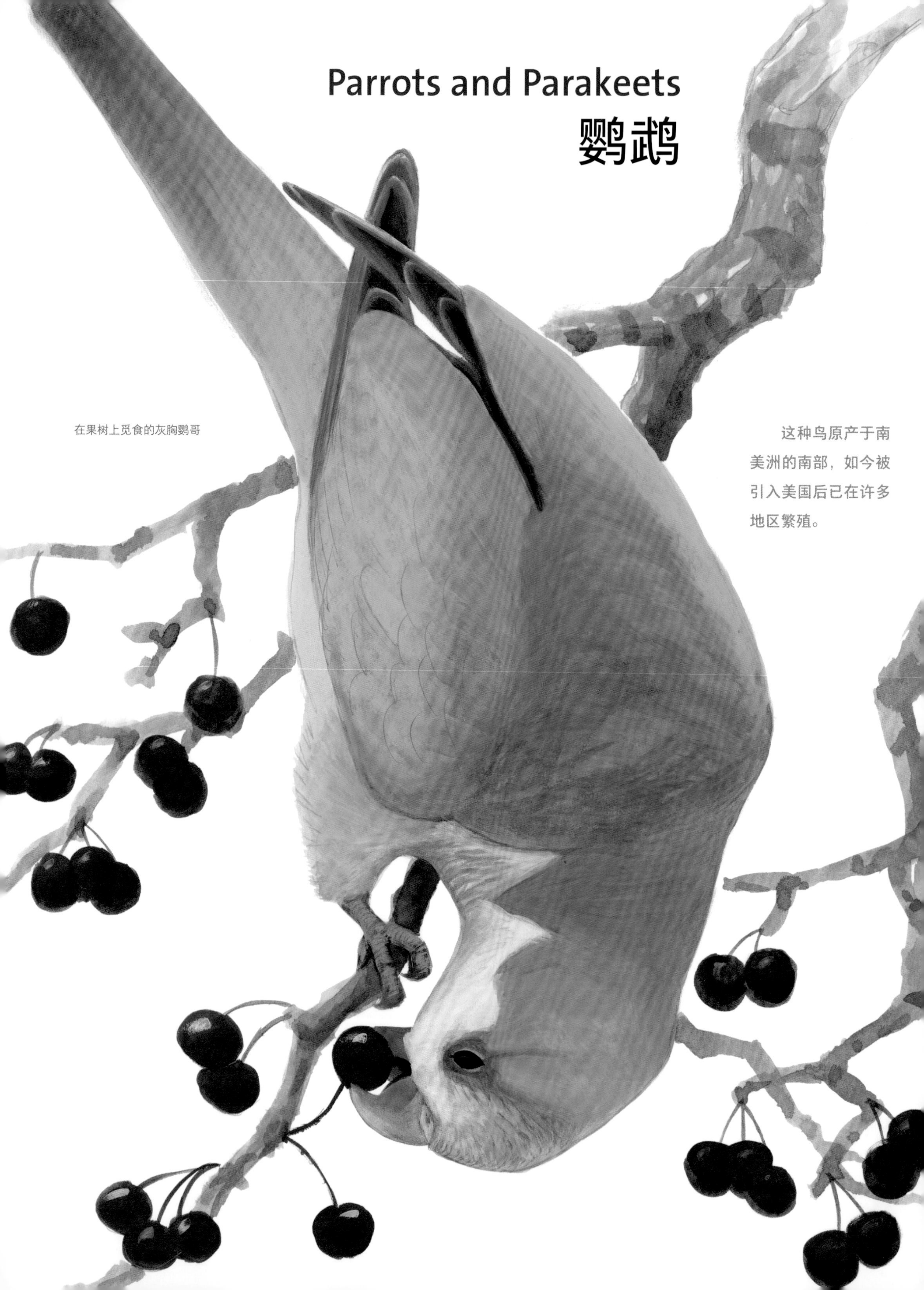

在果树上觅食的灰胸鹦哥

这种鸟原产于南美洲的南部，如今被引入美国后已在许多地区繁殖。

■ 许多鹦鹉身上鲜亮的绿色其实是由蓝色和黄色混合而成的，其中黄色由色素产生，而蓝色则主要由羽毛的微观结构产生，并且还和黑色素这种深色色素有一定关系。蓝色的结构色与黄色的色素色相互叠加就呈现出了鹦鹉羽毛上的鲜绿色。繁育这些鹦鹉的人已经成功选育出以蓝色或黄色为主的个体。蓝色个体缺乏黄色色素，身上仅剩由羽毛结构和黑色素所产生的蓝色和灰色。而黄色个体则是缺乏黑色素，因此整只鸟呈现白色和黄色，在这些个体中，尽管羽毛的微观结构仍然可以在表面反射蓝光，但由于羽毛内部缺乏可以吸收其他光波的黑色素层，导致其他颜色的波长也都被反射，因此羽毛呈现白色。有意思的是，鹦鹉身上的黄色、橙色和红色并非来源于类胡萝卜素（第163页中段），而是来自一类完全不同的色素，称为“鹦鹉色素”。目前，人们只在鹦鹉身上发现过这种特殊的色素。

三种不同颜色的灰胸鹦哥：缺乏黄色色素的个体（左），羽色正常的个体（中），以及缺乏黑色素的个体（右）

■ 因为没有双手，所以大多数鸟类只能依靠喙来处理食物。一些物种（例如猛禽、丛鸦和山雀）会用脚来固定食物，然后用喙进行敲击或者撕扯。在鸟类中，唯独鹦鹉会主动用双脚拿取食物。有意思的是，大多数种类的鹦鹉都偏好使用某一侧脚，而且大部分还是左撇子。与此同时，这些偏好使用一侧脚的鹦鹉往往具有更好的解决问题的能力。针对鹦鹉和人类的研究表明，仅用一侧身体完成任务可以提高创造力和处理多重任务的能力，因为在这个过程中，只有一半的大脑会被占用，另一半大脑可以空出来去完成其他事情。正是这种和人类相似的行为，使鹦鹉看起来如此独特而可爱。

用左脚抓取食物的灰胸鹦哥

■ 鸟类的舌头是非常重要的食物处理工具，许多鸟类都演化出了高度特化的舌头（第91页下段，第79页左下）。鹦鹉的舌头在鸟类中独一无二，与人类的舌头一样粗壮且肌肉发达，它们还经常用舌头来调整食物在嘴里的位置。此外，有证据表明鹦鹉可以用舌头改变鸣管发出的声音（与人类用舌头改变声音的方式相同），这可能是鹦鹉能够很好地模仿人类说话的原因之一。

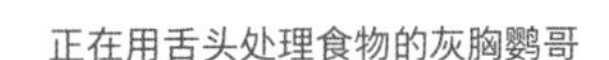
正在用舌头处理食物的灰胸鹦哥

Woodpeckers
啄木鸟（一）

这两种外表相似的啄木鸟广泛分布于北美大陆。有证据表明，体型较小的绒啄木鸟之所以演化出与体型较大的长嘴啄木鸟相似的羽色与纹路，是因为当其他物种将其误认为是更具优势的长嘴啄木鸟时，绒啄木鸟可以从中获益。

绒啄木鸟（左）和长嘴啄木鸟（右）

人类和北美黑啄木鸟的颅骨与大脑

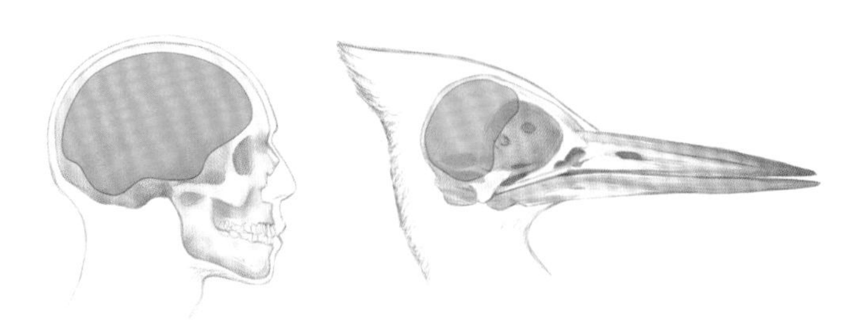

■ 啄木鸟为什么不会得脑震荡呢？主要是因为它们的大脑比较轻，而且大脑在颅骨中的位置和朝向有利于吸收来自前方的冲击。相比之下，人类的大脑又大又重，适合吸收来自下方的冲击（比如跳跃时的冲击）。啄木鸟还演化出了其他一些适应特征以减轻冲击。例如，它们的下喙比上喙长，因此敲击时下喙会率先击中树木，并通过下颌骨而非颅骨传递撞击力。此外，上喙基部的一层海绵状骨也有助于缓冲该处的冲击。啄木鸟的喙总是笔直地敲击木头，由此产生的力也都会朝同一个方向传递。

叼着粪囊的长嘴啄木鸟

■ 如果同一个巢中有 4 只或更多的雏鸟，巢内会变得拥挤不堪。在这种情况下，处理雏鸟的排泄物就成了一项非常重要的任务。幸运的是，雏鸟的一项演化适应特征极大地减轻了亲鸟的负担：在雏鸟排便之前，肠道末端会分泌一种胶状的黏液，将黑白相间的粪便完全包裹在其中，形成粪囊。雏鸟排出的这种“包裹”清爽整洁，亲鸟可以轻松地将其捡起来带走。

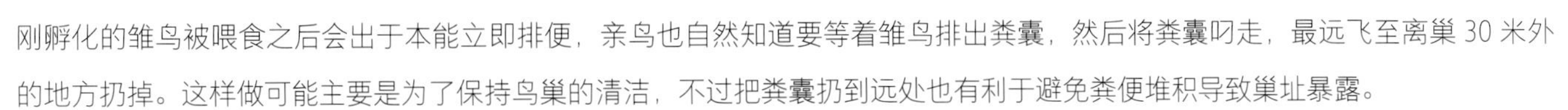

刚孵化的雏鸟被喂食之后会出于本能立即排便，亲鸟也自然知道要等着雏鸟排出粪囊，然后将粪囊叼走，最远飞至离巢 30 米外的地方扔掉。这样做可能主要是为了保持鸟巢的清洁，不过把粪囊扔到远处也有利于避免粪便堆积导致巢址暴露。

啄木鸟的三种行为虽然各不相同，但它们有一个共同点，那就是都需要用喙来敲击木头。

- 啄木鸟主要会在春天通过敲击木头来制造声音，其作用相当于鸣唱。它们会停在树干上的某个位置，有规律地用喙敲出简短而急促的声音，以此向潜在配偶或竞争对手宣示自己的存在。尽管这样的敲击声很响，但不会破坏木材。

- 啄木鸟觅食的时候会在树上四处活动，用喙不停地敲击和削凿，啄出许多小洞以寻找虫子。这种觅食行为占据了啄木鸟一天中的大部分时间，而且全年无休。它们凿出的孔洞样式会因目标猎物的种类而异。

- 啄木鸟会在树干上凿出一个精巧的圆洞和一个与其相通的内部大空腔，以此作为自己的洞巢。这项工程要耗费多日，通常筑巢开始的数天之后鸟巢就会变得足够宽敞，可以容纳一只成鸟。

从上到下分别为敲击、觅食和筑巢的绒啄木鸟

More Woodpeckers
啄木鸟（二）

吸汁啄木鸟会在树皮上开凿出一排排浅洞，然后吸取洞里流出的树汁，也会吃掉被树汁吸引过来的昆虫。

黄腹吸汁啄木鸟和它凿出来的树汁“井”

■ 在美国，橡树啄木鸟主要分布于西南部地区，它们具有在树上凿洞，并在每个洞中储存一个橡果的独特习性。橡树啄木鸟以合作繁殖群体为单位生活（特别是在美国加利福尼亚州的种群），一个群体包括几只繁殖的成鸟和一些不繁殖的帮手，但所有成员都会参与凿洞和收集橡果。为了度过食物较为匮乏的冬季，橡树啄木鸟会在秋天收集和储存橡果，这样群体成员就可以整个冬天都留在自己的领域中，并在春天来临时拥有足够强健的体魄进行繁殖。一个合作繁殖群体的成功与否和它们储存的橡果数量息息相关。为了避免伤及树木，橡树啄木鸟会在枯枝或者厚实的树皮上凿洞，而且每年还会重复利用这些小洞。虽然每年新凿的小洞数量相对较少，但一群啄木鸟长年累月的努力可以积累出一个储量庞大的小洞群。一棵具有四千个小洞的典型的橡果储存树，可能要耗费八年的时间才能完成，这比大多数橡树啄木鸟的寿命还要长。目前，一棵树上小洞数量的最高纪录约为五万个，这可能需要一百多年才能啄出来。

橡树啄木鸟正站在储存食物的树上

■ 一个多世纪以来，北美鸟类的分布范围呈现出向北扩张的趋势。在过去的一百年中，红腹啄木鸟已经从美国南部扩张到了新英格兰地区（位于美国东北部），美洲凤头山雀、主红雀、小嘲鸫、卡罗苇鹪鹩等鸟类也同样如此。在北美的太平洋西北地区，安氏蜂鸟和西丛鸦在过去几十年间也变得相当常见。这种北扩现象可以部分归因于气候变化，因为冬季的气候变得更为温和，鸟类得以在更靠北的地区生存。另一个因素是与郊区城市化有关的栖息地变化，比如紧密排列的房屋和树篱创造了温暖的局部气候，人们种植的外来灌丛和乔木形成了茂密的植被，以及大量的鸟类喂食器提供了额外的食物等。

红腹啄木鸟

■ 美洲旋木雀分布于北美洲大部分林区，而且经常在众目睽睽之下在大树的树干上攀爬。尽管如此，由于其体型小巧且保护色极佳，人们一般很少注意到它们的存在。经验丰富的鸟友能通过一些小技巧找到美洲旋木雀，比如美洲旋木雀会发出尖厉、带金属音的吆吆声，或是会从一棵树的高处飞到另一棵树的树干底部，然后再向上攀爬。但是大多数时候，我们与美洲旋木雀擦身而过却全然不觉。美洲旋木雀的攀爬方式类似于啄木鸟，都是利用坚硬的尾羽支撑身体，但其实旋木雀和啄木鸟并非近亲。这种攀爬方式是两类鸟为了应对攀爬树干这个挑战而趋同演化出的相同的解决之道。旋木雀甚至比啄木鸟更进一步，它们在爬树时会紧挨树皮、贴近树干，侧身低头查探树皮下的沟壑，然后用又弯又长的尖喙来取食其中的蜘蛛、昆虫和虫卵。

真实大小的美洲旋木雀

Pileated Woodpecker
北美黑啄木鸟

雄性北美黑啄木鸟

近几十年来，随着北美大部分地区原有的农田恢复成发育完好的森林栖息地，该物种的种群数量已有所增加。

啄木鸟与攀爬和探查食物有关的适应特征

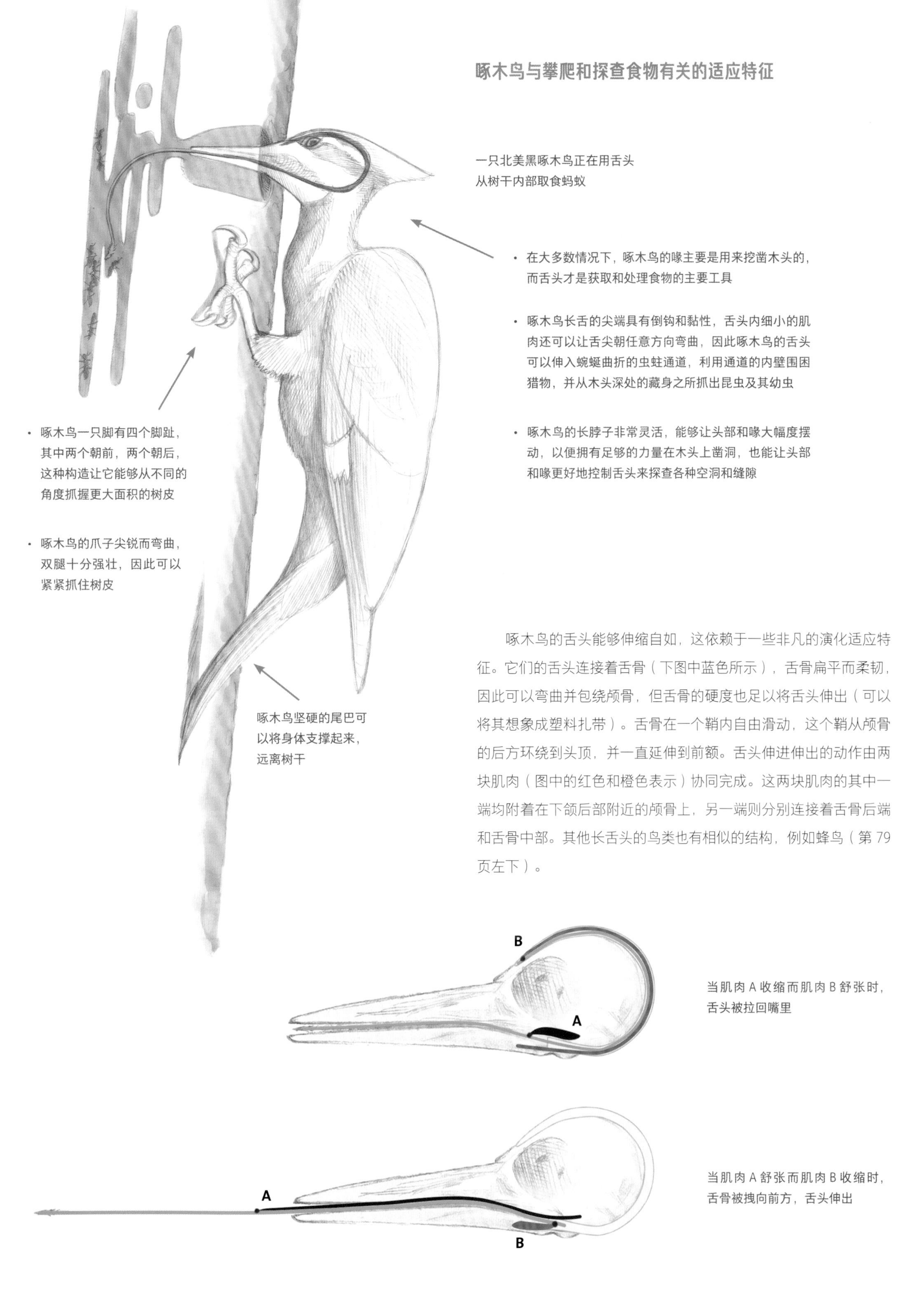

啄木鸟的舌头能够伸缩自如，这依赖于一些非凡的演化适应特征。它们的舌头连接着舌骨（下图中蓝色所示），舌骨扁平而柔韧，因此可以弯曲并包绕颅骨，但舌骨的硬度也足以将舌头伸出（可以将其想象成塑料扎带）。舌骨在一个鞘内自由滑动，这个鞘从颅骨的后方环绕到头顶，并一直延伸到前额。舌头伸进伸出的动作由两块肌肉（图中的红色和橙色表示）协同完成。这两块肌肉的其中一端均附着在下颌后部附近的颅骨上，另一端则分别连接着舌骨后端和舌骨中部。其他长舌头的鸟类也有相似的结构，例如蜂鸟（第 79 页左下）。

Flickers
扑翅䴕

由于扑翅䴕有一些奇特的生活习性，身上还有独特而醒目的斑纹，因此许多人以为它们不属于啄木鸟。

在地上吃蚂蚁的北扑翅䴕

北扑翅䴕的炫耀行为

■ 北扑翅䴕的炫耀“舞蹈”包含伸长脖子、张开尾巴、身体左右摇摆等动作，同时还会发出一连串缓慢的“wikka”叫声。这种炫耀行为不仅用于求偶，也用于保卫领域，而且根据功能和强度的不同也会有些许差异。

北扑翅䴕的红翅型（上图）与黄翅型（下图）

起飞的北扑翅䴕

■ 在飞行过程中，北扑翅䴕会露出翅膀下方明亮的黄色或红色羽毛。“红翅型”北扑翅䴕主要分布于落基山脉和美国西部，“黄翅型”北扑翅䴕则出现于美国东部和北部。它们的羽色差异源自体内类胡萝卜素（第 163 页中段）代谢过程的不同，因而分别形成了红色和黄色的色素。

■ 北扑翅䴕腰部明亮的白色斑块通常会在停栖时被翅膀遮盖，但在起飞时则很明显。这块白斑连同红色或黄色的翅膀或许能够吓唬潜在的捕食者——当它们猛然起飞时，突然出现的明亮色块可能会让天敌愣住，从而增加自身逃脱的机会。这些在起飞和飞行中闪现的红色、黄色、白色斑块就是北扑翅䴕英文名中 flicker（原意为闪烁、忽隐忽现）一词的由来。

Phoebes
长尾霸鹟

全世界共有三种长尾霸鹟，它们都适应了人类的生活环境，经常在走廊的屋檐下筑巢繁殖。

站在草坪椅子上的
黑长尾霸鹟

■ 许多毫无亲缘关系的鸟类都有摇尾巴的行为，人们对这种行为的作用提出了不少可能的假设。近期的一项研究发现，当（且仅当）有捕食者在附近时，鸟类才会更频繁地摇尾巴。之所以如此，是因为摇尾巴是一种简单明了的信号，它可以向捕食者传达以下信息：“我知道你在那儿！我的身体健康、动作敏捷，你抓不到我的！所以不要白费力气了！”人类感到紧张时会坐立不安，而长尾霸鹟紧张时则会摇尾巴。捕食者看到焦躁不安或摇尾巴这样的信号时，它们会意识到这是一个健康且警惕性高的家伙，可能不值得自己费劲追赶。这种在压力下的颤抖或者变得烦躁不安的行为在动物中非常普遍，因为这是出于天性和本能，自然而然就会表现出来。不同动物之间的差别在于它们发出信号的具体方式各不相同：例如，长尾霸鹟等鸟类会摇尾巴，有些鸟则会向上弹尾巴，有的鸟会快速鼓动翅膀，还有一些会晃动脑袋，或是叫个不停，等等。这些都是传递同一种信息的不同方式。

摇尾巴的黑长尾霸鹟

■ 长尾霸鹟喜欢在能够遮风避雨的平台上筑巢，而开放式门廊的边角正是它们理想的繁殖地点。大部分鸣禽不会重复使用同一个鸟巢，即便在同一个繁殖季，它们也会在繁殖第二窝雏鸟的时候建造一个新巢。然而，长尾霸鹟却是个例外。它们经常在同一个繁殖季中反复使用一个鸟巢，或者稍加修缮并重复利用前几年的旧巢。有时候，它们甚至会改造家燕的旧巢加以利用。一般认为，大多数鸟类为每窝雏鸟建造新巢，是为了避免旧巢中羽螨之类的寄生虫感染新一窝雏鸟。然而，蓝鸲和双色树燕等在树洞中筑巢的鸟类却经常重复使用旧鸟巢，原因在于可供选择的合适树洞数量有限。如果可以选择的话，它们通常更愿意在一个更加干净的洞中建造新巢。长尾霸鹟可能也面临着相似的限制因子——缺乏潜在的合适筑巢地点，因此重新利用旧巢或许是最好的选择。

在门廊筑巢繁殖的灰胸长尾霸鹟

■ 和大多数鸟类一样，长尾霸鹟一般会将食物整个吞下，“咀嚼”的工作则由肌肉发达的肌胃完成。许多昆虫都具有无法消化的坚硬外壳，这些外壳的小碎片可以通过肠道并随粪便排出，但那些无法磨碎的大碎片就会在肌胃中逐渐堆积，最终形成一个紧实的食丸，被鸟类吐出来。昼行性猛禽和猫头鹰（属于夜行性猛禽）吐出的食丸主要包含猎物的骨和皮毛（大约在进食 16 小时后吐出），而鸥和鸬鹚的食丸主要由鱼骨组成。不同于其他一些鸟类，这些物种不会为了帮助磨碎食物而吃石子（第 5 页下段），其中一部分原因是吐出食丸的时候也会将小石子一同带出，这样一来这些石子就无法被重复利用而且还需要不断补充。同时，由于食物中含有硬壳和骨头，它们可以用这些东西来代替小石子，在肌胃中帮助研磨较软的食物。

正在吐食丸的黑长尾霸鹟

More Flycatchers
其他霸鹟

骚扰红尾鵟的西王霸鹟

■ 剪尾王霸鹟有着鸟类中最为惹眼的尾巴之一，但是这个大尾巴有什么作用呢？对大多数鸟类来说，尾巴的主要功能是提高飞行性能：收起尾巴可以减少阻力，使得飞行时流经身后的气流更加平顺；张开尾巴则可以在低速飞行时提供更多升力。长而分叉的尾巴可以把这些优势发挥到极致，从而提供两种不同的高效飞行模式：收起尾巴时的高速飞行和张开尾巴时的慢速飞行。因此，燕鸥长着这样长而分叉的尾巴（第 49 页）是有道理的，它们需要快速而高效地长距离飞行来前往觅食地，一旦抵达目的地，它们又需要切换到低速巡飞甚至悬停模式来寻找鱼类。然而，剪尾王霸鹟那长而华丽的尾巴虽然有一些改善自身空气动力学性能的作用，但更多的用途还是炫耀和觅食。在慢速飞行中，剪尾王霸鹟会在草丛中挥动尾巴，“扫”出昆虫，并在空中一口咬住。

正在用尾巴“扫”虫子的剪尾王霸鹟

■ 所有鸟类都具有出色的视觉，但霸鹟对视力的要求尤为夸张。想象一下，为了捕捉一只飞着的蚊子，霸鹟必须在以时速 32 千米飞行的同时，不断地急转弯、躲避障碍，跟上蚊子，然后用“镊子”一样的喙在半空中抓住它。完成整个过程需要视觉上多方面的演化适应。相比之下，人类的视力实在是望尘莫及。

- 霸鹟具有绝佳的视力，可以远远地发现一个极小的斑点。
- 在斑驳的树叶和阴影构成的背景下，霸鹟的紫外线视觉无疑有助于它们找到昆虫的位置。
- 霸鹟眼中的视锥细胞里含有彩色油滴，这些油滴充当滤镜的作用，可以增强色彩的辨识度。比如，霸鹟可以在蓝色和绿色的背景下更轻松地找出其他颜色。
- 在高速飞行中，霸鹟能对快速移动的昆虫和周围环境进行追踪。多数鸟类对于视觉图像的处理速度是人类的 2 倍以上，这使得高速移动中的景象在它们看来不会太模糊。在科学家研究过的所有鸟类中，霸鹟的图像处理速度是最快的。近期的研究发现，霸鹟具有一种独特的视锥细胞，或许是它们有这种高速图像处理能力的关键。

抓昆虫的黑长尾霸鹟

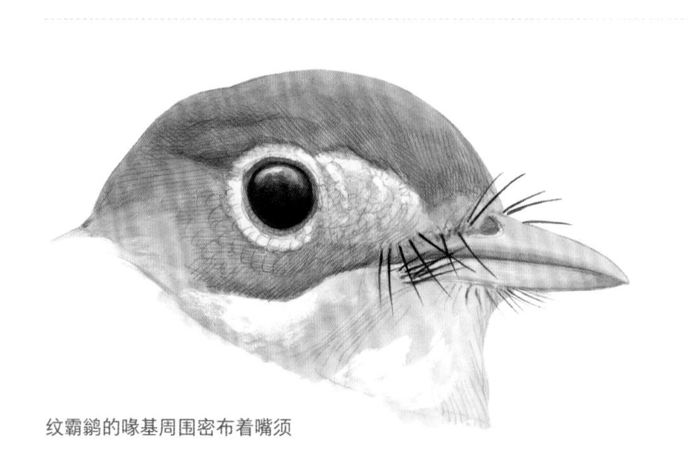

纹霸鹟的喙基周围密布着嘴须

■ 嘴须是鸟喙基部周围的一组特化的须状羽毛，大多数霸鹟以及其他一些食虫鸟类的嘴须都很发达。由于这些鸟类通常在空中追捕快速移动的小型昆虫，因此人们曾普遍认为嘴须的功能主要是像网一样网住飞行的昆虫，或者用于感知昆虫在鸟喙附近的位置，以便抓住猎物。然而霸鹟通常是用喙尖夹住昆虫，而不是用嘴须网住。近期的实验表明，嘴须的作用其实类似于一张保护眼睛的防护网，能够在高速抓捕的过程中弹开飞向眼睛的昆虫（及其腿和翅膀），避免对眼睛造成伤害。

Swifts
雨燕

一些种类的雨燕每年有长达十个月的时间都飞在空中。

在高空飞行的烟囱雨燕

■ 飞行关乎着鸟类的生死存亡，对于常年在空中持续飞行的雨燕来说更是如此。因此，雨燕每年都需要将所有飞羽完全更换一遍，以保持羽毛的良好状态。但是在新的飞羽生长期间，鸟类是如何保证飞行不受影响的呢？大多数鸟类会逐步更换飞羽，也就是在同一时间只更换一到两根羽毛，使邻近的羽毛可以盖住绝大部分因旧飞羽脱落而产生的空隙，从而维持翅膀的飞行功能。只有当新的羽毛长到足够长时，下一根旧羽毛才会脱落。如此一来，翅膀上因换羽而产生的缺口始终很小，鸟类的飞行功能也不会受到显著影响。烟囱雨燕需要三个多月的时间才能完全更换所有飞羽（第 5 页中段）。

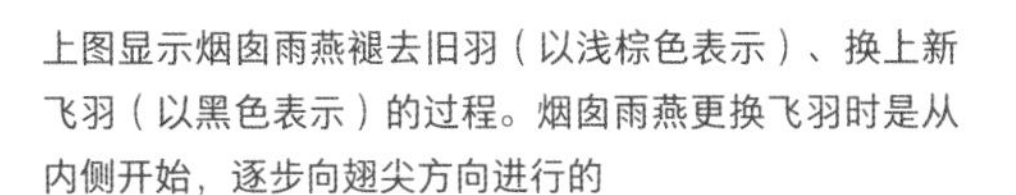

上图显示烟囱雨燕褪去旧羽（以浅棕色表示）、换上新飞羽（以黑色表示）的过程。烟囱雨燕更换飞羽时是从内侧开始，逐步向翅尖方向进行的

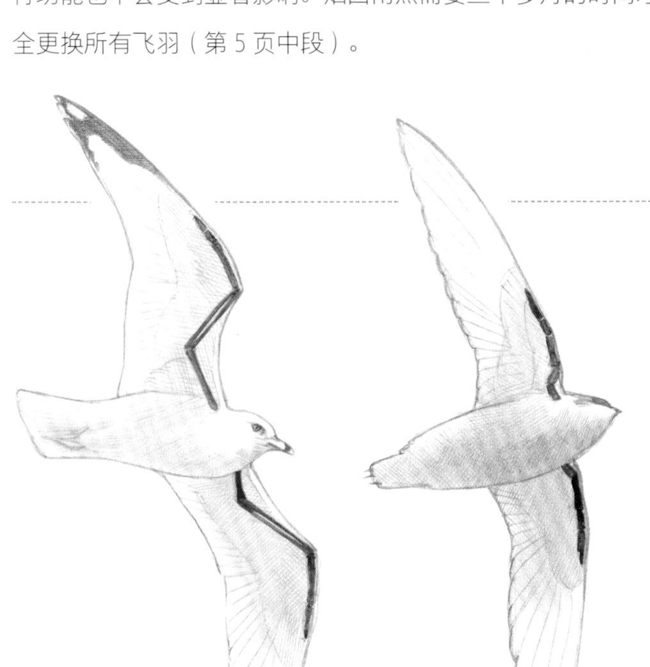

■ 雨燕的翅膀结构与大部分鸟类截然不同，它们翅膀上“臂部”的骨头非常短，几乎整个翼面都是由长在“手部”骨头上的羽毛构成。雨燕的这一特征与蜂鸟十分相似，但二者的飞行方式却大为不同。相较于雨燕，左图中的环嘴鸥是一个“臂部”骨头较长的物种，因此它们可以轻松地通过调整翅膀各关节的角度来大幅改变翅膀的形状，以适应各种飞行环境和需求。然而，雨燕翅膀形状的改变空间十分有限，并且主要进行高速直线飞行，这也是它们经常在较高的空中活动的原因。

这张图展示了烟囱雨燕和环嘴鸥的翅膀结构。蓝色和红色分别表示“臂部”和“手部”的骨头（图中的两种鸟并未按照真实大小的比例绘制）

■ 在美国，大多数人如果想看到停栖的雨燕，也许最多只能看到烟囱雨燕飞进烟囱里去休息的场景。雨燕非常适应空中的飞行生活，狭窄而略显僵硬的翅膀能让它们高效地进行快速直线飞行，但却难以驾驭低速灵活的慢飞。雨燕的翼负载值较高，也就是说它们的体重与翼面积的比值较大。因此，为了在飞行中产生足够的升力，雨燕必须提高飞行速度，让空气更快地流过它们狭长的翅膀。（相比之下，鸥类的翼负载值较低，较宽大的翅膀能够让它们在低速飞行时也产生足够的升力，因此它们能看似毫不费力地飘在空中。）当雨燕要进入烟囱栖息时，它们会先高速靠近烟囱，随后在烟囱口正上方立即停下，笨拙地扇着翅膀，笔直向下落入烟囱中。

“掉进”烟囱的烟囱雨燕

Swallows
燕子（一）

家燕（英文名是 Barn Swallow，直译过来为“粮仓燕子”）会在粮仓内筑巢，而且我们几乎很难在人类建筑物以外的地方找到它们的巢。

在牧草地上空捕食的家燕

■ 鸟类演化出了许多种不同的营巢策略和方式，这在亲缘关系较近的物种之间通常会保持一致。然而，燕子们却有些与众不同，即便不同燕子之间的亲缘关系很近，它们的巢却是千差万别。例如，双色树燕会在啄木鸟的旧巢或人工巢箱这样的洞巢中垫上草料作为自己的鸟巢，而家燕和美洲燕则会先衔泥搭建出鸟巢的外部结构，然后再在里面铺草筑巢。有些燕子（比如崖沙燕）是在沙质的堤岸上挖出一个通道，并在其深处造一个草窝，还有几种燕子则几乎完全依赖人类建筑物提供的合适筑巢场所，其中就包括恰如其名的家燕。

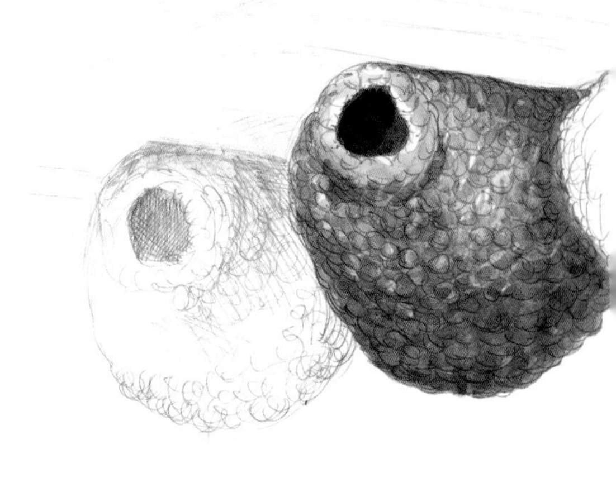

家燕半碗状的鸟巢（左）和美洲燕葫芦状的封闭鸟巢（右）。这两种鸟巢都建在屋檐下垂直的墙上，由燕子将一小口一小口衔来的湿泥巴小心翼翼地粘合起来并晾干而成

飞行中的家燕

■ 燕子可以连续飞行数小时不停歇，有时会在田野、湿地和水塘上方低空掠过，有时则在高空捕食小飞虫。因此，它们属于“空中食虫性鸟类”，这类鸟还包括雨燕和霸鹟等。北美地区的鸟类调查显示，在过去的五十多年中，所有空中食虫性鸟类的数量都在下降。造成这种下降的原因有很多，其中最重要的因素或许是昆虫数量的减少。近期在欧洲的一项研究发现，当地昆虫数量在过去的三十多年里急剧减少，虽然在北美洲没有类似的系统性调查，但大部分已有的数据均显示这里的昆虫数量也正在下降。1970 年之前出生的人们一定都还记得那些漫天飞舞的昆虫撞上并覆盖整个汽车前挡风玻璃的场面。如今，这样的情况已经很难见到。造成昆虫数量下降的主要原因之一，可能是杀虫剂在农业或日常生活中的广泛使用。对此，人们亟需开展相关的科学研究、监测和保护行动。

■ 为了飞行，鸟类需要变得足够轻盈，因为体重越轻，飞行所需的能量就越少。对于飞行的需求使鸟类发展出许多演化和适应特征，例如它们的骨骼结构就发生了重大改变。不过，鸟类的骨骼并不算轻，骨骼的绝对重量占整个身体重量的比例与同等体型的哺乳动物基本相同。然而在许多方面，鸟类的骨骼依旧在朝着更轻盈的方向演化，例如更少的骨头数量、中空的骨骼结构等。此外，为了满足飞行需求，鸟类的骨骼也变得更加坚硬和强健，它们的骨组织比哺乳动物的更为致密。不过，这在增加骨骼硬度和强度的同时，也会增加骨骼的重量。因此更准确的说法应该是，相较于同等体型的哺乳动物，鸟类的骨骼在不增加额外重量的情况下显得更为强健和牢固。

家燕骨骼的示意图

More Swallows
燕子（二）

燕子经常会聚集在昆虫数量众多的湿地附近。

停栖在芦苇上的双色树燕

■ 同一只鸟每年都会返回相同的领域进行繁殖吗？假如它们顺利地熬过了冬天（第 169 页下段），那么答案几乎是肯定的。大多数鸟类对于自己的筑巢地点忠诚度很高，每年都会回到同一片繁殖地，如果它们曾在这里成功繁育过的话更是如此。此外，当一岁大的小鸟首次返回繁殖地进行繁殖时，往往会回到它们出生和长大的那片区域。一项在美国宾夕法尼亚州开展的研究发现，双色树燕首次进行繁殖的地点，通常距离它们出生的人工巢箱仅数千米远。鸟类这种年复一年重复利用熟悉区域的行为不仅仅局限于繁殖地。许多候鸟每年会沿着同样的路线进行迁徙，也会重复利用同一片越冬地。

一对站在人工巢箱上的双色树燕

刚孵化出来的双色树燕

■ 一只鸣禽宝宝（例如左边这只双色树燕雏鸟）刚孵化出来的时候，全身裸露无羽、双眼紧闭，需要依靠亲鸟不断地喂食、保暖和保护才能存活，这就是所谓的晚成雏。相较于早成性鸟类（第 3 页上段），晚成性鸟类的优势在于雌鸟可以耗费较少的能量，产较小的卵，因为这些卵在胚胎发育较早的时期就会孵化。但如果只是如此的话，其实就是把养育雏鸟的工作向后推迟罢了，因为等到雏鸟孵化后，亲鸟仍需花费大量的时间和精力来照顾它们。晚成性鸟类的另一个优势在于晚成雏的大脑在孵化之后仍有许多发育空间。雁鸭类等早成性鸟类的雏鸟在孵化时大脑已经几乎发育完全，能够自己独立觅食。而刚出生的晚成雏虽然缺乏自理能力，但是亲鸟会不间断地提供高蛋白食物（第 133 页中段），雏鸟的大脑也会有明显的发育。因此，晚成性鸟类成鸟的大脑容量往往比同等体型的早成性鸟类更大。

■ 鸟类飞羽的细节构造相当令人惊叹！科研人员在探索羽毛精妙的形状和结构的过程中正持续不断地发现新的细节，其中一些发现还能用来解决人类遇到的工程学难题。飞羽的羽轴是一个内部充满泡沫状结构的管子，这种结构能够在保证轻盈的同时提供非常高的强度和硬度。羽轴的“管子”本身是由一层层朝向不同的纤维构成，就如同现代的高科技碳纤维管那样。羽轴的横截面形状随着位置的不同而变化，在羽轴的基部是圆形的，然后朝着羽尖方向逐渐变为长方形，再到正方形，这让羽毛在不同位置的硬度和弹性都有所差异。位于羽轴两侧的羽枝则具有椭圆形的横截面，并且上下侧较厚，因此羽枝不易向上下弯曲，但是却能灵活自如地向左右两侧弯曲。当羽枝之间互相钩连时，它们就能形成飞行所需的牢固平面，而当羽毛撞到一些东西时，每个羽枝只需轻微扭动就能松开和相邻羽枝的连接，通过自身的弯曲形变来缓冲撞击力。

一根典型飞羽不同部位的横截面图

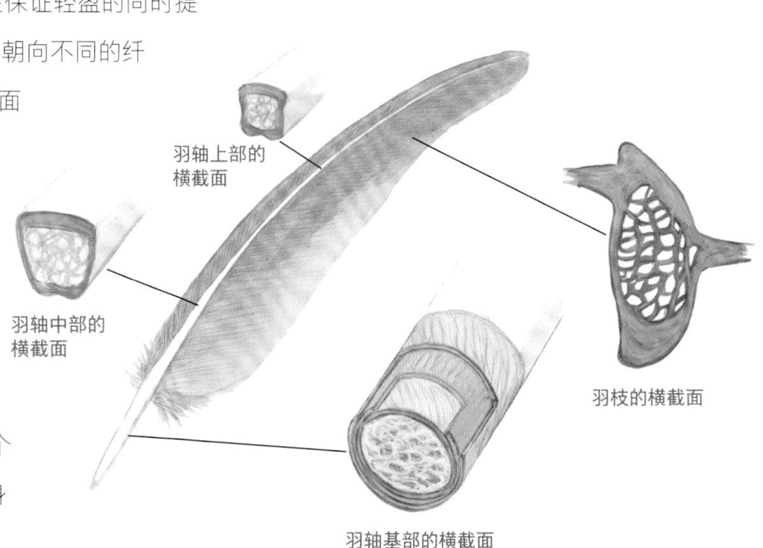

Crows
乌鸦

乌鸦是最聪明的鸟类之一，它们甚至懂得公平交易的概念。

叼着小东西玩儿的短嘴鸦

■ 乌鸦往往全年都会集成小群活动。它们那些充满好奇心，有时甚至是具有破坏力的行为（比如打开垃圾袋找吃的），看起来像是在恶意捣蛋，但那通常只是乌鸦一家子在寻找食物，而不是故意惹是生非。一个典型的乌鸦家族中一般会包含一对繁殖的亲鸟和它们最近养育出的一窝小鸟，有时候还有一些更为年长的孩子。一岁大的小鸟通常会留在家族群中帮忙照顾年幼的弟弟妹妹，而有些“小鸟”甚至会留在家族群中长达五年之久！

一群觅食中的乌鸦

短嘴鸦幼鸟

■ 乌鸦宝宝（你可以从浅色喙、蓝眼睛，还有一身没完全长齐的羽毛认出它们）通常会在真正能够飞行之前就早早地出巢。当人们在地上发现这些乌鸦宝宝时，常常会忍不住想要“救助”，把它们带回家喂养几周，直到雏鸟能够独立生活。但事实上，最好的“救助”方式是把雏鸟留在原地，因为亲鸟很有可能就在附近，它们会照顾好自己的孩子，而且在这个成长阶段中，乌鸦宝宝与其他乌鸦个体的社交互动十分重要。乌鸦是一种聪明而好奇的鸟类，这或许会让它们成为令人着迷又有趣的宠物。然而，它们毕竟是野生动物，倘若由人类抚养，往往会产生严重的生理或心理缺陷。有一项研究追踪了由人类养大的七只乌鸦的命运：这些乌鸦在飞羽初成并且能够飞行之后被放归野外，然而在几个月后无一幸存。相比之下，在野外由亲鸟养育的乌鸦幼鸟中，超过一半的个体都活过了第一个冬天。

■ 乌鸦能够通过我们的面部特征来识别不同的人，并且会将每个人与它们自身的“愉快”或“痛苦”经历联系起来。除此之外，它们还能把这些信息分享给其他乌鸦。有一位研究人员曾经捕捉过一些乌鸦，时隔五年之后，那些在距离抓捕地点将近 1.6 千米外、从未被他抓过的乌鸦竟然可以认出这位研究人员！虽然人们无法辨别乌鸦的不同个体，但我们有时候能够初步区分成鸟和出生第一年的幼鸟。因为成年乌鸦的羽毛是均匀的乌黑色，还泛着金属光泽，而第一年幼鸟的羽毛则是哑光的黑色，金属质感较弱，而且羽毛的颜色会在第一个冬天逐渐褪成暗褐色。到了春天，这些一岁的幼鸟会帮成鸟育雏，此时，相较于身旁年长的成鸟，它们看上去明显偏褐色。

左边是一岁大的短嘴鸦，
右边是短嘴鸦成鸟

Ravens
渡鸦

鸟类无法用喙来梳理自己头上的羽毛，因此它们会用脚来进行头部羽毛的清洁工作。不过，在一小部分像渡鸦这样的社会性鸟类中，同一群体里的伙伴之间会互相理羽。

为同伴理羽的渡鸦

■ 伊索寓言中有一则故事叫《乌鸦喝水》，讲述的是一只口渴的乌鸦找到了一个盛着一些水的水瓶，然而瓶子里的水太少，乌鸦的喙够不到水面，于是乌鸦叼来许多小石子扔进瓶中，待水面逐渐升高后，它成功地喝到了水。这个故事给研究人员带来了启发，他们设计了一些现代的科学实验来测试多种鸦科鸟类的智力。其中的一个实验便是在管状容器中放入少量水，水面上浮着鸦科鸟类爱吃的食物，而它们的确能够解决这个难题，最终吃到食物。不仅如此，它们知道大石头比小石头更有用，知道要往容器中放多少石头才能吃到食物，甚至还知道如果将容器中的水换成木屑，扔石头进去就不会起作用，等等。在接受测试的鸦科鸟类中，最擅长解决问题的要数分布在南太平洋的新喀鸦，它们解决“乌鸦喝水”这类问题的能力相当于 5 ~ 7 岁的人类孩童。

正在解题的渡鸦

渡鸦

■ 许多生活在气候炎热地区的鸟类通常都“身穿一袭黑衣”，这听起来似乎有些违反常识，但是研究表明，深色的羽毛其实利大于弊。相较于白色羽毛，深色的羽毛的确更容易吸热，但是由于羽毛良好的隔热性能，最外层羽毛吸收的热量很少能传递到皮肤。在微风吹拂下，相较于白色的鸟类，羽色较深的鸟类体感更为凉爽，因为深色羽毛表面所吸收的光和热能够更容易地辐射回空气中。相反，光线更容易穿透白色羽毛，羽毛所吸收的热量也更接近皮肤，因而难以传递回空气中。此外，黑色的羽毛更加耐磨，并且能更好地抵挡紫外线。一袭黑衣或许还能让鸟类在暗处休息时不会过于明显，而当它们在活动时又能让同伴之间很容易就看见彼此。

■ 每只鸟的身上都长满了羽毛，而且同一只鸟身上的每根羽毛几乎都各不相同，这些羽毛的长度、形状和结构都和羽毛生长部位的功能相适应。其中，鸟类头部的羽毛大部分都是高度特化的，比如眼睛周围的羽毛十分细小，喙基生长着羽毛特化而来的嘴须，以及喉部的长羽毛等等。其中一种最为特化的羽毛是耳羽。这些覆盖耳孔的羽毛，不仅需要允许声音穿过，还要避免碎片等异物进入耳朵，同时还在耳外创造了一个流线型的表面，让空气能够平滑、安静地通过。在时速仅 40 千米的情况下，人耳周围的空气湍流就能产生最高达 100 分贝的噪声，而这个速度通常只是大多数鸟类正常的飞行时速。这么大的噪声会让人难以听到其他声音，而且长期暴露在这种噪声环境中会导致永久性的听力损伤。鸟类平滑的耳羽则可以在保证飞行的同时避免这些噪声问题。

鸟类脸部周围的一些特化羽毛，右侧最靠下的是耳羽

Jays
蓝鸦

翅膀和尾巴上闪亮的白色或许能吓退攻击的捕食者。

叼着橡果起飞的冠蓝鸦

■ 鸟类可以发出十分响亮的声音。比如，一只公鸡在你耳边打鸣时的音量和你站在距喷气式发动机约 61 米处听到的声音差不多。（不过这两种情况都不建议你亲自尝试！）包括蓝鸦在内的许多鸟类都会发出很大的声音，而它们的耳朵距离喙却仅仅不足 2.5 厘米。那么鸟类是如何在大声鸣叫时避免损伤自己听力的呢？鸟类鸣叫时，一些自动"防御"机制会同时生效。比如，当鸟类张嘴时，它们的外耳道会自然关闭，从而屏蔽声音，与此同时，内耳的气压升高，有利于减弱振动，而与耳部相连的一块颌部骨骼的运动也能够降低鼓膜张力。除此之外，鸟类的耳朵还可以通过长出新的毛细胞来修复受损的听力，这是人类做不到的。

鸣叫的暗冠蓝鸦

吃油漆碎片的暗冠蓝鸦

■ 人们有时候会看到蓝鸦从房子上啄下一些浅色的油漆，并吃下这些油漆碎片。它们的这种行为其实是为了摄取钙质，这对于需要产卵的雌鸟尤其重要，因为钙是形成卵壳的重要元素，而多数油漆涂料里都含有钙质。许多鸟类的雌性个体会在春天繁殖产卵期间，寻找并摄入含钙量高的砂砾。这种吃油漆碎片的行为在天然钙元素相对稀缺的北美洲东北部最为普遍，而造成这种情况的一部分原因就是酸雨所导致的土壤中钙元素的流失。此外，这种行为也时常发生在地面被厚厚积雪覆盖的日子，因为鸟类在这种天气条件下无法获得天然钙质。如果你想帮助蓝鸦（并且想让它们停止啄食油漆），可以给它们提供一些碎蛋壳，这对鸟类而言是更好的钙质来源。

■ 人们常常将鸟类的日光浴和蚁浴这两种行为混为一谈。日光浴是指鸟类张开翅膀、抖松身上的羽毛，在太阳下晒身子的行为，这在天气炎热的日子里尤为常见。晒完日光浴后，鸟类通常会将羽毛好好地梳理一番。晒日光浴的好处可能在于阳光可以抑制那些能够分解羽毛的细菌的生长，还能促进维生素 D 的合成，以及帮助清除身上的羽虱（阳光可以晒死羽虱或让其爬动，有助于鸟类在理羽时清除它们）。而蚁浴是指鸟类扭着身子坐在一群蚂蚁之间，而且通常会将尾巴弯折在身体下方，然后用喙叼着一只蚂蚁沿着羽毛一根根擦拭。有证据表明，这种行为可能是在处理食物：鸟类通过"骚扰"蚂蚁来迫使它们释放出体内有毒的蚁酸，一旦蚁酸排出，鸟类就能尽享美餐。从目前已知的信息来看，蚁酸对羽毛或羽毛上的寄生虫并没有任何影响。不过，鸟类也会将其他一些酸性物质，比如柠檬汁，涂抹在羽毛上，因此酸性物质对于羽毛可能有一些人们尚未知晓的益处。

正在进行日光浴（左）和蚁浴（右）的冠蓝鸦

Scrub-Jays
丛鸦

　　这种身着盛装造访喂食器的鸟，特别爱吃花生。

西丛鸦

■ 很多小型鸦科鸟类（包括北美洲的蓝鸦和丛鸦，以及中国的松鸦）都会将橡果作为重要的食物来源，北美洲的西丛鸦尤其如此，它们能在秋天储存多达五千个橡果，以备冬春季节食用。为了敲开橡果这类坚硬的食物，西丛鸦演化出了强壮的下颌，并且会用下喙尖端敲击并啄开橡果的外壳。和啄木鸟一样，撞击产生的巨大冲击力会被下颌而非颅骨吸收和缓冲，以避免损伤大脑。然而，吃橡果会造成一个重要的问题：橡果中的单宁（又称鞣质）含量很高，它们与蛋白质结合后会使后者难以被消化和利用。虽然橡果中的脂肪和碳水化合物含量很高，但是如果只以橡果为食却会导致丛鸦的体重快速下降，因为与单宁结合的蛋白质要比鸟类能从橡果中获取的蛋白质多得多。如果鸟类能从其他食物中获取足够的蛋白质，以弥补单宁造成的蛋白质损失，那么适量的橡果就是很好的食物。

正在用下喙尖端敲击并试图打开橡果外壳的西丛鸦

■ 许多蓝鸦和丛鸦也善于储藏食物以备日后食用。它们通常会在地上挖个小洞，将食物塞进去，然后用叶子或小石头盖好。凭借自身的定向能力和超群的记忆力，它们能够在需要的时候找到这几千个储藏起来的食物（第 113 页下段）。像昆虫这种容易腐烂的食物会在几天内就被找出来吃掉，而像种子这些耐放的食物就可能藏上数月之久。一些蓝鸦和丛鸦会在其他个体储藏食物时悄悄观察，然后盗取那些藏好的食物。所以，当一只鸟在储藏食物时怀疑自己被别的鸟盯上，那它便会在几分钟后偷溜回来，把刚刚藏好的食物换到新的地点重新储藏。这种行为表明蓝鸦和丛鸦具有很高的智商，包括察觉和判断其他个体意图的能力。

正准备藏橡果的西丛鸦

■ 近期在美国加利福尼亚州的一项研究表明，许多鸟类正在努力适应越来越高的气温，它们筑巢繁殖的日期比一百年前提早了 5 ~ 12 天。这种时间上的改变与近年来的气温变化速度相吻合，或许既可以避免夏季高温，也可以与植物和昆虫因气候变化而同样有所提前的生活周期保持同步。虽然像丛鸦这样的留鸟可以通过感知当地环境条件的变化来做出相应调整，但是那些长距离迁徙的候鸟却面临着更为复杂的挑战。候鸟从遥远的越冬地启程返回繁殖地，这一决策通常是以日照长度的变化作为信号，但是不同于生活在繁殖地的植物和昆虫的生命周期，这种信号并不会随着当地的气候产生变化。为了适应这些改变，迁徙鸟类也在调整自己从越冬地启程和抵达繁殖地的时间，但是目前的证据表明，很多鸟类调整迁徙时间的速度完全赶不上繁殖地气候变化的速度。这种时间上的错配是否会越来越严重、鸟类究竟能否适应快速变化的气候，这些问题可能只能留给时间来回答了。

西丛鸦

Chickadees
山雀

四处查探的三种山雀

左上为北美白眉山雀（分布于北美洲西部山区），右上为黑顶山雀（分布于美国北部各州及加拿大），下面是栗背山雀（分布于北美洲西部的太平洋沿岸地区）。

■ 山雀是森林里的大忙人，常常窥探各种缝隙、研究缠结的物体、捣鼓树枝和松果，还总是叽叽喳喳讨论个不停。在繁殖期以外的时间里，山雀的社会性很强，它们会集成多达 10 只的小群体一起活动，许多其他鸣禽都能听懂山雀的叫声，并经常加入它们的小团体四处游荡。因为这些山雀总能及早发现危险并马上发出警报，所以群体中的其他鸟类就能花更多时间来觅食。这对于候鸟而言尤其有帮助。比如，当一只迁徙途中的森莺在清晨时分抵达一片陌生的树林时，它就能借助当地山雀的经验：跟着山雀在林间穿梭，不仅相对较为安全，通常也能找到最好的食物和水源。

动个不停的黑顶山雀

■ 尽管山雀是鸟类喂食器的忠实访客（它们特别喜欢葵花籽），但事实上它们超过一半的食物都是自己捕获的动物性猎物，一年四季均是如此。在北方的冬季，山雀会在树枝、枯叶堆、树皮缝隙等处寻找休眠的小昆虫和蜘蛛，以及它们的虫卵和幼虫。到了夏季，山雀主要会把毛毛虫带回巢喂给雏鸟（每天能抓一千多只）。不过，在雏鸟孵化后的第一周内，亲鸟会特意寻找蜘蛛来喂养雏鸟，因为蜘蛛富含牛磺酸，这是大脑发育和其他功能所必需的重要元素（第 47 页上段）。

黑顶山雀亲鸟给刚离巢的雏鸟喂食毛毛虫

■ 在那些冬季气候严寒的地区生活的山雀会不辞辛劳地储存冬季所需的食物。一只山雀每天能够储存多达一千粒种子，一个季节下来能储存八万粒。山雀储存食物的策略被称为“分散储存”，也就是将食物塞入任何能塞进去的地方，比如云杉的针叶丛，或是树皮的缝隙。令人惊讶的是，这些鸟儿不仅能记住每个食物的储藏地点，而且还能或多或少记住一些其他信息，比如哪些食物的品质最好、哪些已经被吃掉了等。生活在气候寒冷地区的山雀通常拥有更大的海马体（大脑中负责空间记忆的部分），因为储藏食物对这些地区的鸟而言尤为重要。不仅如此，它们的海马体还会在秋季变大，以便更好地记住更多储存地点，等到春天，海马体则会萎缩（第 111 页中段）。

藏种子的黑顶山雀

Titmice
凤头山雀

凤头山雀属于山雀科，共有 5 个物种，它们都是灰不溜秋、头上有短羽冠的小家伙。

纯色冠山雀

■ 最适觅食理论认为，鸟类会根据收益最大化以及投资和风险最小化的原则来决定自己的觅食行为。右边这只美洲凤头山雀面前正摆着四粒大小不同的种子，你可能会认为它将叼走最大的那粒然后飞回林子里。然而，大种子既不易携带也容易引起别人注意，而且得花更长时间才能弄开和食用。这不仅会耗费更多精力，还会增加食物被偷抢或自己被天敌发现并受到攻击的风险。相反，小种子通常营养较少，或许不值得费心叼走，但是如果它富含脂肪和能量，小种子也可能成为最佳选择。因此，最理想的目标是在综合考虑付出和回报之后，结果最优的那粒种子。每当美洲凤头山雀造访鸟类喂食器时，它都需要进行全方位的考量再做决定。尽管它们经常会挑选更大的种子，但这也是在综合分析付出和回报后，深思熟虑做出的选择。

面临抉择的美洲凤头山雀

■ 与许多其他小鸟不同，凤头山雀（以及许多其他山雀）不会直接在喂食器上进食，而是会将食物带到其他地方食用。你通常会看到它们飞到喂食器边上，花一两秒钟寻找合适的种子，随后选中一粒带回林子里吃掉或是储存起来。由于它们不在喂食器旁边直接开吃，因此对于种子的选择就显得尤为重要。凤头山雀在寻找合适的种子时会根据重量来评估种子的脂肪含量（脂肪的密度更低，因此如果两粒种子大小相近，较轻的那粒种子可能就含有更多脂肪）。飞入树林后，它们会用双脚固定住食物，然后用喙敲击并撬开种子，将其吃掉。

选好种子准备飞离喂食器的美洲凤头山雀

■ 鸣禽通常一巢产 4 ~ 5 枚卵，并且会在产完最后一枚卵后开始孵卵，这样所有卵的发育可以基本保持同步，雏鸟也会在较短的时间段内全部破壳而出。美洲凤头山雀的孵化期平均为 13 天，灰胸长尾霸鹟为 16 天，而其他鸟类的孵化时长也有不小差异。为什么会出现这些差异呢？近期有一篇综述指出，影响孵化期长短的一个重要因素是兄弟姐妹之间的竞争：如果雏鸟可以比自己的兄弟姐妹更早地破壳而出，它们就能在后续亲鸟育雏的过程中为自己争取到更多优势。正是这种竞争导致了孵化时间的缩短。当然，孵化时间不会无限缩短，因为胚胎的充分发育也需要相应的时间，这样雏鸟才能最终成长为健康的成鸟。对于只产一枚卵或者异步孵化的鸟类来说（第 53 页），兄弟姐妹之间的孵化顺序是命中注定的，所以这类鸟的孵化期相对较长。

即将离巢的美洲凤头山雀雏鸟

一对正在筑巢的
短嘴长尾山雀

Bushtit
短嘴长尾山雀

- **第一步：**

先用蜘蛛丝和植物纤维材料做出鸟巢的外圈。

- **第二步有以下两种方式：**

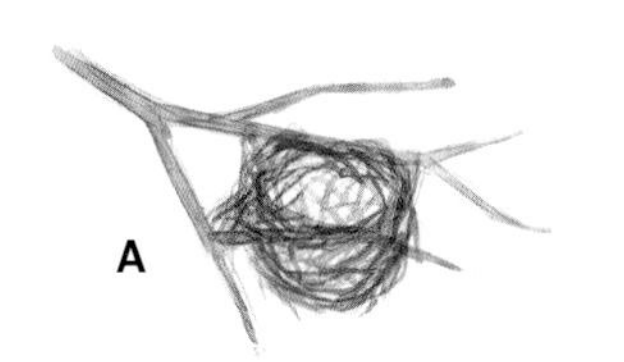

A 先将各种巢材松散地编织在一起，形成一个平台，随后雌鸟坐上去将其撑成杯状，再从内侧向鸟巢中编织和添加更多巢材，填补缝隙。接下来反复进行撑大、添加巢材、再撑大的过程，直到形成一个长条形的悬垂囊袋状巢。

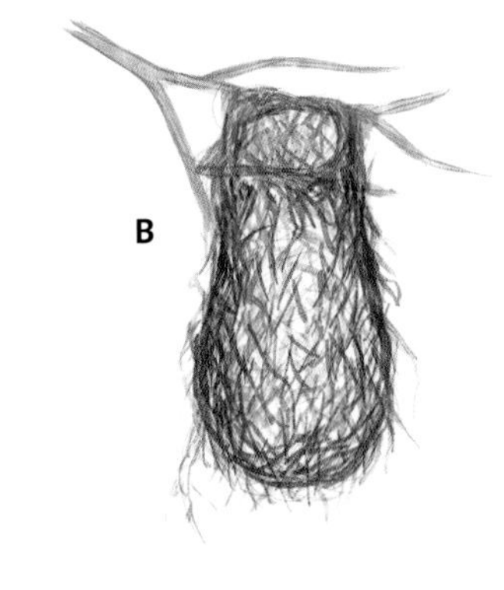

B 先快速编织一个接近完整大小的松散囊袋，随后同时从内外两侧添加巢材，填补缝隙，直至完成整个鸟巢。

方法 A 常见于繁殖季早期以及较为开阔的生境，虽然耗时较长，但巢更坚固。方法 B 常见于繁殖中后期以及植被较为茂密的地方，一般耗时较短，但这样的巢往往不太耐用。

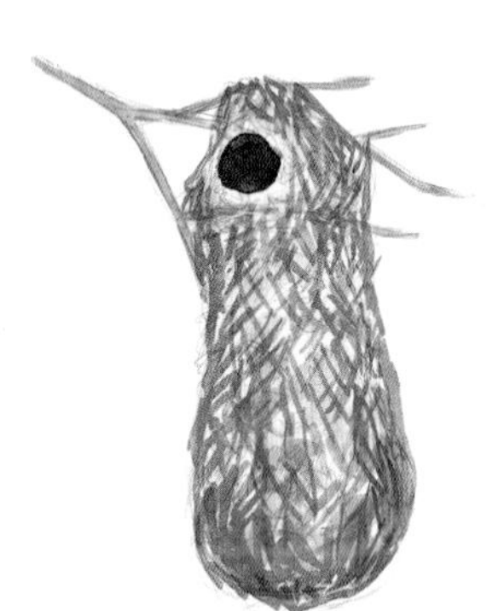

完成一个巢通常需要 2 ~ 7 周时间，巢口的盖子是巢体做好后再加上的。

■ 虽然短嘴长尾山雀体型小巧，但它们建造的鸟巢却着实令人惊艳。它们的巢是一个编织而成的悬吊篮，长度可达 30 厘米。所有鸣禽的筑巢过程都大同小异：首先建造一个基座或框架，然后逐步添加巢材、造出整体结构，最后铺上保暖隔热的柔软垫料。鸟类的筑巢方式和行为是与生俱来的本能，它们无需任何指导或是说明书就能建造出复杂精细、本物种专属的鸟巢。短嘴长尾山雀是已知的少数几种用两套不同方式筑巢的鸟类之一，它们会根据环境条件和繁殖期早晚选择筑巢方式。因此，尽管筑巢是出于本能，鸟类仍然可以根据当地环境和条件灵活调整，甚至可以根据不同因素选择筑造不同风格的鸟巢。

■ 鸟巢的隔热功能非常重要，但往往会被人们忽视。在连续几周时间内，卵和雏鸟需要维持相对恒定的温度，太冷或太热都会导致胚胎和雏鸟的死亡，而亲鸟改变温度的能力其实十分有限。短嘴长尾山雀的鸟巢隔热性能极佳：一项在美国亚利桑那州进行的研究显示，烈日当空下，当巢外的温度超过 44 摄氏度时，巢内的温度仅为 29 摄氏度。鸟巢不仅具有隔热功能，还能在寒冷的夜晚保暖。由于短嘴长尾山雀的鸟巢隔热保暖效果极佳，因此它们平均每天只需花费 40% 的时间孵卵，这样亲鸟双方都可以把更多的时间用于外出觅食。在更为寒冷的环境中繁殖的鸟类会将巢壁建得更厚、使用更多隔热性能良好的巢材，并根据外部环境条件调整鸟巢的构造，为卵和雏鸟提供保暖隔热性能更好的鸟巢。

短嘴长尾山雀的鸟巢剖面图

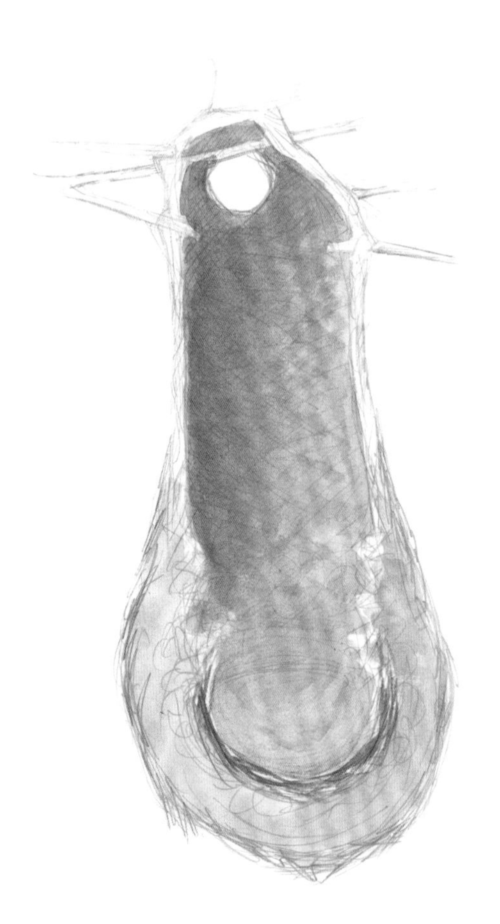

Nuthatches
鳾

鳾可以紧抓树皮在树上朝任何方向移动，而且常常头部朝下。

白胸鳾（上）和红胸鳾（下）

■ 白胸䴓和红胸䴓都在树洞里筑巢繁殖，但它们却很少使用人工巢箱。当雌鸟在树洞里用草筑好巢后，红胸䴓还会将自己的喙或一小块树皮作为“刷子”，从松树、云杉或冷杉等树上采集树脂，涂抹在树洞口。红胸䴓可以在洞口自由出入而不被粘住，但这些具有黏性的树脂却能够阻止松鼠或其他鸟类闯入树洞。白胸䴓也有类似的行为，它们会用树皮、树叶或碾碎的昆虫在树洞口的外表面进行擦拭。据推测，白胸䴓用来擦拭洞口的这些东西可能具有强烈的气味，或许可以掩盖白胸䴓的气味或者驱离捕食者，但人们尚不清楚其真正的作用。

往树洞口涂抹气味的白胸䴓

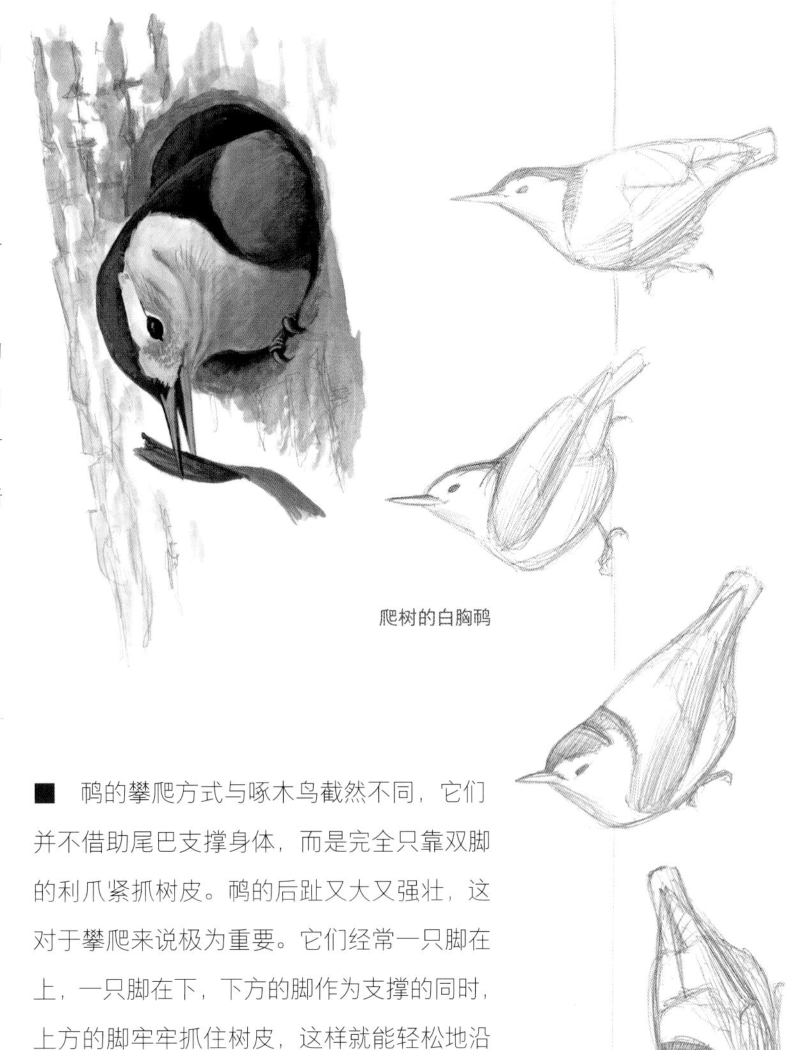

爬树的白胸䴓

■ 䴓的攀爬方式与啄木鸟截然不同，它们并不借助尾巴支撑身体，而是完全只靠双脚的利爪紧抓树皮。䴓的后趾又大又强壮，这对于攀爬来说极为重要。它们经常一只脚在上，一只脚在下，下方的脚作为支撑的同时，上方的脚牢牢抓住树皮，这样就能轻松地沿着树干上下攀爬，或者在树枝上以任意角度移动。

白胸䴓雌鸟（上）和雄鸟（下）

■ 雄性和雌性白胸䴓在各个方面都长得十分相像，通常我们只能根据头顶的羽色加以区分：雄性为亮黑色，雌性则偏灰色。

■ 如果受到松鼠等入侵者的威胁，䴓通常会站在原处，张开双翅，来回晃动。这种行为可以让它们看上去显得更庞大，同时还能露出翼下腕部深浅相间、酷似一张脸的独特斑纹。这种虚张声势往往可以奏效，等到入侵者离开以后，䴓就能回去忙活自己的事儿了。

白胸䴓的威胁炫耀

Vireos
莺雀

红眼莺雀在北美洲筑巢繁殖，因此人们常以为它们就是北美的鸟。事实上，它们每年待在南美洲的时间更长，会和巨嘴鸟这样的热带留鸟生活在同一片树林之中。

红眼莺雀（和远处的一只巨嘴鸟）

红眼莺雀活动（左）和睡觉时的姿态（右）

■ 长期以来有一种说法认为，鸟类的腿里有一套肌腱系统，当它们的腿弯曲时，这套系统能让双脚自动抓住树枝，但事实并非如此。最近的一项研究发现，鸟类并没有自动抓握的机制，它们只是单纯可以在睡觉时依旧保持身体平衡。鸟类的身体在睡觉时比它们在活动时更向前倾，身体的重心恰好落在双脚之间，这样就能保持平衡。在它们睡觉时，脚趾并非紧抓树枝，而是轻轻地搭在树枝上。因此，鸟类并非拥有什么复杂而神奇的构造，只不过是有着“能在一根细长而摇晃的树枝上睡觉并保持平衡”的“超能力”罢了[1]（第 149 页上段）。

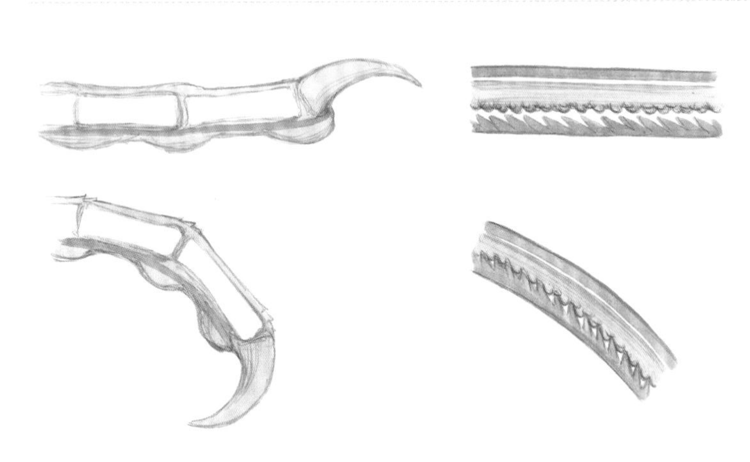

■ 鸟类的脚趾确实拥有“肌腱锁死机制”，原理就像我们用的塑料扎带。鸟类脚趾的肌腱具有凹凸不平的粗糙表面（蓝色），正好能和腱鞘内侧倾斜的沟槽（红色）互相匹配。当肌腱收缩、脚趾微弯时，肌腱表面的凸起会嵌入腱鞘的斜槽，从而使脚趾保持弯曲的状态而无需耗费太多肌肉力量。正是通过这种机制，猛禽可以轻松地紧抓猎物不放。显然，这些鸟也能轻易地松开紧握的爪子，但是人们仍不清楚这具体是如何做到的。

鸣禽典型的脚趾和脚趾内肌腱的构造

■ 美洲鸟类的羽毛中并没有绿色色素[2]，我们所看到的绿色调（比如莺雀、霸鹟、森莺等鸟类身上所呈现的绿色）其实是由黄色和灰色色素混合而成的。右图的三根羽毛分别展示了黄灰两种色素各自的颜色以及二者混合后产生的颜色。而更鲜艳的绿色要么是由黄色色素和蓝色的结构色组合而成（第 85 页上段），要么则完全由结构色产生（第 77 页中段）。

中间这根羽毛的绿色调是由灰色和黄色色素组合而成的

1 鸟类在睡觉时如何保持平衡的机制仍有待进一步研究和确认，有论文对本书此处提及和引用的研究结论提出了质疑。

2 目前已知的羽毛中具有绿色色素的鸟类仅限于分布在非洲的一些蕉鹃科鸟类。

Wrens
鹪鹩

鹪鹩这类鸟以其极为嘹亮且丰富多变的歌声而闻名。

引吭高歌的卡罗苇鹪鹩

■ 各种鹪鹩喜欢生活在阴暗的灌木丛中，经常在缠绕的藤蔓和倒下的树桩之间悄悄活动，并且会在各个缝隙中探寻昆虫和其他无脊椎动物。大多数种类的鹪鹩都有翘尾巴的习惯，当它们兴奋时会弹动尾巴或是上下晃动身体。这种行为可能有两大作用，一个是迫近反应（第 135 页中段），另一个则是表示警戒的信号（第 95 页上段）。这些动作和姿态是鹪鹩类的典型特征，因此即便只是匆匆一瞥，观鸟者也常常能从一群小型鸣禽中一眼就认出它们。

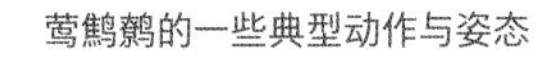

莺鹪鹩的一些典型动作与姿态

“骂骂咧咧”的莺鹪鹩

■ 和西王霸鹟骚扰红尾鵟一样（第 96 页），许多小型鸣禽也会骚扰捕食者，这种行为被称为“围攻”或“激怒反应”。当捕食者出现时，小鸟会朝着捕食者发出围攻时特有的叫声，一只鸟的这种叫声能够吸引其他鸟前来，随后很快就会有各种不同的鸟聚集在一起，共同朝着捕食者“骂骂咧咧”。胆大的鸟甚至会冲向捕食者，攻击它的背部。这种“围攻”行为有两个好处，一是可以骚扰捕食者，用噪声和鸟群的移动分散其注意力，二是可以让周围其他动物注意到捕食者的存在，避免成为猎物。由于大多数捕食者在狩猎时会依赖突袭，因此将捕食者的存在昭告天下可以增加其狩猎的难度。鸣禽通常只在繁殖期以及自己的鸟巢附近才会发起最为猛烈的围攻，而在秋冬季节，它们虽然也会靠近鹰、隼、猫头鹰或猫等捕食者，并在其面前不断鸣叫，但却不会真的攻击捕食者。观鸟中有一种技巧叫作“pishing”，指的就是观鸟者可以通过模仿几种鹪鹩或山雀在围攻时发出的“pshh-pshh-pshh”声来引出附近的其他小鸟，让它们进入观鸟者的视野以便进行观察。

为什么我们很少见到鸟类的尸体?

很少有鸟会寿终正寝。许多身体健康的鸟类会被捕食者吃掉或发生意外事故身亡，而如果一只鸟由于年迈或疾病而变得行动迟缓，它们被捕食者吃掉的可能性更是倍增。因此，鸟类的死亡方式决定了它们的尸体通常不会出现在地上，等着被人们发现。即便鸟类的尸体在死后掉落到地面，也很快就会被食腐动物吃掉。那些人们真正能够碰见的鸟类尸体，其死因大多都和人类直接相关。比如，鸟类在飞行时撞上玻璃窗或玻璃幕墙后昏迷和死亡、被放出家门的宠物猫杀死，或者是被车辆撞上后死在路边，这些情况都并不少见。

一只死去的卡罗苇鹪鹩

Kinglets
戴菊

冬日里在云杉树上
活动的三只金冠戴菊

这种体型小巧的鸟能够在高纬度地区越冬，但也因此需要消耗大量食物。按比例来算，它们每天所需的食量相当于一个人一天吃掉至少27个大比萨。那么，你也有一个“小鸟胃”吗？

■ 鸟类的循环系统与人类的大同小异：心脏都有四个腔室，通过动脉输出血液，将氧气和能量传送到全身，再通过静脉送回代谢废物，并通过呼气或排泄的方式排出体外。但是，鸟类和人类的心脏相对大小差别很大：鸟类的心脏相对较大，约占其体重的 2%，而人类的心脏仅占自身体重的不到 0.5%，从比例来说仅为鸟类的 1/4。此外，鸟类的心跳比人类快得多，像金冠戴菊这么小的鸟，其静息心率可达每分钟 600 次（每秒 10 次），比普通人的心率快了近 10 倍，而它们在活动时心率还会翻倍，高达每分钟 1200 次以上。

金冠戴菊心脏的大小及位置示意图

■ 小型鸟类的体重在每晚睡觉的过程中会减轻约 10%，减轻的这些体重有一半是因为排泄，另一半则是以脂肪燃烧和水分蒸发的形式丢失。可以想象一下，这相当于一个体重约 50 千克的人在一夜之间减轻了约 5 千克，然后第二天睡觉前又恢复到了原有的体重！鸟类这种夜间体重下降的情况不会随气温的变化而有太大改变。在温暖的夜晚，由于体内的水分蒸发量增加，体重甚至可能会下降更多。如果夜里较为寒冷，鸟类则会进入蛰伏状态（第 77 页下段），它们降低体温，将羽毛当成一个大睡袋蜷缩在里面。在极寒的天气下，健康的鸟会延长蛰伏时间，并缩短白天的活动时间，早上开始活跃的时间推迟，而到了下午就早早地收工休息。它们凭借这种方式来节省能量，等待天气变暖，而一只鸟在体重减轻 30% 的时候仍然能够安然无恙。在这些恶劣情况下，喂食器或许会成为鸟类重要的食物来源，让它们可以方便快速地进行能量补给。

正在睡觉的金冠戴菊

■ 鲑鱼和戴菊之间能有什么联系呢？其实自然界的万物都是互相关联的。鲑鱼溯河洄游的迁徙过程就像是一条传送带，将海洋中的营养物质沿着河流向上带给森林。当捕食者和食腐动物摄食鲑鱼并将鲑鱼残渣散落在附近的森林里时，鲑鱼便成了土壤的肥料。研究表明，相较于没有鲑鱼洄游的溪流，在有鲑鱼洄游的小溪旁云杉树的生长速度可以快上 3 倍。植物长得越好昆虫也会越多，这也意味着会有更多像金冠戴菊这样的食虫性鸟类。鲑鱼生动地展示了一个营养物质转移的典型范例，但实际上，这种现象时刻发生在我们身边。

金冠戴菊在鲑鱼残骸周围捕食昆虫

American Robin
旅鸫

早期的北美殖民者将旅鸫命名为American Robin，因为这些鸟红色的胸部像极了生活在他们的故乡欧洲的欧亚鸲（European Robin），但是其实这两种鸟类并非近亲。

一只旅鸫正从地里拽出蚯蚓

我以为旅鸫是春天的象征，但一群旅鸫竟然在隆冬进了我的院子。

旅鸫在冬季依靠果实维生，而且和太平鸟一样（第 138 页），它们的越冬地范围在很大程度上取决于食物供应情况。随着郊区扩张、外来果树的广泛栽种以及近年来浆果类入侵植物（如南蛇藤和药鼠李）的大肆蔓延，旅鸫得以在更靠北的地区找到冬季所需的食物（当然，气候变暖也是造成这些变化的原因之一）。旅鸫从外来入侵物种以及人类对土地的开发利用中获得好处至少已有两个世纪之久。比如，它们夏天爱吃的蚯蚓就是从欧洲引入北美洲，并在这里的草坪上繁衍生息的外来物种。此外，在人们种植的树篱和人为创造的边缘栖息地中，旅鸫也可以轻松地找到各种果实，那是它们冬季所需的主要食物。

旅鸫正在享用一种盐肤木的浆果

觅食的旅鸫

■ 一只觅食中的旅鸫常常会在地面上短途冲刺——它会向前跑几步或跳几下，然后挺直身子站上几秒，并将头歪向一侧。这个动作看起来像是在倾听蚯蚓发出的声音，但实际上是旅鸫在转头用一侧的眼睛盯住地面，仔细观察草地和泥土，看其中是否有蚯蚓的蛛丝马迹（第 57 页上段）。当有迹象表明土中的蚯蚓十分接近地表时，旅鸫就会冲过去把喙插进土里捕捉蚯蚓。在短暂的拔河拉锯之后（毫不意外，几乎总是旅鸫获胜），旅鸫把蚯蚓从土里揪出来，然后将其一口吞下，或者带回巢喂给雏鸟。

■ 长得和旅鸫有些相像的杂色鸫在北美洲西部的湿润针叶林中十分常见，只有极少数的情况下才会游荡到东部的大西洋沿岸。尽管乍一看和旅鸫很像，但是杂色鸫的黑色胸带和翅膀上的花纹是非常独特的辨识特征。杂色鸫一般会在森林中寻找昆虫和浆果，而在开阔的草坪上觅食的情景并不多见。

杂色鸫

旅鸫的繁殖过程

一旦雌鸟与雄鸟完成配对并选好筑巢地点，雌鸟便会开始筑巢（雄鸟可能会帮雌鸟收集一些巢材）：先用较粗的树枝搭出鸟巢的基本轮廓，然后用泥巴黏合内层的草叶，最后在巢内铺上细草作为垫材，前后花上 4 ~ 7 天时间便可完工。

■ **有一只鸟在我家门口筑巢了，我该怎么办？**

总的来说，要尽可能给繁殖中的鸟提供更多的私密空间。应当尽量少用那扇门，倘若一定要走那扇门，路过鸟巢时要尽量缓慢并保持安静。如果可能的话，可以挂一些遮蔽物来避免巢中的鸟直接看到你的动作，以减少对它的干扰。切勿移动鸟巢，一旦这么做，巢中的亲鸟很有可能会弃巢而去，在筑巢繁殖的早期，任何风吹草动都可能导致亲鸟弃巢。但是，随着时间的推移，亲鸟会将更多时间和精力放在后代身上，也会对你的存在越来越习以为常。整个筑巢过程只需约 4 周时间，而且观察起来会非常有趣。

雌鸟会在鸟巢搭建完成后的 3 ~ 4 天产下第一枚卵。尽管每枚卵的重量约占雌鸟体重的 8%，但它仍会持续每天产一枚卵，直到产满一窝为止，每窝一共会有 3 ~ 6 枚卵。旅鸫的卵壳是十分漂亮的青蓝色。

孵卵的工作在下完第二或第三枚卵后开始进行（卵里的胚胎也随之开始发育），并且由雌鸟独自负责。在孵卵期间，为了更好地给卵传递热量，雌鸟的孵卵斑（腹部裸露的一块皮肤）上会生长出许多血管。雌鸟在白天会花 3/4 的时间坐在巢中，晚上更是整夜都在孵卵。雌鸟大约每隔一小时就会起身把卵挨个翻一遍，然后飞出鸟巢，花上约 15 分钟觅食、喝水、理羽，等等。

大约在孵化后的 12 ~ 14 天，雏鸟的飞羽就能初步长好，腿也变得足够强壮。它们马上就要离开鸟巢，并首次尝试飞行。不过，在接下来的 12 ~ 14 天内，雏鸟仍需依赖父母提供食物。

在第一窝雏鸟离巢后大约 7 天，许多旅鸫夫妇便开始繁殖第二巢雏鸟。雌鸟通常不会重复利用旧巢，而是会重新搭建一个鸟巢（第 95 页中段）。在雌鸟筑巢期间，雄鸟则会继续照顾前一窝雏鸟。第二巢的卵数通常较少，而且如果夏季温度太高，还有可能导致繁殖失败。

等到大约 7 天大的时候，雏鸟会长出一身完整的羽毛，并且能够较长时间地维持自己的体温，雌鸟这时便可以和雄鸟一起外出觅食。这个阶段的雏鸟长得飞快，每天可以吃掉和自己体重相当的食物，这也意味着亲鸟必须每 5 ~ 10 分钟就带食物回巢。亲鸟每次带回食物时往往会站在巢的同一侧，雏鸟便会为了靠近那个位置而你争我夺。

在开始孵卵 12 ~ 14 天之后，旅鸫的雏鸟便会在几小时内陆续破壳而出，空卵壳将被雌鸟带走并扔到远离鸟巢的地方（第 133 页下段），有时候雌鸟会把卵壳吃掉，这可能是为了补充钙质（第 109 页中段）。刚出生的雏鸟身上几乎裸露无毛、双眼紧闭、无法站立，但是鸟巢的晃动或亲鸟的叫声会让它们本能地抬起头乞求食物。在雏鸟刚孵出来后的一段时间里，雌鸟会花大量时间保护雏鸟并给它们保暖，大部分食物则由雄鸟负责寻找并带回巢。

在旅鸫繁殖过程中，大约只有 1/3 的鸟巢可以有一只或更多雏鸟成功出巢，而在这些雏鸟中又只有大概 1/4 的个体能活到当年的 11 月 1 日（第 169 页下段）。

Thrushes
鸫

棕林鸫夏季会待在自己的一小块领域里，等到冬天来临后，便会飞到另一块小地盘越冬，两地可能相距 3200 千米以上。

■ 数千年来，人们对于悦耳动听的鸟鸣一直情有独钟，尤其是对鸫类的歌声喜爱有加。在北美洲的各种鸫类中，隐夜鸫的鸣唱更是令人赞不绝口。近期一项针对隐夜鸫歌声的研究发现，它们鸣唱时常用的音高在数学上呈现出简单的比率关系，而且和人类的音乐一样遵循相同的泛音列[1]。泛音列并非人类文化的产物，而是一种客观的物理现象，因此其他能发声的动物会遵循相同的泛音列也不足为奇。但这的确说明了音乐的基本原理根植于大自然，并且具有非常广泛而且与生俱来的吸引力。

放声歌唱的隐夜鸫

鸣管在鸫体内的位置

■ 鸟类通过鸣管发声。与人类的喉头不同，鸟类的鸣管由两部分组成，并位于呼吸道的更深处——左右两肺的支气管汇合形成气管的地方。鸣管左右两侧的气流由两组复杂微小的肌肉（鸣肌）独立控制，因此鸟类可以同时产生两种声音。许多鸣禽鸣管的左右两侧略有不同，一侧鸣管的音高较高，而另一侧则较低，两侧发出的声音通常结合得天衣无缝，让人无法分辨出这些声音是来自鸣管的两侧。在其他一些鸣禽中，尤其是在鸫这类鸟的歌声中，鸣管两侧还能同时发出截然不同的声音，进而组合成复杂多变的鸣唱。换句话说，鸫其实可以自己发出和声。

■ 鸫类偏爱在阴暗的林下地带活动，而它们的大眼睛就是对这种生活习性的演化适应。研究表明，鸟类眼睛的大小与在弱光环境下的活动时长有关，眼睛较大的鸟类往往会更早地开始一天的活动并更晚收工。这或许就是鸫类美妙的歌声在晨昏鸟类大合唱中显得如此突出的原因，因为它们在大多数其他鸟类开唱之前或唱完之后都在鸣唱。

隐夜鸫

1 乐音震动会发出不同频率的声音，这些频率大多呈现倍数关系，而这些不同频率的声波组成就是泛音列。泛音列在音乐中十分重要且应用广泛。

一只东蓝鸲雄鸟正在仔细考察树洞是否适合筑巢繁殖

Bluebirds
蓝鸲

在过去的五十年里，东蓝鸲的种群数量大幅增加，这或许是得益于人们设置的人工巢箱。

■ 鸟类的羽毛其实没有蓝色色素，所有的蓝色都是由羽毛上的微观结构产生的。如果你捡到一根蓝色的羽毛，你会发现羽毛只有一面看上去是蓝的，而当光线穿透羽毛时，它会呈现出暗淡的棕褐色。蓝鸲羽毛的蓝色和蜂鸟羽毛绚丽的颜色遵循相同的物理原理，它们都是利用光的干涉使得某些波长的光被增强，而其他波长的光被抵消（第 77 页中段）形成的。然而，虽然遵循相同的物理原理，但这两类鸟的羽毛结构却有所不同。蓝鸲的羽毛缺乏蜂鸟羽毛上可以反射光线的多层平面结构，取而代之的是一层充满微小气泡和通道的海绵状结构。这些气泡大小相似，排列规整有序，而且气泡间的间距也与蓝光的波长相对应。如此一来，从一个气泡散射出的蓝色光将与其他气泡散射的蓝色光保持同相，而其他波长的光则成为异相而互相消减。由于气泡在海绵状结构中是均匀分布的，所以对任何方向射入的光线都会产生一致的影响，因此蓝鸲羽毛的蓝色从各个角度观察都几乎一样，而不会像蜂鸟喉部闪耀的羽色那样因观察角度的不同而发生变化。

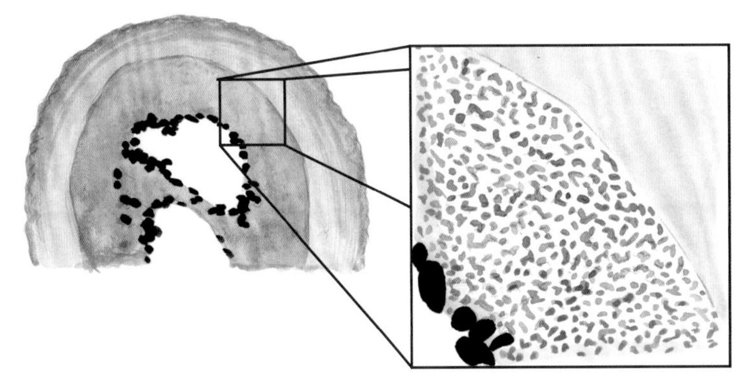

图中展示了羽枝的坚硬表层（棕色）和内部具有微小气道的海绵层（灰色）。较大的黑点代表黑色素颗粒，可以吸收那些穿透海绵层的光线

■ 和许多其他鸟类一样，蓝鸲也在洞里筑巢。它们通常会用啄木鸟的旧巢，但是有时候也可能在因腐朽而中空的树枝、建筑物的缝隙或其他类似的地方筑巢。它们依赖大量的枯树和啄木鸟提供的适合营巢的树洞。但是，如果像在许多城市和郊区里那样，枯树很快就被清理掉，那么蓝鸲将很难找到合适的地方筑巢繁殖。不过幸运的是，蓝鸲乐于利用人工巢箱，而目前北美洲有成千上万的人在帮忙维护“蓝鸲小径”，沿着无数的乡间小路安装人工巢箱，供蓝鸲用来繁殖。

站在人工巢箱上的东蓝鸲雄鸟

■ 如果你在地上发现了一块卵壳，你或许能通过卵壳碎片的形状来推断这枚卵经历了什么。假如一枚卵成功孵化，卵中的雏鸟会在孵化之前用喙沿着卵壳最宽的地方啄一圈，把卵壳分成两半，随后亲鸟会把卵壳从巢里带走并扔到远处。倘若你看到的是这种被规整地分成两部分的卵壳，那么说明这附近很可能有雏鸟成功孵化了。假如卵壳明显是被压碎的，或是碎成了较小的碎片，那很有可能是发生了什么意外或者卵被捕食了。在野外，许多鸟类和小型哺乳动物在发现鸟卵后都会把其内容物吃掉，只留下破碎的卵壳。

地上破碎的卵壳（右）说明卵被捕食或发生了意外，而较为规整地裂成两部分的卵壳（左）意味着雏鸟顺利孵化了

Northern Mockingbird
小嘲鸫

放声歌唱的小嘲鸫

一只小嘲鸫能够模仿超过 150 种声音。它们这么做并非是在嘲笑那些被模仿的对象，而是在炫耀自己的发声能力。

每当我穿过院子时，总有一只鸟来攻击我！

为了保卫自己的鸟巢，很多鸟类都会“攻击”入侵者，而小嘲鸫则尤其凶猛。它们会把人类当成潜在的捕食者而发动攻击，不过这种“攻击”并不危险，主要目的是为了让你不堪其扰并离它的鸟巢远一些。这种攻击行为在鸟巢中有卵和雏鸟的一小段时间里最为猛烈，对于多数鸣禽而言，这段时间通常会持续 3 ~ 4 周。不过，一对亲鸟每个夏天可能会繁殖 2 ~ 3 巢雏鸟，所以这种激烈的护巢行为可能会重复好几轮。和乌鸦一样，小嘲鸫也可以分辨出不同的人，因此相较于单纯经过的路人，它们会朝那些骚扰过鸟巢的人发起更猛烈的攻击。

发动攻击的小嘲鸫

■ 也许你曾见过一只小嘲鸫站在草坪上，举起翅膀向背后张开，然后不太顺畅地扇动翅膀。这是一种把昆虫吓出来的技巧，利用了动物的一种被称为“迫近反应”的本能。实际上，孩子们玩的“谁先眨眼谁就输”的游戏就是在试探对方的迫近反应，而包括昆虫在内的所有动物都有类似的本能反应。小嘲鸫突然抬起双翅的行为就是为了让身边的昆虫“眨眼”：如果昆虫因为小嘲鸫的动作而不由自主地动了一下，哪怕只是一个微小的动作，也会暴露自己的位置，这样小嘲鸫就能试着抓住它了。

试图扇动翅膀吓出昆虫的小嘲鸫

■ 小嘲鸫以其在夜间鸣唱的习性而为人所知，它们通常会响亮且持续不断地鸣唱，因此不太受人类邻居的欢迎。针对其他鸟类的一些研究表明，生活在城市地区的鸟类在夜间鸣唱的频率有所增加，这样的变化在一定程度上是因为白天的噪声干扰过多，而由于夜间较为宁静，鸟类便开始更频繁地利用这段不受噪声干扰的时间来传递声音信息（第 159 页上段）。不过，小嘲鸫一直以来都是有名的夜间歌唱家，它们这么做或许是为了避免与其他鸟类竞争。

在夜间鸣唱的小嘲鸫

European Starling
紫翅椋鸟

紫翅椋鸟是从欧洲引入北美洲的。它们早在欧洲就已经适应了人类的居住环境，因此在 20 世纪早期便迅速地扩散到整个北美大陆。

鸟巢附近的紫翅椋鸟

■ 一个普遍存在的错误观点是鸟类闻不到气味。实际上，所有鸟类都有嗅觉，而且它们的嗅觉至少和人类的一样灵敏。不仅如此，有些鸟类的嗅觉出奇地敏锐，比如信天翁就可以闻到海面上约 19 千米之外的气味。近期针对椋鸟和其他一些鸣禽的研究表明，它们可以通过气味来判断其他个体的年龄、性别和繁殖状态，甚至可以用气味区分家庭成员和陌生个体。鸟类也能闻到哺乳动物捕食者的气味并避而远之。还有一些研究发现，受到昆虫攻击的植物所释放的气味以及雌蛾散发的信息素，都能吸引觅食中的鸟类前去一探究竟。

椋鸟会利用嗅觉寻找有芳香气味的植物或其他具有刺激性气味的物品（比如烟头），并将它们放在自己的鸟巢里，这些气味有助于驱离鸟巢中的各种有害昆虫

■ 很多鸟类的喙会随季节改变颜色，紫翅椋鸟的喙颜色变化尤其明显——从夏天的黄色转变成冬天的黑色。以前人们认为这种颜色变化是一种社交信号，但近期的研究表明，鸟喙颜色的转变可能与黑色素能够增加喙的强度和硬度有关。像许多鸟类一样，紫翅椋鸟在夏天主要吃昆虫这类比较软的食物，到了冬天就会转而吃种子等较硬的食物，因此鸟喙颜色在冬天变深或许是（至少一部分原因是）一种使喙变得更加坚固的演化适应。除此之外，黑色素还可以强化羽毛（第 47 页中段），卵壳上的黑色斑点也可以加强卵壳的强度，有助于减少雌鸟对钙这种稀缺资源的需求。

紫翅椋鸟在冬季（左）和夏季（右）的羽色

为什么鸟类要洗澡呢？

一个显而易见的原因就是，洗澡可以清除羽毛上的脏物。除此之外，人们还提出了鸟类洗澡的其他几个可能的原因。其中最为重要并且经过研究证实的一个是，洗澡可以帮助羽毛恢复原本的形状。就像人类的头发一样（想一想自己刚睡醒时那乱糟糟的头发），羽毛也会因为日常的使用而弯曲或变形。此时，只需将羽毛打湿然后晾干，羽毛便可恢复原状。鸟类经常会在洗完澡后认认真真梳理一番，将所有羽毛都打理整齐，就像我们在淋浴后会梳头发一样。被打湿的羽毛经过梳理并慢慢晾干后，就能恢复原本的样子。有一项研究发现，如果不让紫翅椋鸟洗澡，它们便会对自己是否能逃脱捕食者这件事表现得更为焦虑，这或许正是因为它们知道自己用于飞行的羽毛并非处于最佳状态。

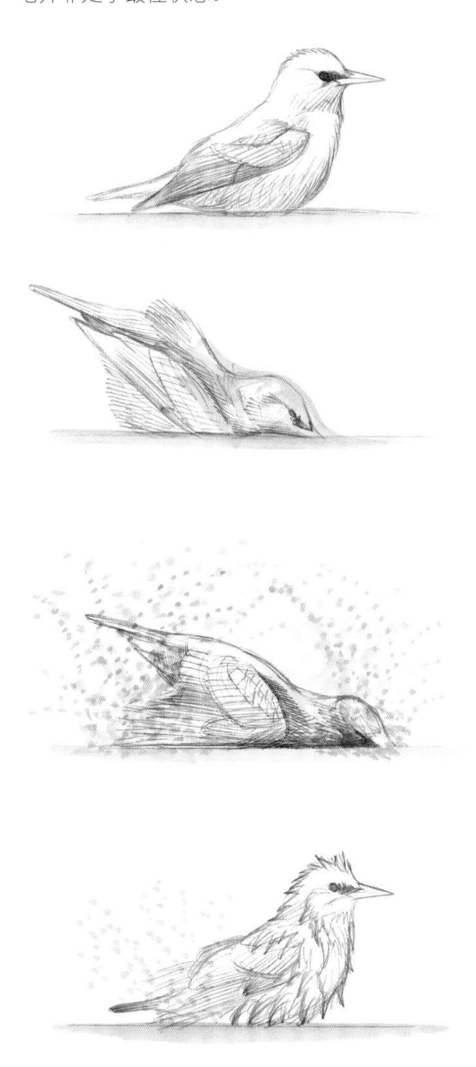

正在洗澡的紫翅椋鸟

Waxwings
太平鸟

太平鸟经常集群活动，它们会在北美大陆四处游荡，寻找果实。

吃浆果的雪松太平鸟

■ 在一年中的大部分时间里，太平鸟都以果实为食，它们也因此演化出了几种与食性相关的适应特征：虽然它们的喙相对较小，但却可以将嘴巴张得很大，以便一口吞下较大的果子；它们的舌头上有向后的倒钩，有助于将果实吞到喉咙里；它们会成群结队活动、四处游荡，只为寻找果实丰富的地方。北美洲的大部分鸣禽会“算好”时间开始筑巢繁殖，以便赶上初夏时节的食物高峰，那时，昆虫幼虫会在新生的植物上大量滋生。而太平鸟虽然也会为雏鸟提供蛋白质丰富的昆虫作为食物，但它们通常会将繁殖时间推迟到夏末，这样一来，雏鸟在离巢时就能赶上果实大量成熟的时候了。

一口吞下整个浆果的雪松太平鸟

■ 类胡萝卜素这类化合物在植物的果实和种子中十分常见，鸟类能够通过代谢摄入体内的类胡萝卜素来产生羽毛中由红到黄的一系列颜色。类胡萝卜素种类繁多，不过鸟类演化出了相应的代谢过程，因此无论摄入哪种食物，它们都能产生羽毛所需的恰当颜色。然而，北美洲有一种原产于亚洲的忍冬属入侵植物，它们长出的果实中所含的类胡萝卜素略有不同，而北美洲的鸟类以前又从未接触过这种物质，因此当它们在体内代谢这种类胡萝卜素时，最终生成的是比正常的明黄色更深的橙色。如果太平鸟在夏末换羽期间吃了这种忍冬的果实，新长出来的尾羽尖端就会呈现出橙色而非常见的黄色，并且这种橙色会一直保留到第二年再次换羽之时。不过，人们到目前为止还没有发现这种不正常的颜色对太平鸟有什么特殊影响。

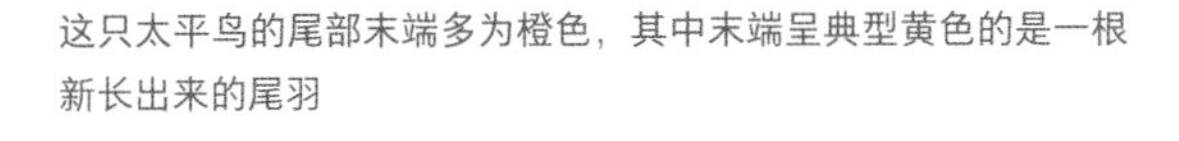

这只太平鸟的尾部末端多为橙色，其中末端呈典型黄色的是一根新长出来的尾羽

■ 大多数鸟类整个繁殖季都会待在同一个地方并养育一巢（或好几巢）雏鸟，但少数鸟类不会固守同一片繁殖地。黑丝鹟是太平鸟的远亲，在美国境内大多分布于西南部，主要以槲寄生的浆果为食。它们的一个特点是会在两种不同的栖息地中筑巢繁殖：冬季，黑丝鹟会待在低海拔的沙漠生境，每年的四月是它们在沙漠中繁殖的高峰期；接下来，随着气温升高、槲寄生的浆果逐渐变少，它们便会移动到河岸和山麓地带的林地，在这里，一部分鸟会于六月和七月再次繁殖。近期的研究表明，在沙漠和林地这两种不同的生境筑巢繁殖的是同一个种群：同一只个体会先在沙漠中筑巢繁殖，然后再迁移到林地，并在这种完全不同的生境里再次进行繁殖，两次繁殖间隔仅几个月。更神奇的是，黑丝鹟的繁殖策略也会随着栖息地的变化而变化：在沙漠地区繁殖时，它们的领域意识非常强，但是在林地中却会集成松散的群体进行集群繁殖！

黑丝鹟雄鸟

Wood Warblers
森莺（一）

停在山月桂上的
黑喉蓝林莺雄鸟

和大多数鸟类一样，每种森莺都有各自特定的栖息地，它们只有在适合自己的栖息地中才能成功地筑巢繁殖并养育雏鸟。

■ 目前，科学家仍在努力研究鸟类磁场感知能力背后的种种细节。有证据表明，鸣禽具有两套不同的系统，可以用来感知地球磁场的方向和磁倾角大小（地球磁场的磁倾角会随纬度变化——在赤道处平行于地面，在南北两极则与地面垂直）。此外，鸟类还可以感知偏振光，即使在看不见太阳的情况下，偏振光也可以为鸟类指示太阳的大致方位。以上这些感知能力可能都与鸟类的视觉相关，因此，鸣禽或许随时都能“看到”某种类型的指南针。这些方位和方向信息不仅对鸟类的迁徙至关重要，对于鸟类在小范围内的导航也很有帮助。可以想象一下，当你走在自己家或超市里的时候，始终能看到一个指示方向的指南针，会是什么样的感觉。鸟类能够利用这些信息在自己的繁殖领域内导航，也可以借助它们记住储存食物的地点，等等。

这是一幅由艺术家想象而成的示意图，展现了一只黑白森莺眼里可能呈现的天空景象：蓝色条带代表偏振光，而红色条带则与磁场的方向一致，其中暗红色的点显示的是磁场倾斜度

■ 纤羽是一种特化的羽毛，是指那些生长在大多数羽毛基部周围的簇状细小羽毛。纤羽羽根的滤泡周围布满了神经末梢，而纤羽的作用则类似于船帆上的气流绳，可以作为传感器让鸟类感知每根羽毛的运动和状态。它们能够以此判断羽毛是否在恰当位置，两根羽毛是否粘连在一起，或者有没有苍蝇落在羽毛上，等等。在飞行过程中，鸟类还可以通过纤羽感知流经整个翅膀和身体的升力、阻力、湍流、上升气流、下降气流和其他受力情况，然后根据这些信息不断微调翅膀和尾巴的位置，而这些都是鸟类保持高效飞行的必要条件。

长在一根普通羽毛旁边的纤羽

■ 在鸟类迁徙过程中，在中途停歇地停留的日子往往是最危险的时候。你可以想象一下这样的情形：鸟类飞行了一整晚，然后在黎明时分降落在一个陌生的地方，此时它们不仅需要躲避捕食者，还要寻找水源、食物以及庇护所，这该是怎样的一项挑战。尤其是当大部分区域都被人类建筑和草坪所覆盖时，这一挑战又变得更为艰巨。因此，城市和郊区的小公园和花园就像磁铁一样，吸引着许多迁徙候鸟前来驻足停歇。你可以在自己的院子里种一些本土的灌木和乔木，并提供一些水源，这样就能创造出一个对鸟类十分友好的后院。种植本土植物对鸟类最大的好处在于，这些植物经过数千年的演化，已经能够与整个生态系统中的昆虫和其他生物和谐共存。与之相反的是，外来植物与当地的生态系统未经磨合，因此能够利用这些外来植物的昆虫种类少之又少。举个例子，在美国东部，本土的橡树上会有 500 多种蝴蝶和蛾子的幼虫，而在挪威枫这种外来植物上只有不到 10 种，因此对于食虫性鸟类而言，本土橡树显然更具有吸引力。此外，如果你希望自家后院能够为鸟类提供食物，那么就不要用杀虫剂了，而是让鸟类来捕食昆虫、控制它们的数量吧。

春天在橡树上觅食的黑喉绿林莺

More Wood Warblers
森莺（二）

自上而下分别是白颊林莺、黄眉林莺以及黑枕威森莺。这三种森莺展示了森莺科鸟类丰富多样的羽色纹路，而黑色素则是造成这种差异的一个关键因素。

三种森莺科鸟类

■ 几乎所有在北美洲繁殖的森莺都是长距离迁徙的候鸟，而白颊林莺则是它们中的迁徙距离冠军。一些白颊林莺在美国阿拉斯加州的西北部繁殖，冬季在巴西中部越冬，两地距离超过 11000 千米。到了秋天，所有的白颊林莺都会聚集到北美大陆的东北角，遍及加拿大新斯科舍省到美国新泽西州的大西洋沿岸，在那里觅食、休息，并储存能量。在启程迁飞之前，它们的体重会翻倍，从平时的 11 克增加到 23 克以上。这些额外的脂肪将作为燃料，帮助它们完成这段长达 4000 千米、持续约 72 小时的连续飞行。在这段飞行途中，它们将飞越大西洋，直抵南美洲东北部的海岸。等到它们着陆时，之前增添的脂肪将会全部耗尽，体重甚至会变得比平时还要轻。在春季向北迁徙的过程中，白颊林莺通常采用单程距离较短的跳跃式迁徙，它们飞越加勒比海、途经古巴，来到美国的佛罗里达州，接着在北美大陆上空迁徙，直到抵达繁殖地。

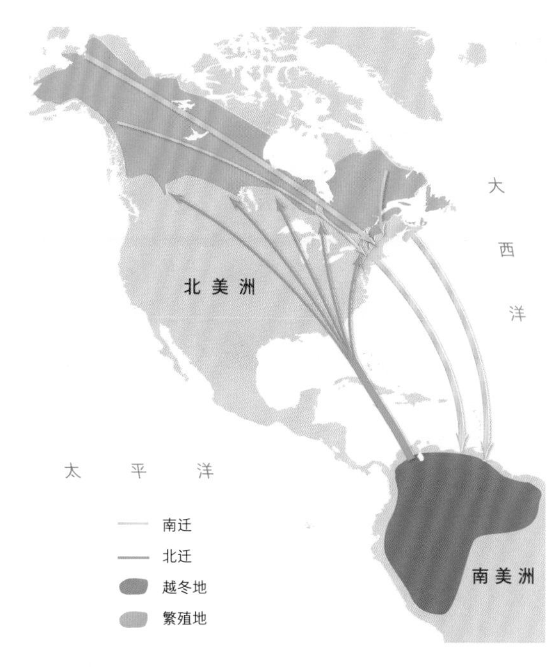

白颊林莺的年度迁徙路线

■ 鸟类平时的体温很高，身上还有隔热性能极佳的羽毛，它们在进行飞行等活动时，肌肉又会产生大量额外的热量。那么问题来了，鸟类是如何给自己降温的呢？首先，它们可以通过降低自身的隔热能力来降温，比如将羽毛紧贴身体，并露出上腿和翼下等羽毛稀疏的部位。除此之外，鸟类也可以依靠喘气来散热。它们可以张大喙部和扩张喉咙，露出大面积湿润的呼吸道表面，然后以正常呼吸频率三倍的速度，一口一口快速地吸入空气来加快呼吸道表面的水分蒸发，并降低喉咙和气囊表面的温度。理论上，它们只会在能够及时补充蒸发掉的水分时才这么做（第 153 页下段）。

正在喘气的黄喉地莺雌鸟

鸟类为什么要鸣唱呢?

鸣唱是鸟类宣传自己的方式，既可以用来宣告自己的存在，也可以向潜在的配偶和竞争对手进行炫耀。许多鸟类会根据听众的不同而更换演唱内容。例如，一只雄鸟可能会用某种类型的曲子来吸引雌鸟，然后用另一首曲子来威吓竞争对手。当它们没有听众时，则会随意地唱几首用来“练习”的曲目。此外，许多鸣唱表演还会搭配一些视觉上的炫耀，比如亮出身体上鲜亮的羽毛，或者做一些杂技动作。很多鸟类都有鲜艳的喉部，它们在鸣唱时就会抬起头、鼓起喉部，使喉部的羽色变得格外醒目。而在平时不鸣唱时，它们喉部的颜色则会隐藏在身体的阴影之中，不那么明显。

黄喉地莺雄鸟安静（左）和鸣唱时（右）的模样

Tanagers
唐纳雀

这只鸟正在将夏季鲜红的繁殖羽换成冬季黄绿色的非繁殖羽，这是唐纳雀在八月份的典型模样。鸟类通常会将好几项耗能的活动分开进行，比如繁殖、换羽和迁徙等行为，它们也为此演化出了绝佳的时间感知能力和严密的日程安排，以确保各项活动都能顺利完成。

换羽过程中的猩红丽唐纳雀雄鸟

停在林冠层上方的
黄腹丽唐纳雀

■ 你可以试着想象一下，当一只唐纳雀在半空中穿梭于浓密的树枝之间时，它眼中的世界会是什么样的呢？它可以不假思索地在约 24 米的高空从一根枝条跳到下一根枝条，然后跃入空中捕捉飞过的昆虫，或是飞到约 15 米外的另一根树枝上。那你有没有好奇过，鸟类是否会恐高？对高度的恐惧在一定程度上是与生俱来的，而且是一种为了应对危险环境而演化出的适应性特征：从悬崖上失足掉落可能会有致命的危险，因此大多数动物（包括雏鸟在内）都会本能地避免靠近悬崖边缘。不过，一旦鸟类学会了飞行，悬崖就不再是一个巨大的威胁，它们可以自如地站在悬崖边保持平衡，甚至向前迈下悬崖，因为它们知道自己可以张开翅膀，毫发无伤地飞回来。成鸟对于跌落的危险必然有所认识，但是与此同时，它们也信心十足，相信自己不会掉下去。

■ 理羽是鸟类重要的日常事务之一，它们会在这方面花费大量时间。通常情况下，鸟类每天大约有 10% 的时间在理羽，有时候甚至可能超过 20%。鸟喙上有一些细节构造就是专门为了适应理羽的需要而演化出来的，有些鸟甚至还演化出了特化的爪子来护理羽毛。理羽的主要目的是清除寄生虫，以及清洁和整理羽毛。鸟类的尾巴基部有一个腺体，称为尾脂腺，能够分泌羽毛护理所需的油脂。理羽的过程通常如下：鸟类将头向后伸到尾部，喙上沾一点尾脂腺的油脂，然后用鸟喙仔细地从羽毛的根部护理到端部，不放过任何一根体羽、飞羽或尾羽。这样的护理可以让所有的羽枝恢复原位并把羽毛理直，同时给羽毛均匀地涂抹上油脂。理羽的结束动作往往是前倾身体、蓬起全身羽毛，然后像湿漉漉的狗一样甩动身子，让身上的灰尘和脱落的绒羽飘走。

典型的理羽动作

猩红丽唐纳雀正在吃一种
接骨木的果实

■ 很多鸟类都会食用果实，而大多数果实也演化出了适应于鸟类食用和传播的特点。果实外层的果肉营养丰富，对鸟类具有极大的吸引力，它们可以轻松地一口吞下豌豆大小甚至更大一点的果实。果实被吞下后，果肉会被消化，而坚硬的种子则会在几小时内被完整地排出体外或呕吐出来。鸟类通过这种方式可以将种子散播到广袤的土地上。一项研究发现，迁徙的鸟类能够从欧洲启程，把具有发芽能力的种子携带到数百千米外位于大西洋中的西班牙加那利群岛。

Cardinals
主红雀

主红雀雄鸟正在给雌鸟提供食物

多种鸟类的雄性会给雌性提供食物，这是求偶过程的一部分，它们可能想通过这种方式表明自己有能力养活后代。

■ 主红雀头上耸立的冠完全由羽毛构成，本页中段右侧的图显示的就是它们头部羽毛完全掉落后光秃秃的样子。这个羽冠其实是头顶长出的一些较长的羽毛，可以根据心情竖起或放下。当羽冠紧贴于头顶时，会在头顶后面形成一个突出的尖角；当羽冠竖起时，则会形成一个高耸蓬松的三角形。头上具有羽冠的鸟类会以此来进行交流，它们通常会在兴奋或者攻击性强的状态下立起羽冠，而在放松或表示顺从时放下它。

主红雀将羽冠竖起和放下的样子

■ 主红雀幼鸟的喙在离巢时颜色很暗，一点儿都不鲜艳。不过几周以后，深色的喙将逐渐转变为像成鸟那样明亮的橙红色。幼鸟的羽毛通常也较为轻薄，不耐磨损，这是因为雏鸟为了尽早离巢而不得不让羽毛生长得更快。不过再过几周，幼鸟就会换上更接近成鸟那样的羽毛，为即将到来的严酷寒冬做好准备。

刚离巢没几天的主红雀幼鸟

■ 换羽时，鸟类的羽毛通常会次第脱落并替换，虽然此时它们身上的羽毛看起来略显破烂，但身体各处仍然会或多或少覆盖着一些未脱落的羽毛，或者是新长出来的羽毛。不过，主红雀头上的羽毛偶尔会一次性全部掉光，露出它们暗灰色的皮肤和耳孔。这些羽毛很快就会重新长出来，而且只要天气不是太冷或太湿，短暂的“秃头”并不会有太大风险。根据已有的记录，这种情况主要出现在一些北美洲东部郊区环境中比较常见的鸟类身上。曾有一只人工饲养的冠蓝鸦连续八年都以这种一次性脱落的方式更换头部的羽毛，说明这可能是一种正常的换羽策略，但是人们仍然不知道这种现象为何会发生在某些个体身上。

头部羽毛全部掉光的主红雀雄鸟

■ 灰额主红雀是主红雀的近亲，在美国境内分布于亚利桑那州到得克萨斯州南部的灌丛沙漠地带。

灰额主红雀

■ 鸟类对日照时间的长短十分敏感，而日照时长的变化会引起它们体内激素水平的改变。通常在冬至后的第一个晴天，主红雀雄鸟就会开始站在树顶或电线上等醒目的地方鸣唱。即便依旧是天寒地冻、银装素裹，它们仍会尽情高歌。因此，不难想象为何早年的人们会受到这种鲜红鸟儿的鼓舞，因为他们知道主红雀开始歌唱就意味着白天将变得越来越长，而春天也即将到来。人们认为主红雀的歌声听起来像“cheerily cheerily cheer, cheer, cheer, cheer”（意为欢呼、喝彩），这种拟声描述很好地反映了人们的乐观心态。

一展歌喉的主红雀雄鸟

Grosbeaks
斑翅雀

玫胸斑翅雀雌鸟和
刚离巢的雏鸟

鸟类迁徙的原因大部分是因为北方的夏天有着丰盛的食物，而且对于领域的竞争也不那么激烈。相较于迁徙的各种风险来说，这显然利大于弊。

■ 鸟类的很多行为都离不开对身体姿态的精确感知，比如要在一根细小的树枝上保持平衡（第 121 页上段）、单腿站立（第 35 页下段），以及解决错综复杂的飞行难题（第 83 页上段）。人类之所以很难理解和体会鸟类的这种能力，是因为我们比鸟类少了一个位于骨盆中的平衡感受器！和人类一样，鸟类在头部的内耳中有一个运动传感器，但在骨盆中还有一个，因此它们能够分别感知身体两个不同部位的运动和姿态。比如，如果鸟类的身体因为树枝的摇晃而上下晃动，它们可以在保持头部不动的同时，通过调整身体其他部位的姿态来抵消这种晃动。又比如，当鸟类转动头部来扫视四周或整理羽毛时，它们并不会因此失去平衡，因为它们知道自己只有头部在动，而身体并未移动。

在骨盆中另一个平衡感受器的帮助下，这只黑头斑翅雀能轻松地在树枝上保持平衡

■ 斑翅雀这类鸟拥有很厚重的喙，那是专门为了打开又大又硬的种子而设计的。然而，如果要咬开坚硬的种子，真正的关键在于强壮的下颌肌肉。更大、更强壮的肌肉需要更宽、更强的下颌提供附着位点，同时也需要更大、更坚固的喙来承受由这些强壮肌肉产生的额外咬合力。也就是说，鸟类厚重的喙其实是为了适应强大的下颌肌肉演化而来的，打开坚硬种子的需求并非其直接原因。斑翅雀喜欢在喂食器上吃葵花籽，它们还是少数几种能打开和食用红花籽的鸟类之一（红花籽坚硬无比，大多数鸟类都无法打开）。在野外，斑翅雀的食谱中有 20% 是果实，昆虫占 50% 以上，种子只占剩下的 30%。目前人们还不清楚它们强壮的大喙具体何时何地会派上用场，但是显然在一年中的某个时候，它们可以从打开坚硬的种子这项技能中获益。

玫胸斑翅雀厚重的喙和宽阔的下颌

■ 鸟类拥有被称为“第三眼睑”的瞬膜。瞬膜是一层薄而透明或半透明的膜，能够快速地从前往后遮盖鸟类的眼睛。它可以在保护眼球不受异物影响的同时，保留部分视觉。在现实生活中，人们很少有机会看到鸟类的瞬膜，因为瞬膜滑动的速度极快，而且通常只在鸟类进行一些高速动作时才会闭合。鸟类可能经常在飞行过程中闭上瞬膜，以防止迎面扑来的昆虫、灰尘、树枝等对眼球造成损伤。霸鹟和其他鸣禽在边飞边捕食昆虫时会闭上瞬膜，而啄木鸟在喙敲击树木的瞬间也会闭上瞬膜来保护眼睛。右图这只玫胸斑翅雀在咬开种子外壳的时候同样闭上了瞬膜。玫胸斑翅雀会使用喙两侧锋利的边缘来咬开种子：它们首先会将种子的长轴沿着喙的边缘固定，然后用力向下咬开种子，接着再用舌头调整外壳和种仁的位置。最后，它们会从喙的侧面把外壳的碎片推出去，只把种仁留在嘴中。

玫胸斑翅雀的瞬膜大部分闭合的样子

Buntings
彩鹀

在不迁徙的鸟类中，雌雄双方通常都长得比较像，而且还会共同分担“家务活”。然而，像彩鹀这类迁徙候鸟，其雄鸟通常拥有更亮丽的羽色，主要负责守护领域，雌鸟则承担更多繁殖方面的工作，因此暗淡朴素的羽毛更为有利。

左上是白腹蓝彩鹀雄鸟，右上是靛蓝彩鹀雄鸟，下方是靛蓝彩鹀雌鸟

■ 鸟类的呼吸系统与人类完全不同，而且效率要高得多。人类的肺部较为柔软，可以随着每次呼吸进行扩张和收缩，而鸟类的肺部则不同，其形状和大小较为固定，而且无论是吸气还是呼气，流经鸟类肺部的空气均是从后往前单向流动。在鸟类呼吸的过程中，空气流动和储存是由一系列气囊控制的，而吸气与呼气则是靠胸廓的肌肉控制。由于鸟类的肺部无需随着吸气而扩张，因此鸟肺中用于气体交换的微气管壁比我们的肺泡壁更薄，同时也能让互相交织的微气管和血管组成逆流交换系统（第 15 页上段）。因此，与人类的肺部相比，鸟类肺部向血液输送氧气的效率要高得多。科学家认为鸟类的这种呼吸系统结构在两亿多年前的恐龙身上就已经出现，当时地球上空气中的含氧量只有现今的一半，因此，现在的鸟类也从中获得了很多好处。鸟类基本上不会因为缺氧而气喘吁吁，如果你看到一只鸟在活动后喘气，那应该是因为它的体温太高而在努力散热（第 143 页中段）。在实验研究中，蜂鸟可以在相当于海拔约 13 000 米高空的氧气浓度下飞行，这个海拔可是有珠穆朗玛峰的 1.5 倍那么高呢！

鸟类的呼吸系统：气囊占据了鸟类的大部分体腔，有些气囊的分支还会延伸到较大的骨骼中（图中未显示）

■ 丽彩鹀是世界上颜色最艳丽的鸟类之一，在美国境内分布于东南部从南卡罗来纳州到得克萨斯州的地区。丽彩鹀的成年雄鸟绚丽多彩，有着彩虹般的亮丽配色，而雌鸟和未成年雄鸟则呈橄榄绿色。有一些丽彩鹀会在美国东南部的大西洋沿岸繁殖，然而，它们的种群数量正在下降，其中一个原因是，它们是古巴备受喜爱的笼养鸟，所以当丽彩鹀在古巴越冬时会被人类捕捉。虽然这种捕猎是非法的，但是目前却缺乏有效的法律监管。

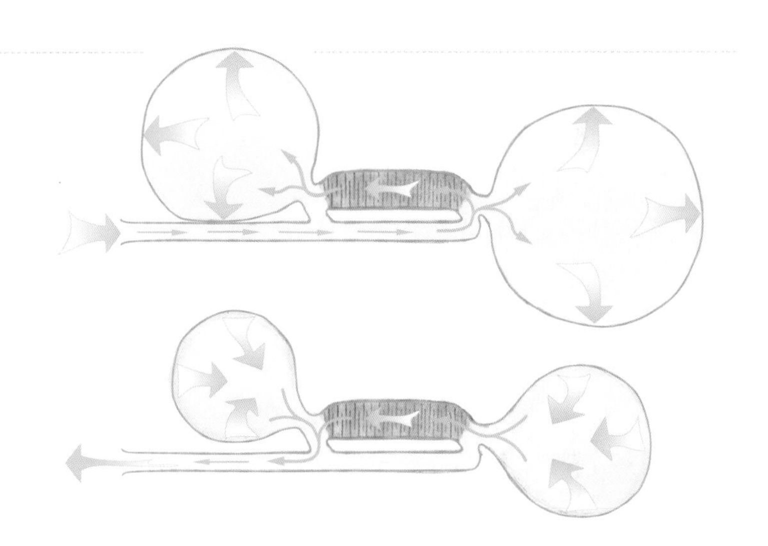

鸟类呼吸系统的简化示意图：蓝色的是气囊，紫色的是肺部。气囊扩张时吸入空气（上），气囊收缩时呼出空气（下）。在这个过程中，流经肺部的新鲜空气始终是从后往前流动（图中为从右到左）

丽彩鹀雄鸟

■ 鸟类的呼吸过程大致如下：吸气时，胸廓扩张——此时，后气囊的扩张会将体外的新鲜空气吸入体内，前气囊的扩张则会使一部分新鲜空气直接从后往前流经肺部；呼气时，胸廓收缩——此时，前气囊将其内部已经进行过肺部气体交换的空气排出体外，而来自后气囊的新鲜空气则会从后向前流经肺部，随后也被排出体外。但是，人们还不清楚空气为何能够遵循这种特定的路径流动（例如，在吸气过程中，前气囊吸入的空气并非直接来源于体外的新鲜空气，而是来自肺部已经交换过的空气）。目前并没有证据表明鸟类的呼吸系统具备控制气流的物理阀门，这意味着肺部空气之所以保持单向流动，似乎只是由呼吸道各部分之间的连接角度所决定。

Towhees
唧鹀

躲在阴影底下乘凉的
棕喉唧鹀

为了在沙漠中生存，鸟类会调整自己的行为和社会关系，以减少日常活动，它们在一天中最热的时候更会如此。

一只行走的拟八哥（左）和一只双脚跳跃的棕胁唧鹀（右）

■ 为什么有些鸟类用行走的方式移动，而另一些鸟则跳跃前进呢？人们目前还不清楚具体的原因。一般来说，体型较大的鸟类大多采用行走的方式，而较小的鸟则主要以跳跃来行进（比如乌鸦通常采用行走的方式，蓝鸦、丛鸦以及唧鹀则跳跃前进）。行走的一个潜在好处是鸟类可以像鸡或者鸽子那样，在行走时保持头部的相对稳定以及周围视野的连续性（第 75 页上段）。对于较小的鸟类来说，跳跃的移动效率可能更高，因为和行走相比，一次跳跃能够让它们前进更远的距离。但是对于体重较大的鸟类来说，跳跃可能就太费力气或冲击力太大了。事实上，行走和跳跃这两种行进方式的界限并不明显。最近有一项研究在仔细观察了几种鸟类行进的视频后，发现所有的研究对象在各种行进速度下前进时，行走（包括奔跑）和跳跃这两种方式都可能会用到，并且还会经常使用介于行走和跳跃之间的混合步态。

■ 包括唧鹀在内的许多鸟类都会用双脚扒地，将叶子和其他碎屑踢到身后，翻出藏在下面的食物（第 71 页中段）。它们会先垂直向上跳跃，当身体在空中的时候把双脚向前伸，待快要触地的那一刻立即用脚向后扒地，将地面的碎屑踢飞。等到身体恢复到典型的站立姿势后，唧鹀会仔细观察脚下的地面，看看刚才翻出了些什么。这种向后扒地的动作本身也足以推动身体跃起，因此唧鹀可以不间断地多次上下跳跃、连续扒地，把落叶和碎屑不断踢到身后，然后停下来看看地面上有没有露出些什么。

棕胁唧鹀双脚扒地的动作分解图

■ 鸟类需要喝水吗？答案是肯定的，而且它们喜欢大量喝水（尤其是在天气炎热的时候），但必要的时候它们也可以几乎滴水不沾。在一项实验中，科研人员给家朱雀提供了无限畅饮的水，当家朱雀身处约 20 摄氏度的舒适环境中时，它们平均每天的饮水量相当于体重的 22%（对于一个体重约 50 千克的人来说，这相当于喝了 11 升的水！）。如果将温度调到约 39 摄氏度，家朱雀的饮水量则会增加一倍，接近体重的一半。由于鸟类不会出汗，因此它们需要通过喘气以及从喉部蒸发水分来降温（第 143 页中段）。虽然鸟类在有水喝的时候会喝很多水，但是只要能吃一些果实或昆虫等富含水分的食物，大多数鸟类即便不喝水也能很好地生存。和人类一样，鸟类在必要时能通过减少活动和待在阴凉处来降低自身对水分的需求。

和大多数鸟类一样，棕胁唧鹀会放低身体，用喙舀水喝

Juncos
灯草鹀

图中这三只长相各异的鸟其实是暗眼灯草鹀分布于不同地区的三个亚种，分别为指名亚种（上，主要分布于北美洲东部及北部）、俄勒冈亚种（中，主要见于北美洲西部）以及灰头亚种（下，主要在落基山脉南部地区）。

暗眼灯草鹀的三个亚种

已经是十二月了，为什么没多少鸟来我的喂食器觅食呢？

暗眼灯草鹀

最有可能的答案是它们能够找到充足的天然食物，而无需以喂食器里的食物作为补充。即使你的喂食器中提供了不限量的高质量食物，但是鸟类可能仍然要付出一些代价或者冒一点风险才能吃到这些食物，比如需要飞越开阔地带才能到达喂食器（第 115 页上段）。鸟类可能更愿意整天在杂草丛生的浓密灌丛中觅食，因为那里不仅可以藏身，还能找到各种各样的纯天然种子和果实，甚至偶尔还有昆虫或者蜗牛。等到白雪纷飞，天然食物供应减少，喂食器便将成为许多鸟类获取食物的最佳选择，那时你应该就能看到不少鸟专门前来觅食了。

鸟类喂食器会变成捕食者更容易得手的狩猎场吗？

不会。有研究发现，在喂食器周边的捕食行为比自然环境中要少，这可能是因为喂食器附近站岗放哨的鸟更多，它们能够共同观察周围的危险并及时发出警报。然而，喂食器的存在确实会间接增加夏季鸟巢被捕食的风险。一个区域内的乌鸦、拟八哥、牛鹂、花栗鼠等动物的种群数量会因为它们能在冬天利用喂食器里的食物而有所增加，因此等到春季来临时，就会有更多的动物去袭击鸟巢。一些研究发现，像主红雀和旅鸫这样的鸟类在附近有喂食器的环境中繁殖时，几乎没有雏鸟能够成功离巢。

鸟类喂食器会让鸟类变懒吗？

不会。有研究表明，即使是好几个世代都生活在喂食器附近的鸟，仍会从野外获取至少一半的食物，而且喂食器提供的食物只是作为天然食物的补充。如果将喂食器移走，不会对这些鸟造成任何不良影响。在难以获取天然食物的寒冬（例如遭受冰暴天气袭击时），喂食器可以帮助鸟类暂渡难关，除此之外则对它们的生存几乎没有影响。

喂食器会让鸟类不再迁徙吗？

不会。鸟类是否迁徙取决于多种因素，比如日期、天气、鸟类的身体状况和能量储备等。如果真要说有什么影响的话，喂食器可能会让鸟类在长途飞行前更容易“加满油箱”，从而更早动身离开。

■ 夏日里，大多数鸣禽会在自己的领域范围内成双成对活动，并养育 1 ~ 2 窝雏鸟，然后各自迁徙到越冬地。以暗眼灯草鹀为例，它们的雌鸟往往比雄鸟迁徙得更远，而当年出生的幼鸟也比成鸟飞得更远。于是你会发现，在越冬地范围的南端，未成年雌鸟的比例更高，而在靠近繁殖地的越冬区内则会有更多成年雄鸟。然而，许多其他种类的鸣禽在越冬地并不会按照年龄或性别聚集在一起，每只鸟每年都会返回相同的一小片领域越冬，它们对越冬地就像对夏季的繁殖地一样忠诚。

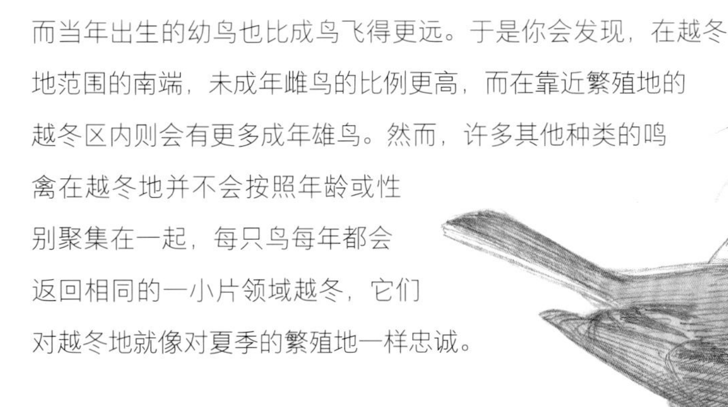

打理鸟巢的暗眼灯草鹀

Sparrows
雀鹀（一）

鸟类在迁徙时需要大量信息，它们会在衡量和考虑各种因素之后，才决定是否踏上数百千米的夜间飞行旅程。

启程进行夜间迁徙的白冠带鹀

■ 人们对于鸟类如何学习鸣唱的了解，大部分来自对白冠带鹀的研究。鸣唱的学习过程决定了幼鸟天生就更倾向于学习同类的歌声，并且会忽略其他鸟类的鸣唱。幼鸟能够牢记出生之后前三个月内听到的鸣唱曲目。不久之后，它们便可以开始自我练习，逐渐学会控制声音并完善自己的曲调，直到能够持续重现那些出生后不久就印在自己脑海里的歌声。自此之后，它们将会在鸣唱中一直使用这些曲子，终生都不会有太大改变。

正在唱歌的白冠带鹀

■ 棕顶雀鹀的鸣唱听起来就是单纯的颤音，它们会以相同的音高快速重复地发出一个音。对人类来说，这些声音听起来几乎一模一样，但是鸟类却能很好地辨别其中的差异。鸟类大脑对声音信息的处理速度至少是我们人类的两倍，因此，为了获得更接近鸟类听觉的效果，我们应该以0.5倍速或更慢的速度播放鸟类的鸣声录音。在棕顶雀鹀的例子中，我们听到的单纯颤音事实上是由一系列音调快速上升的音符构成，产生这种声音需要鸟类能够精准、同步地控制自己鸣管上的两组肌肉（第131页中段），同时还必须与呼吸、喙部姿态以及身体动作协调一致，这样才能唱出精确而始终如一的歌声。一项研究发现，雀鹀可以唱出音域宽广的音（音高从低到高），或是快速重复的音，但是却无法在同一首歌中将两者同时发挥到极致。我们可以将鸟类的鸣唱看作一种舞蹈或体操表演，由一系列精心编排的跳跃动作组成，而评委（这只鸟潜在的伴侣和竞争对手）则会仔细观察这些动作的高度、速度、精度和一致性。

正在鸣唱的棕顶雀鹀，右侧是其典型鸣唱的频谱图

鸟类为何要产卵呢?

卵对鸟类而言是一个巨大的投入。随着卵细胞内卵黄（蛋黄）物质的缓慢积聚，卵泡会突出卵巢表面并释放卵细胞（如果卵细胞在被释放后受精的话，就会变成受精卵），此后还需再经过约24小时才会最终生成并产下一枚完整的卵。卵的形成过程始于输卵管，输卵管壁分泌出卵白（蛋清）将卵细胞包裹在内（大约需要4个小时），然后在输卵管的子宫部分形成卵壳（约15个小时），最后将色素涂布于卵壳表面（约5个小时）。一枚完整的卵可以占到雌鸟体重的2%～12%，体型较小或者产早成雏的鸟类的卵一般相对较大。产卵的好处在于雌鸟可以在短时间内产生多枚卵并将它们产在巢中，卵里的胚胎可以在巢中生长和发育，而雌鸟的行动能力也不受影响。假如雌鸟需要在体内携带4～5个发育中的胚胎，然后直接生下雏鸟，那么在此期间它们肯定是无法飞行的。

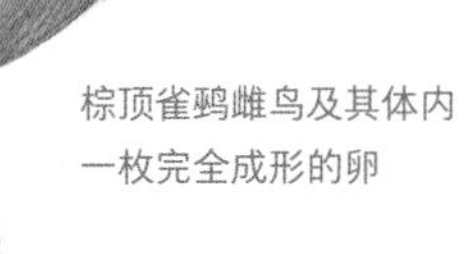
棕顶雀鹀雌鸟及其体内一枚完全成形的卵

More Sparrows
雀鹀（二）

在春季，鸟类的领域意识会变得非常强，有时候甚至会将自己的影像误认为是挑衅的对手，非要将其赶走。不过，这种行为往往只是徒劳，并且会在几周内随着激素水平的降低而逐渐停止。

一只歌带鹀正在攻击窗户上自己的影像

■ 人类在改变自然景观的同时，也改变了自然界中声音的“景观”。在当今的工业化社会中，低频噪声无处不在。对于鸟类而言，声音是非常重要的交流方式，因此一点点额外的噪声都会对它们产生很大影响。调查发现，许多生活在道路、工业区和其他嘈杂环境附近的鸟类种群数量都有所减少，其中很大一部分原因就是噪声污染。有些鸟类（比如叫声低沉的哀鸽）会避免在嘈杂的地方筑巢繁殖。那些仍旧生活在嘈杂环境中的鸟类则会唱出音调更高的歌声，以便和背景中的低频噪声区分开来。人们目前还不清楚，这种鸣唱音调的改变，究竟是鸟类为了更好地沟通而产生的对低频噪声的演化适应，还是鸟类只是试图在吵闹的环境中大声歌唱，因而“喊”出了音调更高的声音。

正在鸣唱的歌带鹀

■ 野生鸟类每天都面临着两种互相冲突的风险——饿肚子和被捕食。它们需要在确保自己不会成为别人食物的情况下觅食，并且每天都要找到足够的食物才能度过漫长的夜晚。觅食需要不断地寻找，通常是在较为开阔的环境中，而且进食就会导致体重增加，从而减缓鸟类的行动速度。因此，鸟类需要时时刻刻对各种食物来源进行风险和收益的评估。研究证明，当鸟类知道附近有捕食者时，它们会将进食的时间推迟到白天晚些时候，这样直到下午都能保持身体的轻盈和敏捷，而等它们吃完东西，体重有所增加时，也已经到了睡觉时间。

在日落时分觅食的歌带鹀

■ 歌带鹀的分布范围十分广泛，从北美洲东部的大西洋沿岸到西边的太平洋沿岸，南至墨西哥，北抵加拿大和美国阿拉斯加州，都有它们的身影。在不同地区分布的歌带鹀，在体型、外形和羽色等方面都存在着许多差异。这些差异大部分遵循着一些普遍规律，并且这些规律也适用于其他分布范围很广的鸟类。例如，在湿润气候（比如北美洲西北部的太平洋地区）中生活的种群与那些生活在干燥气候中的种群相比，通常具有更深的羽色。深色羽毛最明显的好处是能够更好地融入周围环境。此外，黑色素也可以帮助羽毛抵御细菌的侵袭，因为湿润环境中更容易滋生细菌。另外一个普遍趋势是，生活在炎热气候中的鸟类通常具有相对较大的喙和脚。这有助于它们通过这些没有羽毛隔热保暖的部位进行散热，更好地调节体温。相反，在寒冷气候中，较小的喙和脚则有利于减少热量流失。

左边的歌带鹀生活在炎热干燥的美国亚利桑那州，右边的则来自凉爽湿润的加拿大不列颠哥伦比亚省

Old World Sparrows
麻雀

家麻雀是世界上最为成功、适应性最强的鸟类之一。

在马匹脚边觅食的家麻雀

■ 家麻雀十分适应人类周边的环境，基因研究表明，这一现象可以追溯到一万年前人类在中东地区开始发展农业的时期。自那时起，家麻雀逐渐演化出了较大的喙，使它们可以更好地利用人类通过农业生产种植出的大量大颗粒的坚硬谷物。之后，随着农业活动扩散到全世界，本就适应了人类环境的家麻雀也随之扩散并不断进一步适应环境的变化。在 20 世纪之前，马车和牲畜随处可见，四处掉落的谷物和其他食物为家麻雀提供了充足的食物来源。因此，当家麻雀在 19 世纪中叶被引入北美洲的时候，已经在过去的一万年间充分适应了人类周边环境的它们，很快就扩散到北美大陆的各个农场和城市之中。然而，随着近百年来农场和牲畜在许多地区逐渐消失，家麻雀的数量也在持续下降。

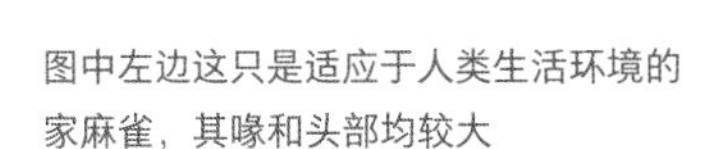

图中左边这只是适应于人类生活环境的家麻雀，其喙和头部均较大

飞行中的家麻雀，图中清晰地勾勒出了其体表所有的羽毛

一只鸟身上有多少根羽毛？

尽管很少有人试着去数一只鸟身上所有羽毛的数量，但目前已知的一些信息让我们可以给出一些大致估算的数字。比如，像家麻雀这样的小型鸣禽在夏天约有 1800 根羽毛，其中：

头部约有 400 根；
身体腹面约有 600 根；
身体背面约有 300 根；
翅膀上约有 400 根（每侧翅膀约 200 根，其中大部分是位于翅膀前缘的小覆羽）；
双腿共有约 100 根；
尾部有 12 根。

生活在寒冷气候中的鸣禽会在冬季长出更多的羽毛，全身共约 2400 根，其中多出的约 600 根是冬天新长出来的细小绒羽。与小型鸟类相比，像乌鸦这样较大型的鸟类羽毛通常只是长得更大，而数量只比小型鸟类略多一点。一些水鸟身上的羽毛数量则会多很多，特别是在那些会和水接触的身体部位（第 17 页下段）。

■ 在某些鸟类中，沙浴行为十分常见，家麻雀便是其中之一。你可能曾在地面上见到过因家麻雀洗沙浴而形成的碗状小浅坑。鸟类沙浴的动作和在水里洗澡的动作很相似，它们会俯身蹲伏在沙子上，然后晃动翅膀将沙子撒到身上。至于鸟类沙浴的原因，人们还不太清楚，但是有一种假说认为，沙子可能会和鸟类尾脂腺的油脂产生一些有益的相互作用。适量的尾脂腺油脂有助于羽毛防水、保养羽毛，还能抑制细菌等，但是如果羽毛上的油脂过多则可能导致羽枝互相粘连，或者为细菌和寄生虫提供食物。因此，沙浴可能是鸟类控制羽毛上油脂的量或者改变油脂性质的一种方式。

洗沙浴的家麻雀雌鸟

Finches
朱雀

“家”朱雀的名字恰如其分，它们适应了在房屋周围生活，并经常在窗台和悬挂的植物上筑巢繁殖。

一对正在筑巢的家朱雀

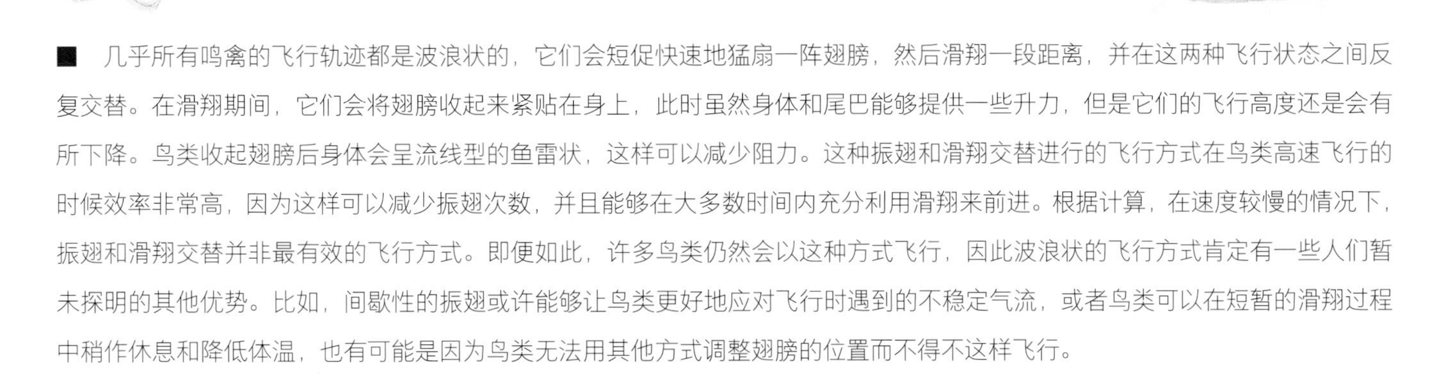

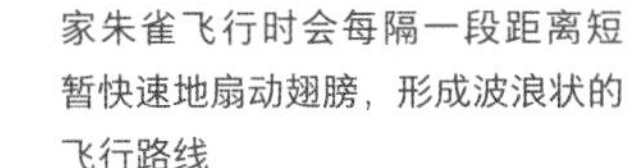

家朱雀飞行时会每隔一段距离短暂快速地扇动翅膀，形成波浪状的飞行路线

■ 几乎所有鸣禽的飞行轨迹都是波浪状的，它们会短促快速地猛扇一阵翅膀，然后滑翔一段距离，并在这两种飞行状态之间反复交替。在滑翔期间，它们会将翅膀收起来紧贴在身上，此时虽然身体和尾巴能够提供一些升力，但是它们的飞行高度还是会有所下降。鸟类收起翅膀后身体会呈流线型的鱼雷状，这样可以减少阻力。这种振翅和滑翔交替进行的飞行方式在鸟类高速飞行的时候效率非常高，因为这样可以减少振翅次数，并且能够在大多数时间内充分利用滑翔来前进。根据计算，在速度较慢的情况下，振翅和滑翔交替并非最有效的飞行方式。即便如此，许多鸟类仍然会以这种方式飞行，因此波浪状的飞行方式肯定有一些人们暂未探明的其他优势。比如，间歇性的振翅或许能够让鸟类更好地应对飞行时遇到的不稳定气流，或者鸟类可以在短暂的滑翔过程中稍作休息和降低体温，也有可能是因为鸟类无法用其他方式调整翅膀的位置而不得不这样飞行。

■ 鸣禽羽毛上的红色、橙色、黄色都来源于类胡萝卜素，而鸟类只能通过食物来获取这些类胡萝卜素。这类化合物也是许多蔬菜、水果以及秋季树叶呈现出红色与黄色的原因。鸟类体内的代谢系统可以将摄入的类胡萝卜素转化，形成自身所需的红黄色调。此外，类胡萝卜素对免疫系统也非常重要。因此，人们长期以来认为鸟类鲜艳的羽色是一种反映身体健康程度的可靠信号。如果一只鸟生病了，它可能需要消耗更多类胡萝卜素来对抗疾病，那么留给羽毛的类胡萝卜素可能就不足以形成鲜艳的颜色。换句话说，一只鸟如果拥有鲜艳的羽色，那就说明它在羽毛生长时身体一定非常健康。在家朱雀中，雄鸟羽毛的颜色从鲜红色到黄色都有，但是其羽色与身体健康程度之间的联系尚不明确。家朱雀雄鸟中黄色个体的比例因地域而异（例如，美国西南部和夏威夷地区的黄色雄鸟数量较多），这就说明它们的羽色差异更有可能和食物中类胡萝卜素的种类及其在体内的代谢情况有关，而和身体的健康程度关系不大。

左边是一只典型的家朱雀红色雄鸟，右边是黄色雄鸟

■ 我们很少见到生病的鸟，因为即使是轻微的病症，对鸟类来说也可能非常危险。疾病会导致鸟类行动迟缓、警觉性降低，因此更容易成为捕食者的目标。结膜炎是一种在喂食器附近时常能够见到的鸟类疾病，这种病具有高度传染性，主要通过密切接触传播，而鸟类喂食器正好提供了这样的环境。20 世纪 90 年代中期，结膜炎在美国东部地区的鸟类中曾出现过一次大流行，当时主要受影响的鸟类就是家朱雀。尽管目前这种疾病仍然存在，但是已较为少见。如果你想减少鸟类感染结膜炎或类似疾病的风险，很重要的一点是确保你的鸟类喂食器及其周边环境的干净和清洁。如果你在喂食器上看到任何患有结膜炎的鸟，建议取下所有喂食器，然后用漂白水或消毒液清洗，并且将地上遗留的种子和粪便清理干净。这些都是保持鸟类喂食器干净卫生的良好习惯。即使你没有发现任何疾病传播的迹象，也应当经常这么做。

罹患结膜炎的家朱雀雄鸟

Goldfinches
金翅雀

北美洲的金翅雀几乎全年都会成群活动。一些证据表明，有些个体还会集成小群生活长达数月甚至数年之久。

暗背金翅雀雌鸟（上）和雄鸟（下）

■ 所有鸟类都会换羽（第 5 页中段和第 95 页上段）。许多鸟类每年只进行一次换羽，简单地将旧羽换成一套外观相近的新羽。另一些鸟类每年会进行两次换羽，而且它们的外观会根据季节而发生很大改变，北美金翅雀就是其中一种。从时间和能量消耗来说，长出一整套新羽的代价十分“昂贵”，因此北美金翅雀（和其他许多鸟类一样）选择在夏末时节进行完全换羽，将所有旧的体羽和飞羽都换成新的羽毛。在这个季节，天气温和、食物充足，换羽的时间也恰好处在繁殖期和迁徙期之间。北美金翅雀在夏末换上的羽毛主要是暗淡的棕色调，这样就可以在冬天更好地融入周围环境。等到六个月之后，在繁殖季开始之前的早春时节，北美金翅雀会再次换掉全身的体羽（但是不会更换飞羽和尾羽），而雄鸟将换上用于求偶炫耀的明黄配亮黑的羽衣，显得格外耀眼。这种羽色的变化由鸟类体内的激素控制，激素水平的改变可以让同一个羽囊在不同季节生长出截然不同的羽毛。

身披亮黄色夏羽（左）和暗淡冬羽（右）的北美金翅雀雄鸟

■ 北美金翅雀雄鸟的鲜黄色看上去非常耀眼，产生这种效果所需要的不仅仅是羽毛上明亮的黄色色素，其背后还隐藏着羽毛的其他秘密。北美金翅雀身上的羽毛薄而通透，大部分光线都能直接穿过，因此单根羽毛不足以反射出令人惊艳的黄色。它们的羽毛尖端（体表露出来的部分）呈鲜明的黄色，基部则是明亮的白色。这些羽毛排列整齐，黄色的羽尖互相重叠。当光线照射在北美金翅雀身上的时候，一些光线会被羽尖的黄色表面反射出来，而那些穿过羽毛的光线则会被下一层羽毛基部明亮的白色部分反射回黄色的羽尖。因此，北美金翅雀的羽毛实际上是一层自带背光照射的黄色半透明薄膜。

图中右侧展示了一根北美金翅雀雄鸟的正羽，左侧展示的是一束光线穿过数层羽毛后被各层反射出来的情况

■ 从加拿大到美国阿拉斯加州的北方针叶林中生活着几种小型雀类，它们的生命周期与某些特定树木的种子产量密不可分。这些树采取的生存策略是连续多年只产生少量的种子，这样可以将以种子为主要食物的动物种群数量控制在较低水平，然后在某一年又突然产生大量种子，数量多到这些动物根本无法全部吃完。比如，许多种类的针叶树就是大约每七年产一次种子。而白腰朱顶雀则和每隔一年产生大量种子的桦树关系紧密。在有大量种子产生的年份中，白腰朱顶雀可以获得丰盛的食物，更多个体能够度过寒冬并且繁育更多后代，因此它们的种群数量会有所上升。但是在接下来的一年中，桦树几乎不产生种子，白腰朱顶雀就需要向南方移动去寻找其他食物。这种难以预测的鸟群大规模移动现象被称为“爆发式出现”，对观鸟者来说，这往往是令人兴奋的大事件。

正在吃桦树种子的白腰朱顶雀

Bobolinks and Meadowlarks
刺歌雀和草地鹨

这些鸟类的歌声是北美夏季牧草地上极具代表性的声音。

正在鸣唱的刺歌雀雄鸟

■ 刺歌雀雄鸟会以边飞边唱的方式炫耀自己，雌鸟则似乎更喜欢那些飞行时唱得更久的雄鸟。飞行这样的动作通常需要稳定的呼吸，而唱歌涉及的呼吸控制更为复杂。此外，刺歌雀的歌声特别长，整个鸣唱的长度可达 10 秒以上，并且包含上百个乐句。如果我们试图在跑步时唱歌，最终肯定会变得气喘吁吁。那么，鸟类是如何能在飞行的同时进行鸣唱的呢？鸟类肺部的气体交换效率比人类高得多（第 151 页右下）。当我们的肺部充满空气时，氧气会被快速输送到血液之中。因此，尽管我们可以在呼气的同时唱歌，但是身体在下一次吸气之前却无法获得更多氧气。反观鸟类，它们能够将新鲜空气储存在气囊中，当它们呼出这些气体并唱出歌声时，也会把新鲜的氧气送进肺部。鸟类能够边飞边唱实在是很了不起，相较于这个过程中其他方面的难题，获取充足的氧气供应对于鸟类来说只不过是一个微不足道的小挑战。

边飞边唱的刺歌雀雄鸟

■ 鸟类和农业之间的关系一向错综复杂。农民常常责怪鸟类破坏庄稼，但同时也会感激鸟类帮他们控制虫害——全球范围内，鸟类每年可以吃掉 5 亿多吨昆虫。小型家庭农场能够为鸟类提供大量高质量栖息地，比如树篱、牧草地，以及杂草丛生的边缘地带等。直到 20 世纪早期，美国东部大部分地区仍是农耕地，像东草地鹨和刺歌雀这样的鸟类得以在农田里繁衍生息，每个农场里的开阔草地和牧草地都是适合它们筑巢繁殖的好地方。然而，随着许多地区农耕地的减少以及工业化农耕模式的出现，这些合适的栖息地大多已经消失。即便有些地方仍有牧草地，也基本上都成了鸟类的“生态陷阱”：牧草会在一个季节中被多次收割，而两次收割作业之间的时间间隔往往很短，不足以让鸟类在牧草地里成功繁殖。

在牧草地上放声歌唱的东草地鹨

■ 草地鹨的双眼看得最清晰的地方是比地平线稍高一些的区域，这一点在鸟类中十分独特。由于它们大部分时间都在开阔的地面活动，因此这可能是一种相应的演化适应特征，能够让草地鹨更好地观察来自上方的危险。草地鹨的视线还能看向前方，因此它们可以看到自己的喙尖，这是其他大多数鸟类做不到的。但是，这也导致草地鹨在脑后形成了更大的盲区，因此它们需要频繁转头来观察周围环境。草地鹨的一种觅食方式是将合拢的喙插入缠结的草丛中，然后用力张开。当它们的喙打开时，眼睛会自动向下前方微微转动，这样它们就能从张开的上下喙之间看到草丛中被喙撑开的空隙，寻找合适的食物。

这只东草地鹨头部两侧的灰线代表了喙闭合与张开时的视线方向

Orioles
拟鹂

大部分拟鹂是热带地区的留鸟，然而有几种拟鹂会向北迁徙到北美大陆进行繁殖。近期的研究显示，许多热带鸟类都是由具有迁徙习性的祖先演化而来的。

一对正在筑巢的橙腹拟鹂

■ 不同鸟类的卵形状各异，有的接近球体，也有的更偏长椭球体。非球体的卵有些是对称的（两端均匀延伸成椭球体），也有一些是不对称的（一端更尖、更突出）。人们对于鸟卵的这些形状差异提出了许多可能的解释，而近期有一项大规模研究比较了 1400 种鸟的卵形状，结果发现鸟卵形状和鸟类的飞行习性之间有着惊人的联系：那些飞行时间更长或者飞行能力更强的鸟类倾向于产下非球体的卵。这意味着鸟卵形状的演化在某种程度上是为了适应飞行需求，但具体原因仍不明确。其中有一种可能是，为了更高效飞行，鸟类演化出了更轻盈的流线型身体，它们的体腔便更难容纳接近球体形状的卵；而更偏长椭球体的卵，在容积相同的情况下形状更狭窄，更符合那些对飞行有较大需求的鸟类。

相较于橙腹拟鹂，歌带鹀飞得较少，产下的卵（左）也比橙腹拟鹂的卵（右）更接近球体

橙腹拟鹂的种群年龄结构图

下面的图表展示的是在一年多时间内，橙腹拟鹂种群中不同年龄个体的存活状况及年龄结构的变化（其他鸣禽的情况也大致相似）。该图表中，一个由 30 只成鸟（蓝色）组成的繁殖种群产下了 100 枚卵（黄色）。这 100 枚卵中，最后仅能剩下 15 只个体在来年春季回到繁殖地，与前一年存活下来的 15 只成鸟共同构成总数仍为 30 只的繁殖种群，然后再次产下 100 枚卵。

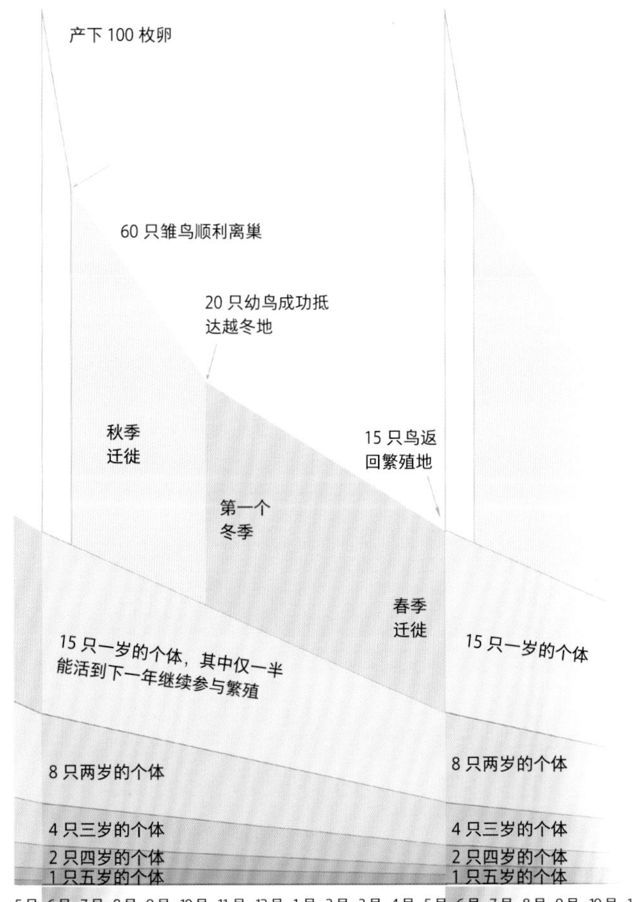

橙腹拟鹂种群年龄结构图

一些要点：

- 在秋季迁徙期间，幼鸟的数量多于成鸟。
- 每年的繁殖种群中，有一半是首次参与繁殖的个体。
- 整个繁殖种群非常脆弱。如果某一年没有任何幼鸟出生，该繁殖种群数量就将减半，而环境或其他因素的任何微小变化都有可能影响整个系统的结构和动态，从而导致种群增长或下降。

鸟类的寿命有多长？

大多数鸟类个体的寿命不到一年。以鸣禽为例，如果它们能活到自己的第一个繁殖季，之后每一年存活到第二年的概率约为 50%。在生死各半的概率下，大约每 1000 只鸣禽中只有 1 只能活到十岁，每 33 000 只中才有 1 只能活到十五岁，不过十五岁可能已经超出了鸣禽寿命的上限。鸟类的环志记录显示，目前已知最长寿的橙腹拟鹂活到了十二岁，而北美洲最长寿的鸣禽是一只旅鸫，活了将近十四年。体型较大的鸟类通常寿命更长，比如有一只白头海雕活了三十八年。而海鸟尤其长寿，有一只黑背信天翁至少已经七十岁，而且在 2024 年本书出版时仍然在世。考虑到鸟类新陈代谢之快，这些个体的寿命可谓相当长，相比之下，同等体型的哺乳动物寿命就会短许多。

鸟类的配偶关系会维系终生吗？

对于鸣禽而言，答案是"会，不过……"。就一对橙腹拟鹂来说，如果雌雄双方都能在冬季存活下来，它们很可能会回到同一片繁殖领域并认出彼此，然后再次共同筑巢繁殖。然而，由于雌雄双方每年活到第二年的概率各自仅有 50%，这意味着这两只鸟都能存活到下一个繁殖季的概率仅为 25%。因此，没错，鸣禽的配偶关系通常会维系终生，但是在大多数情况下，由于配偶一方的死亡，这样的关系只会持续一个繁殖季。

Cowbirds
牛鹂

褐头牛鹂采用的繁殖策略被称为“巢寄生”。它们会将自己的卵产到其他鸟类的巢中，而毫不知情的养父母会承担所有孵卵和养育牛鹂雏鸟的工作。

黄喉地莺雄鸟在喂养刚离巢的褐头牛鹂雏鸟

两只褐头牛鹂雄鸟正在追求雌鸟（左）

■ 牛鹂既不筑巢也不养育雏鸟，而且没有明确的领域范围。牛鹂雌鸟可能会同时被多只雄鸟追求，有时候可以在野外见到好几只雄鸟紧随一只飞行中的雌鸟，试图争夺雌鸟的关注。在一些种群中，牛鹂雌鸟会和一只雄鸟形成稳定的配对关系，并维持整个繁殖季；而在其他一些种群中，牛鹂的配对关系可能并不稳定。牛鹂雌鸟会在自己的领域内搜寻适合自己产卵寄生的其他鸟类的巢，还会密切监视所选巢的情况，以确定产卵的最佳时机。牛鹂雌鸟只会在每个合适的鸟巢中产下一枚卵，但是整个繁殖季一共可以产下数十枚卵。它们通常在早上产卵，这也是牛鹂雄鸟求偶最为频繁的时段，到了下午则是牛鹂休息的时间。

■ 牛鹂雌鸟并非只是简单地在宿主的鸟巢中产下卵就离开，而是会继续监视卵和雏鸟的后续进展。一旦发现自己的卵被宿主移除，它们往往会毁掉宿主巢中所有的卵来进行报复。这样一来，牛鹂雌鸟就可以阻止这些鸟类继续繁殖，从而减缓针对牛鹂的“反寄生”行为的传播。如果宿主重新筑巢繁殖，牛鹂还可能获得再次产卵寄生的机会。研究表明，牛鹂雌鸟会在自己的雏鸟孵出来后的很长一段时间里仍然留在自己的领域内，而只有六天大的牛鹂雏鸟会对牛鹂雌鸟发出的特有的“嗒嗒”声做出回应。牛鹂雏鸟必须避免对作为养父母的宿主产生印记（第 3 页中段），因此牛鹂雌鸟的嗒嗒声可能是一种能够引起牛鹂雏鸟本能反应的信号，有助于雏鸟在离巢后识别自己的同类。

站在宿主巢边的褐头牛鹂雌鸟

■ 牛鹂卵的孵化时间比其他鸟类稍短几天，因此只要牛鹂雌鸟能够在宿主开始孵卵之前将卵产进宿主的鸟巢中，牛鹂的卵就能比宿主的卵更早孵化。牛鹂雏鸟会将未孵化的宿主卵推出巢外，或者凭借自身更大、更强壮的体型来争夺本应属于宿主雏鸟的食物。如果一只牛鹂雌鸟发现的宿主鸟巢已经进入孵化阶段，它可能会选择将宿主的卵从巢中移走，以迫使宿主重新产下一巢新卵，这样牛鹂雌鸟就能趁机偷偷地在巢中产下一枚自己的卵。

黄喉地莺的巢中有一枚褐头牛鹂的卵（更大、斑点更多的那个）

Grackles
拟八哥

和许多鸟类一样，拟八哥也从人类农业的发展中获益，像废弃谷物这样的额外食物使得拟八哥的种群数量不断上升。

一只求偶炫耀的雄性拟八哥

■ 包括拟八哥和黑鹂在内的许多鸟类都会集成大群移动和栖息，而山雀、森莺以及其他一些鸟类则通常独自活动或集成松散的群体。和鸟类的集群繁殖行为（第 49 页上段）一样，鸟类是否会集群活动在一定程度上也是由它们所利用的食物种类决定的。对于拟八哥等鸟类来说，它们爱吃的谷物通常呈斑块状分布，因此寻找食物成了一项挑战。但是一旦找到有食物分布的地点，那里的食物量通常足以喂饱鸟群中的所有个体。而山雀、森莺等鸟类所青睐的食物一般分布较为广泛且稀疏，因此它们并不希望身边有其他鸟类来争夺自己好不容易找到的昆虫或其他食物。总而言之，集群活动的优势在于，鸟类可以更容易地找到集中分布在某些地点的食物，并且一旦发现食物之后，所有成员都可以安心地享用美食，因为群体中会有许多双眼睛共同警戒捕食者，并且及时发出警报。但是，当食物资源稀缺而且分布零散时，集群活动就没有优势了。

一大群拟八哥

不同程度白变（上）和白化（下）的拟八哥

■ 你可能偶尔会见到一只看起来像某种常见鸟类，但是羽毛上却有白色斑块，有些甚至全身都是白色或浅棕色的鸟。这些情况被称为白变和白化现象，是由不同程度的黑色素缺失造成的。所有鸟类都有可能出现白变或白化现象，具体的原因也很多，比如基因突变、疾病、营养不良或受伤等。在某些情况下，这种现象是暂时的，鸟类可以在下一次换羽时长出具有正常颜色的羽毛。但是有些情况下则是永久性的，比如完全白化现象的根源是由于基因突变而导致的黑色素合成缺陷，这种情况下的鸟类全身都是白色，眼睛和皮肤则是粉红色。不过，黑色素的作用不仅仅是给羽毛或皮肤着色，它对于视觉和其他一些身体机能也至关重要，因此没有任何黑色素的完全白化个体通常无法长期存活。

■ 鸟粪为何经常呈这种黑白相间的样子？蛋白质在代谢过程中会产生大量含氮代谢产物。这些含氮化合物通常毒性很强（比如氨），因此需要将其排出体外。哺乳动物会将这些含氮化合物转化为毒性较低的尿素，然后用大量的水分将其稀释后储存在膀胱中，最终以尿液的形式排出体外。但是鸟类需要飞行，因此它们无法在体内储存太多水分或携带太多额外的重量，所以它们将含氮代谢产物转化为一种白色的沉淀物——尿酸。每坨鸟粪中的白色部分就是尿酸，而黑色部分则是经由肠道排出的未被消化的食物残渣。

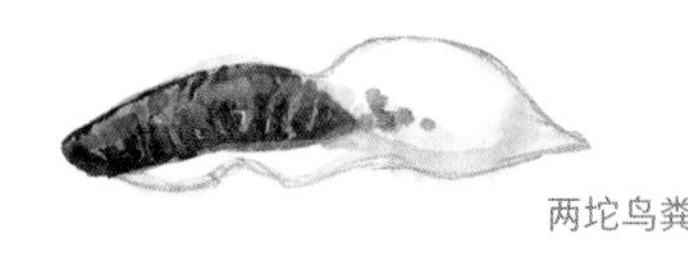

两坨鸟粪

Blackbirds 黑鹂

路边排水沟附近的一小片香蒲或柳树就能成为红翅黑鹂夫妇理想的筑巢地点。

正在放声歌唱进行求偶炫耀的红翅黑鹂雄鸟

■ 红翅黑鹂雄鸟“肩部”的红斑其实是一种信号，而且可以根据需要进行展示或隐藏。当一只红翅黑鹂处于放松状态，并且无需向配偶或竞争对手炫耀时，它会将翅膀紧收在身体两侧，背部和胸部的黑色羽毛会包住翅膀，并几乎完全遮住翅上的红斑。而当红翅黑鹂把黑色的体羽移开时，就能露出红色的“肩部”。雄鸟进行完整的鸣唱和求偶炫耀时，会展开双翅、蓬起“肩部”的羽毛，使红斑变得更大更明显，同时一展歌喉、引吭高歌，以此吸引其他同类的注意。

红翅黑鹂翅膀上的红斑被黑色体羽遮住（左）和完全露出（右）的样子

■ 当你在合适的光线下近距离仔细观察一根羽毛时，有时候会看到羽毛上有一些淡淡的横纹。这些横纹是羽毛的生长纹，类似于树木的年轮，由羽毛的光泽或颜色深浅的细微差异造成。不过，羽毛生长纹的每个明暗组合并非代表一年，而是代表一个二十四小时的生长周期。白天和夜间生长出的那部分羽毛分别对应深色和浅色的横纹。羽毛整体的生长速度则因物种和鸟类的健康和营养状况而异，从每天一毫米到七毫米不等，但是通常每天只会长 2 ～ 3 毫米左右。下图这根红翅黑鹂的尾羽大约是在 20 天内完全长成的。对于鹪鹩这类体型较小的鸟，它们身上最大的羽毛可以在不到 10 天的时间内长出，而雕和鹈鹕等大型鸟类的羽毛虽然更大，但是这些羽毛每天也只能长几毫米，这意味着一根飞羽可能需要 100 天甚至更长的时间才能完全长好。

一根红翅黑鹂乌黑的尾羽，能够依稀看到羽毛上的生长纹

■ 北美地区有数百万人会喂食野生鸟类，每年消耗的食物有数十万吨，而所有这些食物都需要土地来种植。对于农民来说，他们所面临的挑战在于既要种植对于鸟类天生就具有吸引力的作物，还要避免这些作物在收割前就被野生鸟类全部吃光。针对这个问题，育种专家培育出一种向日葵，其植株更矮小（减少了鸟类可以用来藏身的枝叶空间），并且花朵朝向地面绽放（让花朵不那么显眼，并且也让鸟类难以触及）。除此之外，距离湿地较远的田地不太容易遭受黑鹂等鸟类的侵袭，农民也会有各种方法来驱赶鸟类、让它们离开农田。等到大部分作物成熟后，农民会通过向田里喷洒除草剂来杀死植物并促使向日葵花盘快速干燥，然后就可以一次性将向日葵全部采收。

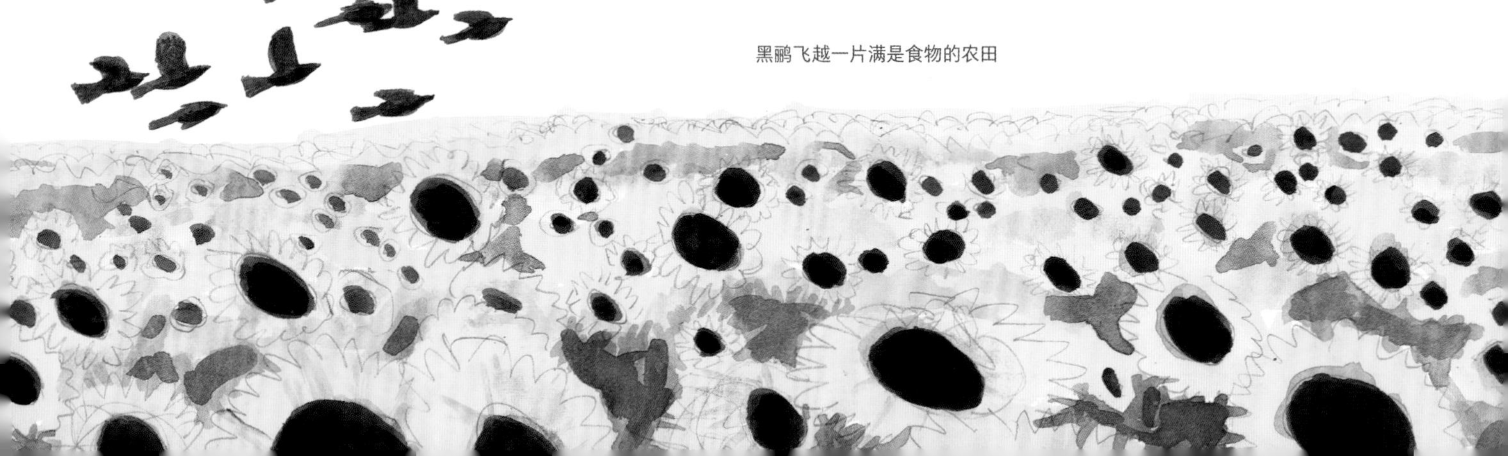

黑鹂飞越一片满是食物的农田

Birds in this book
物种索引

加拿大雁 *Branta canadensis* 2

有着白色颊部的加拿大雁是北美洲池塘和田间的常见鸟类，它们洪亮的叫声也为人熟知。但是在几十年前，春秋季节雁群过境的场景却非常罕见，有幸见到的话都值得好好庆祝一番。在 20 世纪初期，过度捕猎和人为干扰造成加拿大雁种群数量下降，使得其在美国东部的繁殖种群销声匿迹，大部分地区的人们只能在加拿大雁往返于越冬地和遥远北方的加拿大繁殖地之间的迁徙途中才能见到它们。然而，在过去的半个世纪中，加拿大雁的种群数量大幅上升，现在许多地区的人们甚至将其视为害鸟。

雪雁 *Anser caerulescens* 4

雪雁是一种长距离迁徙的鸟类，它们在北极的高纬度地区筑巢繁殖，并且在美国南部的一些地方集成大群越冬。在典型的迁徙行为中，整个种群都会进行季节性移动，这是因为一些地区只能在一年中的部分时间段提供丰富的资源，而鸟类可以通过季节性移动来充分利用不同的栖息地。有些鸟类会严格按照日程表进行迁徙（猩红丽唐纳雀，第 186 页），但是雁群的迁徙就相对随意，只要条件合适，它们的迁徙安排就可以灵活多变。它们能够长距离不间断飞行，也能临时中断迁徙，甚至还有可能为了觅食而逆向迁徙。丰富的食物和温和的天气能让它们飞到更靠北的区域，要是遇上食物供应减少、暴风雪或严酷的寒流，它们则会立即向南撤退。雁群采取的这种迁徙策略被称为兼性迁徙，既可以充分利用各种新出现或临时性的食物来源，也能及时应对不断变化的天气。随着全球气候变暖，兼性迁徙的策略使得许多雁类的越冬区在短短几十年内大幅北移。

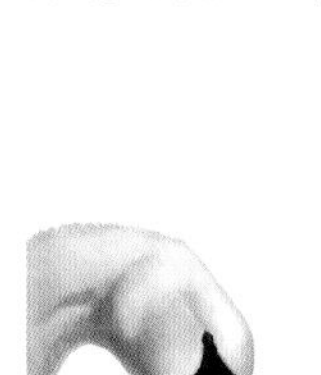

疣鼻天鹅 *Cygnus olor* 6

几个世纪以来，天鹅以一身洁白的羽毛、修长的脖颈和高贵的气质而备受人们喜爱。疣鼻天鹅原产于欧亚地区，在欧洲更是被视为王室的象征，并且从 12 世纪开始就作为观赏物种被养在大庄园的池塘中。自 19 世纪中叶以来，一些疣鼻天鹅被引入美国并放养在公园中。随后，它们逐渐繁衍扩散，目前已遍布美国，从新英格兰地区到五大湖地区之间的各种遮蔽性较好的水域中都能见到它们的身影。除了引入的疣鼻天鹅之外，北美洲还有两种原生天鹅，分别是小天鹅和黑嘴天鹅。由于疣鼻天鹅的领域意识极强，一旦一对疣鼻天鹅在池塘中定居，它们就会驱赶其他的雁鸭类，因此这些外来引入的疣鼻天鹅对本土雁鸭类产生的影响令生物学家十分担忧。此外，疣鼻天鹅还会进食大量水生植物，使得各种本土物种在食物竞争中处于劣势。

疣鼻栖鸭 *Cairina moschata*（上）
绿头鸭 *Anas platyrhynchos*（下） 8

人类只成功驯化了少数几种鸟类，而绿头鸭（驯化于东南亚）和疣鼻栖鸭（驯化于中美洲）这两种鸭子则是其中最重要的两个物种。这两种鸭子有许多驯化品种和杂交种，已遍布世界各地的公园和农场，这里绘制的仅为其中的两个代表。其他被人类驯化的鸟类还包括来自欧洲和亚洲的两种雁（鹅）、墨西哥的火鸡、非洲的珠鸡、欧洲的原鸽（家鸽），以及来自东南亚的红原鸡（家鸡）。

绿头鸭 *Anas platyrhynchos* 10

绿头鸭是北美洲分布最广、最为人熟知的野鸭，经常成群栖息于北美大陆各处的池塘和沼泽。绿头鸭早已被人类驯化，因此在城市公园和农场中可以看到许多驯化品种。像鸭子这样的水鸟有许多适应水生生活的特征，而获取所需的食物是它们面临的主要挑战之一，因为它们的食物通常在水下。绿头鸭和亲缘关系较近的一些鸭类会采用在水中倒立的方式进行取食。这些“浮水鸭”会将身体前半部压入水中并伸直脖子，以获取水下的食物。不过这种觅食方式只有在食物不会移动并且够得着的情况下才能奏效，因此这些浮水鸭通常会在浅水区域觅食，而且主要以各种水生植物为食。

林鸳鸯 *Aix sponsa* 14

雄性林鸳鸯的羽色非常华丽，这是数百万年的演化和雌性选择的共同产物。林鸳鸯的雏鸟属于早成雏（加拿大雁，第 3 页上段），无需太多的亲鸟照料，因此雌性可以独自完成筑巢和育雏工作，这也意味着雌性可以仅凭雄性是否才貌出众——华丽的羽毛和复杂的炫耀行为——来选择配偶。就像植物育种家会选育特定的花卉特征一样，雌性林鸳鸯可以通过选择配偶来推动这些外貌和行为特征的演化。这种演化背后的逻辑是，如果雌性选择了一个兼具美丽和魅力的配偶，它们的后代也将更有可能“才貌双全”，因此也更容易找到合适的配偶。如此一来，雌性的基因也能最大程度地传递下去。这个过程可以一直延续，因为雄性后代将会继承父亲的外貌，而雌性后代则会继承母亲的喜好。随着雌性不断从群体中选择出众的雄性，经过数百万代的演化之后，便能塑造出像林鸳鸯这样引人注目的俊美鸟类。

斑头海番鸭 *Melanitta perspicillata* 16

北美洲有二十多种潜水鸭类，斑头海番鸭便是其中之一。它们在北方高纬度地区的淡水湖泊中筑巢繁殖，而冬天会到广阔的海面生活。不同于浮水鸭类（绿头鸭，第177页），海番鸭在深水区域觅食，它们会潜至水底寻找蛤蜊和其他贝类为食。由于没有牙齿，海番鸭会将蛤蜊整个吞下，随后由肌胃中的强壮肌肉将整个蛤蜊（包括外壳）磨成足以通过消化道的小碎片。这些碎片可以像小石子一样帮助肌胃磨碎食物，因此海番鸭无需像雁类等其他鸟类那样（第5页下段）额外吞入小石子来提供磨碎食物所需的坚硬表面。

美洲骨顶 *Fulica americana* 18

骨顶的体型大小及游泳姿态都和鸭类差不多，但是二者之间的亲缘关系很远。事实上，骨顶和生活在沼泽中的各种秧鸡亲缘关系更近，而且还是鹤类的远亲（第36页）。不同于鸭类的蹼足，骨顶的脚趾上具有瓣蹼。两者的喙型也不太一样。此外，骨顶会发出尖锐的咯咯声和带鼻音的吱吱声，和鸭类经常发出的嘎嘎声和哨声截然不同。它们之间的繁殖习性也有很大差异，比如骨顶成鸟会为雏鸟提供食物。

普通潜鸟 *Gavia immer* 20

普通潜鸟是北方洁净的原生态湖泊中独特又迷人的象征，其外表兼具朴素与时尚，叫声凄厉而略显古怪。一对普通潜鸟在繁殖期间通常需要一个至少宽约0.5千米的清澈湖泊（潜鸟靠视觉捕鱼，因此需要清澈水体），而且由于成鸟每天要消耗相当于自身体重约20%的鱼，因此它们需要充足的鱼类资源，长8～15厘米的小鱼最为合适。然而，酸雨、污染、水华以及来自土壤侵蚀的泥沙等因素都可能导致湖泊变得不再适合繁殖。此外，潜鸟也可能因为误食被遗弃的铅制渔坠而发生铅中毒，这是目前造成普通潜鸟死亡的最主要的人为因素。不过，普通潜鸟似乎能够克服以上种种挑战，目前它们的种群数量相对稳定或在逐年增加。

黑颈䴙䴘 *Podiceps nigricollis* 22

䴙䴘是一类水鸟，它们的体型通常比鸭子小。尽管䴙䴘的外观和潜鸟、鸬鹚等水鸟颇为相似，但是最近的DNA研究表明，和它们亲缘关系最近的鸟类竟然是红鹳！黑颈䴙䴘是美国西部常见的小型鸟类，每年秋季，数十万只个体会聚集到几个咸水湖中疯狂享用卤虫，其中犹他州的大盐湖和加利福尼亚州的莫诺湖是北美洲最大的两个黑颈䴙䴘聚集地。在晴朗清冽的早晨，黑颈䴙䴘会背朝太阳、竖起腰部的羽毛，将羽毛之下深色的皮肤暴露在温暖的阳光中，享受日光浴。

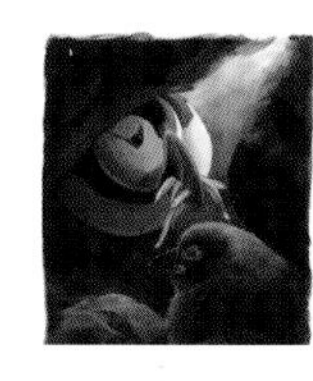

北极海鹦 *Fratercula arctica* 24

海鹦属于海雀科，这类鸟十分适应海洋生活，只有在繁殖季节才会登上陆地，在小岛或海边的岩石峭壁上集群繁殖。海雀科鸟类生活在世界上最寒冷的一些海域，越冬期完全在海上度过，从不上岸。海雀相当于北半球的企鹅，但是二者之间的亲缘关系很远，它们的相似之处是趋同演化的结果：为了应对在寒冷海域觅食的挑战，海雀和企鹅独立演化出了类似的策略。

角鸬鹚 *Nannopterum auritum* 26

鸬鹚主要吃鱼，常见于世界各地的大型水体周围。据说普通鸬鹚是世界上最高效的海洋捕食者，在付出同等努力的情况下，鸬鹚捕获的鱼比其他任何动物都多。鸬鹚与人类的关系有着悠久的历史渊源，在亚洲，人们饲养鸬鹚用于捕鱼的传统已经延续了几个世纪。然而，近几十年来，由于美国和加拿大角鸬鹚种群数量的增长，它们和渔民之间产生了一些人鸟冲突。

褐鹈鹕 *Pelecanus occidentalis* 28

全世界共有八种鹈鹕，其中两种分布在北美洲。一种是褐鹈鹕，主要分布在沿海的咸水区域；另一种是美洲鹈鹕，主要繁殖于美国西部的淡水水域。两种鹈鹕都因其巨大的体型和典型的喉囊而一眼可辨。它们是北美洲体型最大的鸟类之一，美洲鹈鹕的体重是蜂鸟的两千多倍，相当于人类和蓝鲸之间的体重差距。

大蓝鹭 *Ardea herodias* 30

远远望去，大蓝鹭显得优雅高贵，但靠近一看，人们就会发现它们身形庞大，喙如匕首，其实是凶猛的捕食者。大蓝鹭瞄准的目标通常是鱼类，但是任何进入其攻击范围内的小动物，比如青蛙、小龙虾、老鼠，甚至小鸟，都可能成为它们的美餐。大蓝鹭高约120厘米，是大多数人在美国所能见到的最高的鸟类。它们经常在水边休息或饶有耐心地站立，静静地观察水中的动静。如果受到干扰，大蓝鹭会发出深沉且不满的呱呱声，缓慢而有力地扇几下翅膀，然后将脖子缩起来，腾空而起，扬长而去。

雪鹭 *Egretta thula* 32

英文中的"egret"和"heron"都属于鹭科鸟类。"egret"所指代的鹭类大部分身披雪白的羽毛，有几种还会在繁殖期长出蕾丝般的饰羽。19 世纪晚期，这些白色鹭类的精美羽毛曾是女士帽子上最时尚的潮流装饰，因此猎人们为了得到饰羽，每年都会摧毁许多鹭类的繁殖群，杀害数十万只鹭类，并将收集到的羽毛送往欧美各大城市出售。到了 1900 年，不少鹭类的种群数量已经岌岌可危。这种只为追求时尚而无节制地屠杀鸟类的行为引发了公众的关注和强烈抗议，促使美国成立了首个奥杜邦学会、通过了首部野生鸟类保护法案，并建立了美国国家野生动物保护区体系。在相关措施的保护之下，大部分鹭类的种群数量很快就得到了恢复。

粉红琵鹭 *Platalea ajaja* 34

粉红琵鹭拥有颇具特色的粉色羽毛和勺状喙，是北美洲最引人注目的鸟类之一。在美国境内，它们分布于从得克萨斯州到佐治亚州的东南沿海地带。粉红琵鹭觅食时会将喙微微张开，伸入浑浊的泥水中左右摆动。当水流经上下喙附近时，它们便能感觉到小型猎物（比如虾或小鱼）的存在，然后将其一口咬住并吞入肚中。鹮和琵鹭都属于鹮科，但和琵鹭的勺状喙不同，鹮的喙是向下弯曲的。

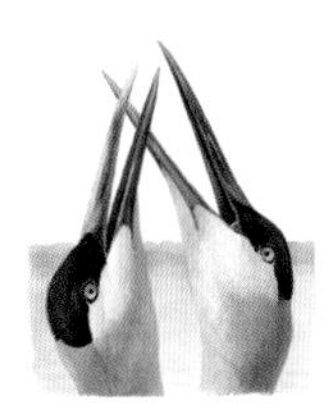

沙丘鹤 *Antigone canadensis* 36

世界上共有十五种鹤，但是目前种群数量较大且尚未受到严重的生存威胁的只有三种。种群数量正在增长的沙丘鹤就是其中之一，在北美洲的大部分地区都能见到它们的身影。北美洲还有另一种原生鹤类——美洲鹤，这种鹤类向来就不常见，分布也并不广泛，其种群数量在 1941 年更是下降到仅约 20 只，其中大多数个体每年在加拿大北部和美国得克萨斯州之间往返迁徙。直到 1954 年，人们才发现美洲鹤在加拿大境内的繁殖地。也正是从那时候起，经过一代代生物学家的不懈努力和倾心奉献，美洲鹤的种群数量开始缓慢回升，如今的野外种群数量已有数百只。

双领鸻 *Charadrius vociferus* 38

如果你听到高空反复响起尖锐的叫声，而且听上去像英文的"kill-deer"（这也是双领鸻英文名"Killdeer"的由来），那就意味着有一只双领鸻在这附近定居了。这种鸣叫声是雄鸟向伴侣和竞争对手宣示领域的方式，而它们的领域通常是一片散布着碎石的开阔地带，像停车场的角落、石子路，甚至是铺着碎石的屋顶，都可能成为双领鸻的筑巢场所。由于在开阔空地上筑巢，双领鸻在保护卵和雏鸟免受捕食者袭击方面面临着严峻的挑战，它们也因此演化出了一系列令人印象深刻的花招和策略，以保护自身、卵以及雏鸟的安全。

长嘴杓鹬 *Numenius americanus* 40

长嘴杓鹬不仅是世界上体型大小数一数二的鹬类，其鸟喙的长度相对于身体的比例也在所有鸟类中名列前茅。人们或许会以为那长长的喙主要是用来探入泥土或洞穴深处寻找猎物的，但事实并非如此。长嘴杓鹬主要在美国西部干燥的矮草原上繁殖，以蝗虫和其他生活在草丛中的昆虫为食，能够用喙尖轻松夹取草丛中的猎物。到了冬天，有些长嘴杓鹬会前往沿海水域生活，将长喙戳入泥中来寻找沙蚕和招潮蟹等猎物。不过，更多的长嘴杓鹬会前往墨西哥北部的干旱草原越冬，它们在那里还是以蝗虫为食。

三趾滨鹬 *Calidris alba* 42

三趾滨鹬在美国东西两岸潮起潮落的沙滩上都很常见，是所有小型鹬类中最能适应沙滩环境的种类，也是到海边游泳和晒日光浴的游客们最常遇见的鹬类。它们演化出独特的觅食策略，会在沙滩上寻找那些被海浪翻到表面的食物。当海浪涌上海滩时，海水会搅动表面的沙粒，此时三趾滨鹬便会向沙滩高处小步快跑，躲开海浪。当海浪退去，它们则会立即逐浪而下，四处寻找因海水冲刷、沙粒移动而暴露在沙滩表面的无脊椎动物，并停下脚步探寻、进食。几秒钟后，下一波海浪袭来，它们不得不再次跑回沙滩高处。除了三趾滨鹬，北美洲还有多种鹬类，但它们大多在潮间带的泥质滩涂上觅食，因此无需像三趾滨鹬那样匆忙地来回奔走。

小丘鹬 *Scolopax minor* 44

小丘鹬是一种非常奇特的鹬类，它们平时生活在树林中，依靠嗅觉寻找泥土中的无脊椎动物。与大多数鹬类不同的是，小丘鹬经常独来独往而且行踪隐秘。如果想要见到它们，最可靠的方式就是在春季出门，聆听雄性在求偶炫耀时发出的声音。太阳下山后，雄性小丘鹬会离开树林前往附近的草地，向任何可能正在观察的雌鸟炫耀自己。它们首先会在地面发出像是带有鼻音的嗡嗡声，随后便开始进行令人印象深刻的表演：飞离地面数十米，来到暮色弥漫的高空，在那里盘旋几圈后快速坠落，整个过程中还会不断"唱出"旋律复杂且音调颇高的"歌声"。不过事实上，它们发出的绝大部分（甚至全部）声音都是由空气快速流经其狭窄的外侧飞羽产生的。

环嘴鸥 *Larus delawarensis* 46

鸥或许是世界上最全能的鸟类。如果要举行一场包括游泳、跑步和飞行的"铁鸟三项"比赛，那么鸥类肯定会是夺冠热门之一。尽管其他鸟类可能会在单项比赛中胜出，但是能像鸥类一样在这三项运动中均能拿出优异表现的鸟类可能绝无仅有，而这种运动全能性也让它们能够充分利用各种觅食机会。环嘴鸥是一种中等体型的鸥类，广泛分布于北美大陆的各类水域附近。它们还经常在餐厅外面或是购物中心停车场周围徘徊，希望能够找到一些食物。而北美洲许多其他种类的鸥则主要分布在沿海地带。

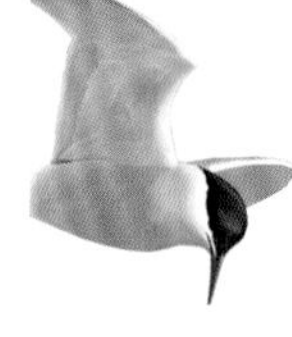

普通燕鸥 *Sterna hirundo* 48

燕鸥是鸥类的近亲，但是它们飞行姿态优美，翅膀修长，喙长而尖，看起来比鸥类更为优雅。大部分燕鸥只以小鱼为食，它们先在空中悬停，然后头朝下俯冲入水捕捉猎物。许多燕鸥具有集群繁殖的习性，同时也是长距离迁徙的鸟类，它们会向南迁徙很远的距离，以便冬天也能找到自己喜爱的食物。

红尾鵟 *Buteo jamaicensis* 50

倘若你在北美地区的道旁或田边看到一只大型猛禽停在那里，那八成就是红尾鵟。红尾鵟是鵟属的一员，这个属的成员翅膀宽大、体型也比较大，通常生活在市郊的人工开阔树林和小片田野中，主要以松鼠和小型啮齿类动物为食。有一对红尾鵟甚至曾在美国纽约市中心曼哈顿的中央公园定居，一时家喻户晓。很多人听到红尾鵟发出的尖利叫声都会觉得很熟悉，因为这种声音经常被用于电影和电视剧里荒凉的美国西部场景之中。不过遗憾的是，画面中伴随这个声音出现的鸟通常是白头海雕或红头美洲鹫。

库氏鹰 *Accipiter cooperii* 54

鹰属的猛禽专门捕食小型鸟类，它们长长的尾巴和相对较短但强壮有力的翅膀使其成为出色的特技飞行大师，可以轻松穿梭于错综复杂的树枝和障碍物之间。当鹰类出现时，小鸟常常会发出警报并惊慌地四处躲藏，而鹰通常也是导致喂食器周围的鸟群突然散开或者消失的原因。目睹鹰捕捉小鸟的场景或许会让人感到义愤填膺，但是我们需要充分认识到捕食者在生态系统中所扮演的角色是举足轻重的。近期有一项研究发现，任何可能预示着捕食者存在的细微征兆都会导致小型鸟类改变自身的行为，尽可能待在庇护所周围。与此同时，在这些小型鸟类避而远之的区域中，小型鸟类的猎物（如昆虫、种子等）也获得了更多生存机会。换句话说，捕食者不仅可以控制其猎物的种群数量，还可以改变幸存者的行为，这些都会对整个生物群落产生深远影响。

白头海雕 *Haliaeetus leucocephalus* 56

在 20 世纪 70 年代，美国国鸟白头海雕差点因 DDT（双对氯苯基三氯乙烷，有机氯类杀虫剂）的毒害而濒临灭绝。但幸运的是，在各种保护措施的帮助之下，白头海雕重新遍布北美地区，而且种群数量相当可观。如今，美国各州都能见到白头海雕的身影，然而，它们的生存仍然面临着诸多威胁，其中就包括铅中毒。尽管白头海雕的喙又大又锋利，看起来很吓人，但是它们在攻击或防御时从不用喙作为武器，而是用爪子。它们的喙只是用来撕碎食物的工具。白头海雕主要食腐为生，只要有机会就会选择像死鱼这样容易获取的猎物，并且冬天会聚集在大坝和其他开阔水域。如果你在北美地区的话，可以问问当地的自然中心或宠物鸟类用品商店，也许你家附近就有很好的白头海雕观赏点。

红头美洲鹫 *Cathartes aura* 58

红头美洲鹫及其近亲黑头美洲鹫和加州神鹫都是大自然的清道夫。它们在空中巡逻，寻找动物的尸体，然后降落到地面进食。这些鸟类具有一些适应性特征，有助于维持这种生活习性：比如，它们可以毫不费力地乘着上升气流和热空气柱翱翔，并在空中停留数小时；它们的嗅觉十分发达，可以在空中发现地面的食物；它们的头部裸露无羽，清洁起来非常方便；等等。此外，它们还有十分独特的肠道菌群，这些菌群对大多数其他动物来说是有毒的。在美国，美洲鹫常被称为“buzzard”，但是在许多其他国家，这个词常用来称呼红尾鵟等鵟属猛禽。

美洲隼 *Falco sparverius* 60

美洲隼是世界上体型最小的隼之一，与游隼具有一定的亲缘关系，但是美洲隼的口味较为挑剔，主要以蝗虫和老鼠为食。曾经美洲隼的数量相当多，经常在粮仓里筑巢繁殖，但是它们的种群数量在过去的几十年间不断减少，那暴躁的“killy killy killy”叫声也已不再为人熟知。虽然人们仍然能在许多开阔地带见到美洲隼，它们停在路边的电线或栅栏上，或是在田地上空悬停，寻找蝗虫和老鼠，但是很少有人能经常看到它们。人们尚不清楚美洲隼数量减少的具体原因：可能与农田栖息地的丧失有关，也可能是因为农田和草坪上杀虫剂的滥用导致的食物匮乏，又或者是由于大型枯树的减少造成的合适巢址丧失，等等。

美洲雕鸮 *Bubo virginianus* 62

在美国，无论你身在何处，周围方圆几英里之内可能都生活着一只美洲雕鸮。这种猫头鹰已经证明了自己强大的适应能力，它们善于利用市郊丰富的小型哺乳动物资源，相当于替代了白天红尾鵟的角色，成为夜班的主角。美洲雕鸮是一种机会主义捕食者，平均来说，它们的食谱中有 90% 是哺乳动物，但是在某些个体的食谱中，鸟类的占比可能高达 90%，其中主要包括夜间在开阔地带休息的雁鸭类等中型鸟类，以及各种雏鸟（猛禽的雏鸟也不例外），甚至是体型较小的猫头鹰。

东美角鸮 *Megascops asio* 64

东美角鸮（以及长得与其极其相似的西美角鸮）常见于北美大陆各地的林地边缘。大多数猫头鹰都是夜行性的，白天会找一个隐蔽而安静的地方休息，而且通常每天都出现在同一个地方，因此它们对白天休息时受到的干扰十分敏感。猫头鹰具有耳羽簇和隐蔽性很好的羽色，让它们可以很好地隐藏自己，但是有时还是会被其他鸟类或松鼠发现并遭到“围攻”（第 123 页左下）。如果你发现了一只正在休息的猫头鹰，请务必不要打扰它，观察的时候要保持距离，并且切勿停留太久。猫头鹰的羽毛边缘十分柔软，羽毛表面呈绒毛状，防水性能也不及其他鸟类的羽毛，所以在雨中很容易淋湿。这或许解释了为什么许多猫头鹰会寻找树洞或茂密的植被作为白天的安身之所。

火鸡 *Meleagris gallopavo* 66

在北美洲的所有鸟类中，没有哪种鸟类像火鸡这样和人类有着如此复杂的历史渊源。火鸡不仅是新大陆丰饶广袤的自然森林的象征，也是全球养殖范围最广的家禽之一。1621年，从英格兰前往美洲的清教徒带来了家养火鸡，当时他们形容美国马萨诸塞州的野生火鸡多得就像店里库存充足的商品一样。但是到了1672年，仅仅五十年之后，情况就变成“野生火鸡已难得一见”。等到1850年，野生火鸡不仅从马萨诸塞州销声匿迹，而且在美国东部的大部分地区也难觅其踪。得益于野生动物管护人员的长期努力、森林生态的恢复，以及狩猎活动的减少，野生火鸡在一百多年后重新出现在美国东部的大部分地区，其种群数量也在20世纪晚期出现了回升，如今甚至在美国郊区的庭院中也十分常见。

草原松鸡 *Tympanuchus cupido* 68

数千年来，雉科鸟类中那些与家鸡相似的物种一直是备受猎人青睐的猎物。然而，现在许多雉类在野外已变得极为罕见，有些甚至已经灭绝。北美洲就有一个雉类种群已经绝迹，那就是草原松鸡的亚种之一——新英格兰草原松鸡。它们曾经分布于从美国波士顿到华盛顿哥伦比亚特区之间的大西洋沿岸地区，这也是欧洲殖民者在北美洲最早占据的地区。到了19世纪30年代，新英格兰草原松鸡已经从绝大多数分布区消失。这个亚种的最后一个种群生活在马萨诸塞州的马撒葡萄园岛，而人们见到的最后一只个体出现在1932年，此后便再无记录。

珠颈斑鹑 *Callipepla californica* 70

新大陆鹑和雉类、松鸡的亲缘关系很近，但是新大陆鹑自成一科（其他两类均属于雉科）。许多新大陆鹑分布于美国西南地区从得克萨斯州到加利福尼亚州的这片区域，它们在这些地方十分常见，经常聚集成小群在灌丛边缘的地面觅食，或者是排成一列小步快跑横穿马路和小径。（英文中，会用量词“covey”来描述“一群”新大陆鹑）。分布在美国东部地区的新大陆鹑就只有山齿鹑这一种，而且如今已比五十年前少见了许多。

家鸽 *Columba livia* 72

家鸽无疑是北美地区人们最为熟悉的鸟类，然而它们并不是这里的原生物种。数千年前，中东地区的人们将原鸽驯化成了家鸽，而现在的家鸽已经完全能够适应城市生活并且数量繁多，全球各大城市的人们都对它们爱恨交加。野外的原鸽通常会在悬崖峭壁上栖息和繁殖，因此在人类建筑物（如大楼和桥梁）的突出结构上繁殖对于家鸽而言易如反掌。

哀鸽 *Zenaida macroura* 74

鸠类和鸽类同属鸽形目。和旅鸫一样，哀鸽也是北美洲分布最广的鸟类之一，从加拿大的不列颠哥伦比亚省到美国的亚利桑那州再到缅因州，几乎每家每户的后院中都能见到它们的身影。哀鸽哀怨的叫声常常被人们误以为是猫头鹰的叫声。哀鸽之所以能够成功地在北美大陆的各个角落繁衍生息，其中一个原因是它们几乎全年都能筑巢繁殖，即使在北方气候寒冷的地区也是如此。在美国北方各州繁殖的大多数鸟类每年仅有不到两个月的繁殖期，但是哀鸽却能将这个时间延长到6个月以上，每年从三月到十月都能繁殖，而它们在南方的繁殖期则更长。

棕煌蜂鸟 *Selasphorus rufus* 76

北美洲西部常见的蜂鸟有好几种，其中就包括棕煌蜂鸟，但是在东部一般只能见到红喉北蜂鸟。蜂鸟和花朵之间存在协同演化的关系，那些由蜂鸟传粉的花朵通常都是多年生植物，常常是红色的管状花，并且没有强烈的气味。虽然蜂鸟有嗅觉，但是它们寻找花朵时主要依赖视觉。它们还能记住这些多年生开花植物的位置，每年都能重回故地进行觅食。这些花朵演化出的狭长管状结构有助于确保蜂鸟成为花蜜的唯一采集者。花朵还会调整自身的花蜜含量，从而吸引蜂鸟反复光顾，增加授粉的概率。

蓝喉宝石蜂鸟 *Lampornis clemenciae*

星蜂鸟 *Selasphorus calliope* 78

星蜂鸟分布于北美洲西部山区，而蓝喉宝石蜂鸟等多种蜂鸟在美国的分布范围仅限于紧靠美国和墨西哥边境的西南部各州。蜂鸟具有一系列极限特征。相对于体型而言，它们拥有鸟类中最长的喙和最短的腿，而且无法行走或跳跃，因此一切动作都离不开飞行。书中这幅画展示了墨西哥以北能够见到的体型最大和最小的蜂鸟，而在南美洲还生活着体型更大的蜂鸟（体型最大的是巨蜂鸟，其体重和国内常见的麻雀差不多），以及几种体型更小的蜂鸟（体型最小的是古巴的吸蜜蜂鸟）。体型较小的蜂鸟（包括棕煌蜂鸟）振翅频率可达每秒70次以上，相当于每小时超过25万次，仅在四小时的飞行过程中就会振翅超过100万次。这意味着一只蜂鸟一年内的振翅次数可以超过5亿次！

走鹃 *Geococcyx californianus* 80

走鹃是美国西南部沙漠地带最具代表性的鸟类之一。虽然走鹃属于杜鹃科的一员，但是它们大多数时间都在地面生活，逼不得已时才会飞行。它们的食谱非常广泛，任何能抓到的东西都可以成为食物，从甲虫、蜥蜴到蛇和鸟类均来者不拒。与经典动画片《威利狼与哔哔鸟》中描绘的不同，走鹃并不与郊狼为敌。

白腹鱼狗 *Megaceryle alcyon* 82

全球共有三百多种翠鸟科鸟类，其中分布在美洲的只有六种。翠鸟的英文“kingfisher”源于英格兰，那里只有一种翠鸟（中文名为普通翠鸟，在中国也广泛分布），与分布在西半球的六种翠鸟一样主要以鱼类为食。其他三百多种翠鸟主要分布于亚洲、大洋洲和非洲，其中大多数并非以鱼类为食，而是出没于森林和灌丛地带，主要以昆虫和其他小动物为食。著名的笑翠鸟也是翠鸟科的一员。

灰胸鹦哥 *Myiopsitta monachus* 84

灰胸鹦哥原产于南美洲的温带地区，它们在美国的引入种群最北能够在波士顿和芝加哥等地顺利存活。目前，世界范围内有多种鹦鹉濒临灭绝。其背后的原因是人们会寻找鸟巢、捕捉雏鸟，然后将它们作为宠物售卖。这些行为对许多鹦鹉的野生种群造成了毁灭性的打击。而有许多作为宠物饲养的鹦鹉成功从鸟笼中逃脱，其中部分个体得以在美国南部的一些城市中自由生活。颇具讽刺意味又让人悲哀的一点是，如今在美国南部野外繁衍生息的那些从鸟笼中逃脱的红冠鹦哥的种群数量，比其在墨西哥原分布区的数量还要多。美国唯一一种原生鹦鹉是卡罗莱纳鹦哥，但是它们已经在 20 世纪初灭绝。

绒啄木鸟 *Dryobates pubescens*

长嘴啄木鸟 *Leuconotopicus villosus* 86

这两种啄木鸟广泛分布于美国和加拿大的森林之中，而且经常造访鸟类喂食器，频繁考验着后院观鸟者的鸟类辨识能力。它们之所以长得如此相像，可能是因为绒啄木鸟演化出了和长嘴啄木鸟相似的外观。近期的一项研究也支持这一论点：一种体型较小的鸟类（在这个例子中是绒啄木鸟）如果能被其他鸟类误认为是另一种体型较大的鸟类（如长嘴啄木鸟），那么前者便可以从中获益。换句话说，绒啄木鸟可以通过模仿长嘴啄木鸟的外观来欺骗其他鸟类，并且在群体中获得更高的啄序[1]地位或等级。

黄腹吸汁啄木鸟

Sphyrapicus varius 88

黄腹吸汁啄木鸟的名字“Yellow-bellied Sapsucker”听起来像是漫画家的虚构，但它的确是一种真实存在的鸟类[2]。世界上共有四种吸汁啄木鸟，均分布于北美洲。它们的名字源自其特殊的习性——吸汁啄木鸟会在树上啄出一排排浅洞，然后定期回来吸取树木的汁液，并且吃掉被树汁吸引而来的昆虫。它们会啄出两种不同类型的树汁“井”：一种是深度较浅的长方形洞，另一种是更深、更小的圆形洞。这些洞通向不同层次的树木组织，可以在不同的季节为吸汁啄木鸟提供营养成分不同的汁液。由于这些树汁井同样可以为同一区域的其他鸟类和动物提供生存所需的汁液，因此生态学家将吸汁啄木鸟称为“关键种”。关键种的作用就像拱门的拱心石（或称拱顶石）一样，假如从一个生态群落中移除吸汁啄木鸟，就可能会导致整个生态系统的崩溃。

北美黑啄木鸟 *Dryocopus pileatus* 90

近年来，随着美国许多州的大片森林得到恢复，这种与乌鸦差不多大小的啄木鸟经历了种群数量的激增。尽管如此，它们的密度仍然很低，在最合适的栖息地中也不过每平方千米两三对左右，因此观鸟者遇见它们时总是无比兴奋。北美黑啄木鸟通常不会造访鸟类喂食器，但是某些地方的个别个体或家庭群可能学会了前往喂食器去享用板油蛋糕[3]。北美黑啄木鸟是北美洲现存啄木鸟中体型最大的物种，它们那鲜艳的红色羽冠和闪亮的白色翅斑能让人一眼就认出来。在北美洲，只有象牙嘴啄木鸟的体型比它更大，但是目前推测该物种已经灭绝。

北扑翅䴕 *Colaptes auratus* 92

作为最不像啄木鸟的啄木鸟，北扑翅䴕经常会在草坪或花园中蹦来蹦去，寻找自己爱吃的蚂蚁。由于它们奇怪的习性和醒目的斑纹，许多人从未想过北扑翅䴕会是一种啄木鸟。在春夏季节，北扑翅䴕会发出清脆响亮的“keew”声和一长串“wik-wik-wik-wik”声，颇为吵闹。如今，北扑翅䴕的数量比几十年前要少得多，其原因可能包括栖息地内繁殖所需的大型枯树减少、蚂蚁数量下降或者是农药用量的上升，但是真正的原因并不清楚。北扑翅䴕在大型枯树上开凿的巢洞可以为许多其他鸟类提供合适的筑巢场所，比如美洲隼就能从中获益。因此，北扑翅䴕的减少也可能会影响其他鸟类的种群数量。

黑长尾霸鹟 *Sayornis nigricans* 94

大部分霸鹟都是生活在森林、沼泽和浓密灌丛中的隐秘居民，只有少部分喜欢在开阔地带和建筑物周围生活，其中就包括长尾霸鹟。长尾霸鹟共有三种，体型均较小，它们会在门廊和粮仓等人造建筑物上筑巢繁殖。三种长尾霸鹟都有在停栖的时候轻摇尾巴的习惯，并且会发出听起来像是“FEE-bee”的柔和哨声或是类似的叫声，这也是长尾霸鹟英文名中“phoebe”一词的由来。

西王霸鹟 *Tyrannus verticalis* 96

王霸鹟是一类体型更大、羽色更为绚丽的霸鹟，经常生活在广阔空旷的地方。它们的胆量也更大，最为著名的特征就是无所畏惧，会为了保卫领域和鸟巢而向任何入侵者发动猛烈的攻击。相较于体型更大的鸟类，王霸鹟飞行时更为灵活敏捷，会从上方或后方攻击任何经过的猛禽，并且经常像画中那样啄击猛禽的后脑勺。王霸鹟经常停栖在乡村开阔地带的醒目之处，如栅栏和电线上，在那里观察并寻找大型昆虫作为食物。

烟囱雨燕 *Chaetura pelagica* 98

春夏时节，美国东部城镇上空经常会传来烟囱雨燕尖细高亢的叫声，但是人们却从未见过它们停栖。这些非凡的鸟儿整个白天都飞行于高空之中，夜晚则会钻进烟囱里紧紧抓住烟囱壁睡觉。在烟囱这种建筑结构出现之前，烟囱雨燕会在中空的大树内栖息和繁殖，甚至有时候会待在上方有侧生枝条庇护的树干上。然而，烟囱雨燕具体如何越冬目前尚不为人知。或许从它们九月份启程向南美洲的越冬地迁徙之时算起，直到来年四月返回自己的烟囱筑巢繁殖为止，烟囱雨燕可能一直在空中飞翔，从不停歇。近期的研究显示，一些其他种类的雨燕会在空中连续飞行长达 10 个月之久，不过这些雨燕如何入睡以及何时入睡仍不得而知。但是，有一项关于军舰鸟的研究表明，军舰鸟可以连续飞行数周，在此期间每天的睡眠时间只有平时能停下休息时睡眠时间的 6%。像其他鸟类（哀鸽，第 75 页中段）一样，烟囱雨燕也可以采用一半大脑休息、另一半大脑保持警觉的方式来睡觉，但是在飞行中睡觉的军舰鸟实际上约有 1/4 的时间是两侧大脑同时处于睡眠状态！

家燕 *Hirundo rustica* 100

夏日的干草场上到处都是嗡嗡作响的蚊虫，而燕子会在低空飞行，从草场的一头飞到另一头，掠过青草顶端，捕食草场上方的昆虫。北美地区几乎每个粮仓中都有家燕筑巢繁殖，它们甚至很少在人类建筑物以外的地方筑巢。在美国最早的粮仓拔地而起后不久，家燕就已适应了在这类建筑物上筑巢，而 19 世纪人类和粮仓的迅速扩张或许就是家燕的繁殖范围大幅扩张的原因。

双色树燕 *Tachycineta bicolor* 102

双色树燕和其他燕子一样，主要在飞行中捕食昆虫。只有在天气良好的情况下才会有大量昆虫飞在空中，而大量的小型昆虫才能喂饱双色树燕。当天气过于寒冷或潮湿时（例如在冷冽的清晨或暴风雨期间），昆虫无法飞行，此时大量双色树燕就会聚集在芦苇丛或灌木丛中休息，并进入蛰伏状态以节省能量（第 77 页左下）。虽然双色树燕可以在不进食的情况下存活几天，但是长时间的寒冷潮湿天气会对它们的生存带来严峻的挑战。

短嘴鸦 *Corvus brachyrhynchos* 104

在北美洲的不同地区分布着多种乌鸦，它们是所有鸟类中最聪明的类群之一。鸟类的智力通常难以定义和测试，但是有一种间接的衡量方法，那就是看鸟类在多种不同环境中的适应和繁衍能力，也就是所谓的创新能力。乌鸦和渡鸦无疑是最具创新力的鸟类之一。它们甚至能理解交易的概念，而且具有公平交易的意识。在一项研究中，实验人员与渡鸦进行了各种交易，有些人"公平"地交换等值物品，而其他"不公平"的人则将更低质量的物品交换给渡鸦。最后，这些渡鸦不但记住了每个人不同的交易特点，而且更愿意和公平的人进行交易。

渡鸦 *Corvus corax* 106

渡鸦和乌鸦的亲缘关系非常近，它们都拥有鸦科的聪明才智和丰富的社交生活。鸟类都会用喙来护理羽毛，它们会定期理羽，让羽毛排列整齐并且保持清洁，但是它们无法用自己的喙来梳理自身头部的羽毛。大多数鸟类只能用脚来清除头部羽毛的碎屑并进行梳理，一些鸟类的爪子上还有特化的梳状结构，以便更好地护理羽毛。而像渡鸦和其他一些鸟类则会互相理羽，这可能是保持头部羽毛干净整齐的最佳方式。

冠蓝鸦 *Cyanocitta cristata* 108

这种羽色艳丽且醒目的鸟类广泛分布于美国东部的各种林地中，也包括郊区和城市公园，而且经常光顾鸟类喂食器。在美国西部，它们的近亲暗冠蓝鸦同样常见。1900 年左右，当人们首次针对保护色理论进行争论时，像冠蓝鸦这样的鸟类就成了难解之谜，因为人们无论如何也想不通这样花哨的颜色如何能帮助鸟类隐藏自己。如今我们知道，羽毛颜色和图案的演化可能会由多种因素驱动，而不仅仅是为了伪装。冠蓝鸦头部的图案很可能是为了打破头部原有的完整轮廓，让捕食者难以识别冠蓝鸦并判断其面朝哪个方向，而它翅膀和尾巴上明亮的白斑可能会让捕食者在发动攻击前受到惊吓，导致捕猎失败。一项实验发现，猎物的快速移动会让捕食者迟疑，如果再伴随着突然闪现的颜色，则会让捕食者变得更加犹豫。惊慌失措的冠蓝鸦突然起飞并露出白色亮斑的行为，可能会使捕食者畏缩不前，而冠蓝鸦则因此得以逃脱。

西丛鸦 *Aphelocoma californica* 110

美国西部和南部可以见到几种亲缘关系较近的丛鸦，它们是当地鸟类喂食器上最鲁莽而大胆的访客之一，尤其爱吃花生。和蓝鸦一样，各种丛鸦似乎都极易感染西尼罗病毒。该病毒于 1999 年传入北美，并且像其他入侵物种（紫翅椋鸟，第 185 页）一样迅速传遍了整个大陆，对鸟类和人类的健康都造成了严重威胁。这种病毒主要通过蚊子传播，鸟类是其宿主。起初，西尼罗病毒导致蓝鸦、丛鸦和许多其他鸟类的种群数量急剧下降。病毒流行平息后，虽然有些鸟类的种群数量很快就恢复了，但是近期的调查表明，其他一些鸟类的种群数量仍在减少。

---

1 指群居动物通过争斗获取优先权和较高地位等级的自然现象。等级高的动物有进食优先权，如果地位较低的动物先去食用，会被地位高的动物啄咬。这种现象最先发现于鸡群中，鸡通过互相啄咬争取优先权，因此称为啄序。具有社会阶层性的蚂蚁、蜂类和其他鸟类中也存在这种现象。

2 华纳动画"乐一通"中的角色之一燥山姆曾用"You Yellow-bellied Sapsucker!"来辱骂兔八哥。事实上，句中的"Yellow-bellied Sapsucker"就是黄腹吸汁啄木鸟的英文名。因此，作者在此强调它是一种真实存在的鸟类。

3 指动物油脂（美国多用牛的板油）与葵花籽等各种鸟类爱吃的种子混合而成的块状物，放在鸟类喂食器中为野生鸟类提供食物。

黑顶山雀 *Poecile atricapillus*
北美白眉山雀 *Poecile gambeli*
栗背山雀 *Poecile rufescens* 112

山雀好奇、大胆又热爱社交，无论在哪里都是最受欢迎和广为人知的鸟类之一。它们是鸟类喂食器最忠实的访客，也经常是第一个发现新喂食器的鸟类。在北美地区，山雀的英文名叫“chickadee”，取自它们那听上去像“chick-a-DEE-DEE-DEE”的鸣叫声。当它们发出仿佛在叫骂的“dee-dee-dee”声时，通常表示附近有捕食者存在或者有其他值得关注的事情发生。和许多其他鸟类一样，山雀可以看到紫外线——那些比蓝紫色光的波长更短的光。人类看不到紫外线，所以在人们眼中，雌雄山雀长得十分相像，都具有白色的脸颊。但是，它们在同类眼中的样子却截然不同，因为雄性山雀的白色脸颊可以反射更多紫外线。

纯色冠山雀 *Baeolophus inornatus* 114

凤头山雀属包括五个物种，均分布于北美洲，和北美其他山雀的亲缘关系很近。它们全身均呈暗淡的灰色，并且具有短羽冠。凤头山雀属鸟类的英文名都以“titmouse”结尾，这个词起源于14世纪的英格兰，当时人们就用“titmose”来指代这些活跃的小型鸟类，结合了中古英语单词的“tit”（意为“小”）和“mose”（意为“小鸟”），字面意思就是“小小鸟”。经过一两个世纪的演变，这个词的拼写方式逐渐变为“titmouse”，又过了一两百年后简化为“tit”，现在仍用于分布在欧亚地区的山雀类的英文名中，比如中国东部地区常见的大山雀（Japanese Tit）。“Chickadee”这个词则是北美地区独有的名称，来源于山雀独特的鸣叫声。早期移居北美洲的欧洲人也会使用“titmouse”来称呼这里的其他山雀，比如奥杜邦在1840年的著作中就曾用过“Black-capt Titmouse”来称呼黑顶山雀，如今该物种最常用的英文名为“Black-capped Chickadee”。

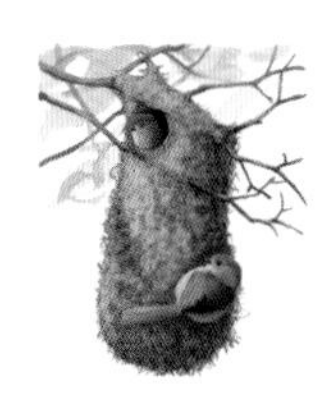

短嘴长尾山雀
Psaltriparus minimus 116

短嘴长尾山雀是北美洲除蜂鸟以外体型最小的鸟类，比金冠戴菊还要小一些，五只短嘴长尾山雀的体重加起来也只有一盎司（约28克）。它们生活在美国西部地区的开阔灌丛和花园中，几乎总是成群活动，最多时可达几十只一群，不断在灌木和树木的叶丛间飞进飞出，发出叽叽喳喳的叫声。尽管短嘴长尾山雀和山雀有一些相似之处，但是二者之间的亲缘关系并不近，和短嘴长尾山雀亲缘关系最近的鸟类是雀莺以及分布在欧洲和亚洲的其他长尾山雀。

白胸䴓 *Sitta carolinensis*
红胸䴓 *Sitta canadensis* 118

和啄木鸟一样，䴓大多数时候都在树干上紧紧抓着树皮，但是二者的相似之处也就仅此而已了。䴓可以只用双脚就抓紧树干，并且可以在树干上朝任意方向移动。䴓不会用喙凿开木头来寻找虫子，而是在树皮上寻找食物。当它们造访鸟类喂食器时，会迅速叼取一粒种子并飞回树上，将种子塞进树皮的缝隙，然后用喙敲开种子来食用。似乎这种行为就是䴓的英文名“nuthatch”的起源，因为它们是名副其实的“坚果（nut）破开者（hacker）”。白胸䴓是留鸟，一年四季都会守卫自己的领域，而许多红胸䴓则在遥远的北方筑巢繁殖。遇到北方森林中云杉和松树种子产量较低的年份，红胸䴓会大举南迁。

红眼莺雀 *Vireo olivaceus* 120

莺雀是一类不起眼的小型鸣禽，通常生活在稠密的植被中。因此，相较于看到，人们往往更容易通过叫声察觉它们的存在。莺雀和画面左下方的巨嘴鸟并没有亲缘关系，但是在加拿大南部和美国繁殖的红眼莺雀会迁徙到南美洲的亚马孙平原越冬，那里正是巨嘴鸟的家园，因此红眼莺雀都亲眼见过巨嘴鸟。

卡罗苇鹪鹩
Thryothorus ludovicianus 122

鹪鹩是一类主要分布在新热带界的鸟类，其中只有一种分布在旧大陆，而新大陆墨西哥以北的区域也只有少数几种。由于大多数鹪鹩科鸟类并不迁徙，而且以昆虫为食，因此其分布范围局限于气候温暖的地区。鹪鹩科鸟类最显著的特征之一便是它们嘹亮、丰富、多变的歌声。每只卡罗苇鹪鹩雄鸟都会演唱多达50种不同的乐句，并且会用于不同的表演场合，以此打动配偶或征服竞争对手。而美国西部的长嘴沼泽鹪鹩雄鸟更是能唱出多达220首不同的曲目！

金冠戴菊 *Regulus satrapa* 124

金冠戴菊是北美洲体型最小的鸟类之一，甚至比一些蜂鸟还要小。它们的体重大约相当于一枚五美分镍币（重5克），但却能够在加拿大这样靠北的地方顺利度过寒冬。金冠戴菊白天大部分时间（最高可达85%）都在觅食，到了晚上则会找个地方躲起来，和其他十来只同类挤在一起进入休眠状态来节省能量。和其他鸟类一样，它们冬天会加快新陈代谢，提高身体“发动机”的转速来产生更多热量，尽管这样也会消耗更多燃料。金冠戴菊主要以昆虫为食，这意味着冬天要想尽办法从树枝和树皮上采集各种虫卵和幼虫。在冬季，金冠戴菊可能每天需要至少摄入8大卡的热量，这听起来似乎不算多，但是如果按照比例计算，这相当于一个体重约45千克的人每天吃掉约67 000大卡的食物，等同于约12千克花生或27张大比萨。英文中有个说法是“eat like a bird”，一般是指食量很小、吃得很少，那么你觉得自己吃的像鸟一样“少”吗？

旅鸫 *Turdus migratorius* 126

作为北美地区最广为人知且备受喜爱的鸟类之一，旅鸫在美国各地的不同栖息地内都可以繁衍生息，无论是加利福尼亚州的山麓地带、内布拉斯加州的防风林，还是波士顿的郊区，它们都同样自由自在。在美国，无论你家在何处，只要院子里有一片草坪，就有可能看到旅鸫在那里找蚯蚓吃。据统计，一只旅鸫每天可以吃掉总长约 4 米的蚯蚓。旅鸫红色的胸部让早期的英国殖民者想起了故乡花园中的常客欧亚鸲（Eurasian Robin），因此，他们将旅鸫命名为 American Robin。但事实上，这两种鸟类的亲缘关系相去甚远，分属不同的科，而且旅鸫的体型要大得多。

棕林鸫 *Hylocichla mustelina* 130

和旅鸫一样，棕林鸫及其他几种类似的鸫都属于鸫科，但不同的是，它们主要生活在茂密的森林中。所有这些鸫类的歌声都非常奇特。许多鸟类会在夏季守护一片繁殖领域，相当于一小块私人土地，占据领域的繁殖对会抵御其他同类的入侵。最理想的情况是，它们守护的这片领域可以提供筑巢和抚养雏鸟所需的一切资源。因此，鸟类会根据需求来守护相应大小的地盘。比如，在资源丰富的区域，领域的范围往往较小，反之则较大。有些长距离迁徙的候鸟（包括一些鸫科鸟类）也会保卫自己的越冬领域，但这通常是以个体为单位，而非夫妻共同守护。无论是在冬季还是夏季，鸟类对自己的领域都十分忠诚，每年都会回到相同的地方繁殖或越冬。一只棕林鸫可能会一生都生活在同一块夏季领域和同一块冬季领域，并且每年在这两块一平方千米左右的地方之间往返约 2400 千米。

东蓝鸲 *Sialia sialis* 132

蓝鸲以其温和的性情和赏心悦目的羽色，成为北美地区最受喜爱的鸟类之一。它们属于鸫科，是旅鸫和棕林鸫的近亲。除了羽色的差异，蓝鸲在栖息地选择（喜欢开阔的田野和果园）、巢址选择（洞巢繁殖）和社会习性（5 ~ 10 只个体组成小群体移动）等方面也和其他许多鸫类有所不同。蓝鸲主要以昆虫和果实为食，但近些年来，一些蓝鸲开始频繁造访鸟类喂食器去取食一些柔软的食物，如板油蛋糕、葵花籽仁和面包虫。

小嘲鸫 *Mimus polyglottos* 134

嘲鸫的英文名“mockingbird”来源于它们的生活习性——它们鸣唱时会模仿其他鸟类的鸣声。当然，小嘲鸫并不是真的在嘲笑（mocking）它们所模仿的其他鸟类，而且这些声音应该也没有特定的含义（尽管有证据表明小嘲鸫知道自己所模仿的声音来自什么鸟类或东西），它们只是通过多样的声音来炫耀自己超凡的鸣唱绝技。若想扩展自己的鸣唱曲目，模仿自己听到的声音就是一种简单易行的方式，同时也便于其他小嘲鸫来评判模仿质量的高低。平均每只小嘲鸫雄鸟可以模仿约 150 种不同的声音，并且能够在每次鸣唱时表演一场“歌曲串烧”。

紫翅椋鸟 *Sturnus vulgaris* 136

紫翅椋鸟原产于欧亚大陆，在 1890 年被引入美国纽约市，然后其种群快速增长，20 世纪 50 年代就扩散到了太平洋沿岸，并成为北美洲种群数量最多的鸟类之一。由于数量越来越多，紫翅椋鸟逐渐霸占了像东蓝鸲和红头啄木鸟等本土物种的繁殖洞巢，导致后者种群数量下降。在北美洲，紫翅椋鸟被视为入侵物种，即扩散后造成严重经济损失或环境损害的非原生物种。但是，紫翅椋鸟本身并非恶棍，它们只是因为适应人类创造的环境而成功地在北美洲繁衍生息（第 161 页上段）。早在紫翅椋鸟抵达之前，北美洲的景观就已经被其他入侵物种所改变。比如，美国许多地区的蚯蚓就是非本土物种，它们通过改变土壤的结构和化学性质，从根本上改变了当地的植物群落。美国人每天在后院和路边看到的大部分植物也是从其他地方引进的，像蒲公英、药鼠李，以及大多数忍冬、野葛、矢车菊等，当然还有数百种昆虫，其中就包括蜜蜂和菜粉蝶。当然，人类自身更是最大的“入侵物种”。自 20 世纪 60 年代以来，紫翅椋鸟在美国的种群数量急剧下降，这可能是由农业生产方式的变化所导致的。因此，紫翅椋鸟对生态的负面影响如今已经大幅降低。

雪松太平鸟 *Bombycilla cedrorum* 138

太平鸟的英文名“waxwing”（蜡翅）来源于它们翅膀内侧飞羽上的红色末梢，早期的博物学家看到该特征后想起了用于封印重要信件的红色火漆（也叫封蜡），故以此命名。当然，这些太平鸟的红色羽尖并非蜡质，而是由角蛋白（与羽毛其余部分的成分相同）构成的坚硬而扁平的尖端，其中还有红色色素沉积。太平鸟都以果实为主要食物，过着四处游荡的生活，整个冬季都会不停地移动。它们一年中大部分时间集小群游荡并寻找果实，只有在果实充足的地方才会逗留一段时间，吃完后又会继续游荡寻找下一餐。比如，环志人员在加拿大萨斯喀彻温省环志的雪松太平鸟，后来分别在美国加利福尼亚州、路易斯安那州和伊利诺伊州被记录到。还有一只雪松太平鸟从加拿大安大略省游荡到美国俄勒冈州，另一只则从美国艾奥瓦州飞到了加拿大不列颠哥伦比亚省。

黑喉蓝林莺

Setophaga caerulescens 140

有些鸟类在北美洲繁殖，到了冬季则会迁徙至亚热带和热带地区。在这些迁徙的候鸟中，森莺科鸟类是最为常见、最为醒目，也最为多样的一类。每年春天，北美地区的观鸟者都会对森莺的到来翘首以待，在美国东部地区的观鸟者更是如此。这些候鸟有时候会在迁徙过程中同时大批量抵达，因此观鸟者一次就可能看到二十多种羽色缤纷夺目的森莺。各种森莺的体重通常不超过 10 克，这让它们的洲际长途旅行显得更加不可思议。黑喉蓝林莺通常栖息在浓密潮湿的林下地带，例如由山月桂或杜鹃花所构成的灌丛。大多数森莺对栖息地的偏好较为局限，这意味着它们很容易受到气候变化及其他环境变动的影响，因为即使是小幅的环境改变也可能会影响整个植物群落。

白颊林莺 *Setophaga striata*

黄眉林莺 *Setophaga townsendi*

黑枕威森莺 *Setophaga citrina* 142

北美洲有五十多种森莺科鸟类，它们羽色多变，斑纹繁复，而产生这种多样性的关键因素之一就是黑色素。森莺以其鲜艳的羽色和活泼好动而闻名，已故的鸟类学家弗兰克·查普曼（Frank Chapman）曾称它们为“精致迷人的树梢精灵”。每当看到森莺科鸟类时，人们通常会将注意力放在由类胡萝卜素产生的鲜亮的黄色至红色上，这些颜色的鲜艳程度或许可以用来指示鸟类自身的健康状况（第163页中段）。然而，除了上述颜色以外，黑色的羽毛其实也同样塑造了大多数森莺的外形特征。大块的深黑色本就引人注目，而在黑色的映衬下，明亮的黄色和橙色也会显得更加鲜艳夺目。近期的研究发现，身体更健康的鸟类能产生更黑的羽毛，这倒不是因为它们产生了更多的黑色素，而是由羽毛的微观结构所致，更多的羽小枝和更为一致的结构能够让羽毛看起来更黑。因此，黑色素产生的外观特征差异可能也是反映鸟类身体状况的重要信号之一。

猩红丽唐纳雀 *Piranga olivacea* 144

色彩鲜艳的唐纳雀主要生活在森林的冠层，它们的体型比森莺更大，喙更粗壮，是主红雀的近亲。像猩红丽唐纳雀这样的长距离迁徙候鸟必须严格遵循时间表生活：比如在春季迁徙期之后紧接着就是繁殖期，而在繁殖期和秋季迁徙之间的几周内，它们还得完成全身羽毛的换羽。幸好，鸟类具有敏锐的时间感知能力，并且和时间有着复杂的联系。目前科学家们已经在鸟类身上发现了一些与时间周期相关的基因，它们体内还有多种光感受器，能够根据日照时间的长短，同步校准自身的年度节律和昼夜节律。这样一来，鸟类就能按时启程和结束迁徙，也能根据日期和纬度调整迁徙方向和速度。此外，时间感知能力对于鸣唱以及许多其他日常活动来说也很关键。

主红雀 *Cardinalis cardinalis* 146

主红雀英文名中的“cardinal”源于它们那明亮的红色羽毛，犹如罗马天主教会红衣主教（cardinal）的大红色礼袍。主红雀是北美地区最为人熟知的鸟类之一。在繁殖季节（春季和夏季），人们常常可以见到主红雀雄鸟把食物喂给雌鸟的场景。雄鸟通过和配偶分享食物来展示自己有能力找到充足的食物，从而证明自己拥有健康的体魄。主红雀是20世纪北美郊区化过程中受益最多的物种之一。郊区的开阔草坪上不仅散布着灌丛和树木，还有许多鸟类喂食器，非常适合主红雀繁衍生息。1950年，主红雀的分布北界仅到美国伊利诺伊州南部和新泽西州，而如今，它们已经扩散至加拿大南部，我们一年四季都能在各地的鸟类喂食器上看到主红雀靓丽的身影。

玫胸斑翅雀 *Pheucticus ludovicianus* 148

和主红雀同属美洲雀科的玫胸斑翅雀是长距离迁徙的候鸟，繁殖区几乎遍布整个美国以及加拿大南部，在冬季则会迁徙至中美洲越冬。那么，鸟类为什么要迁徙呢？事实上，迁徙存在诸多弊端：旅途危险，耗费能量，还需要一些极端的演化适应，甚至连大脑体积也受迁徙影响。体积较大的大脑会消耗更多能量，这与长途迁徙的需求相冲突，因此能够适应长途飞行的候鸟通常拥有较小的脑部。尽管如此，全球约有19%的鸟类物种每年都会迁徙，迁徙候鸟的种群总量还相当大。迁徙可以让鸟类充分利用竞争较少、食物较丰富的地区筑巢繁殖。换句话说，它们千里迢迢飞到远方其实就是为了更实惠的食宿。虽然旅途不易，但这的确是一笔划得来的好生意，值得飞那么老远。它们可以利用北半球食物丰饶的夏季来弥补在迁徙过程中额外耗费的能量。

白腹蓝彩鹀 *Passerina amoena*

靛蓝彩鹀 *Passerina cyanea* 150

彩鹀和主红雀、斑翅雀一样，同属于美洲雀科，是一类栖息在树篱和灌丛边缘的小型鸟类，体形与燕雀有些相似。彩鹀具有明显的性二型（即雄鸟和雌鸟的外观差异很大），近期的研究表明这种现象和迁徙有关。在候鸟中，超过四分之三的种类具有性二型，然而留鸟有四分之三以上都没有这种特征。留鸟的雌雄个体会一年四季成对生活在一小片领域之中，双方共同守护领域并繁殖后代。相反，迁徙则经常导致两性角色产生分化：雄鸟率先抵达繁殖地并建立领域，几天后，雌鸟也会抵达并选择配偶。最具魅力的雄鸟更有可能也会更快被雌鸟选择，这将推动雄鸟的羽毛朝着更为华丽的方向演化。同时，当雌鸟的责任从守护领域转向抚育后代时，暗淡朴素的羽毛反倒更具优势，因为这样不仅能够提供更好的伪装，羽毛生长时耗费的能量也比较少，雌鸟也就能省下更多能量来满足迁徙和产卵的双重需求。

棕喉唧鹀 *Melozone fusca* 152

在北美洲的不同地区分布着好几种不同的唧鹀（它们其实就是体型较大的雀鹀科鸟类），其中有两种全身呈褐色的唧鹀是美国西南部和加利福尼亚州郊区庭院的常见鸟。生活在荒漠地区的鸟类演化出多种方式来保持凉爽和储存水分。虽然它们几乎没有水也能存活，但是多少还是需要一些水。在一天中最炎热的时候，鸟类会减少活动，并试图待在阴凉处休息，而觅食和喝水等活动则主要安排在每天的晨昏时段进行。许多荒漠鸟类会维持长期稳定的配偶关系，并且全年待在固定的领域中，这样可以减少颇为耗能的炫耀行为，个体之间的打斗也相对较少。此外，它们还有多种机制来保护卵和雏鸟免受高温的伤害，并为雏鸟提供水分。即便如此，在荒漠中生存仍然充满挑战。近期一项关于未来气候变化趋势的研究表明，如果荒漠地区的气温持续上升，许多鸣禽（尤其是体型较小的鸟类）将无法在这种环境中继续生存。

暗眼灯草鹀 *Junco hyemalis* 154

冬天，暗眼灯草鹀会造访全美和加拿大南部的几乎每一个鸟类喂食器，但是在不同地区的暗眼灯草鹀看起来可能截然不同。图中描绘的三只鸟其实都是同一种，它们都是暗眼灯草鹀，但却因分布区不同而差异明显，人们称之为亚种。这三个亚种分别是主要分布在落基山脉以东的指名亚种（上），分布在美国西部地区的俄勒冈亚种（中），以及分布在落基山脉南部的灰头亚种（下）。演化是一个持续进行的过程，因此分布在不同地区的同一种鸟，可能会因为不同的选择压力而产生分化（演化出不同的特征）。如果经历足够长的时间，积累足够多的差异，这些种群就可能演化为不同的物种。对于暗眼灯草鹀而言，目前观察到的外观差异都是在大约一万五千年前的末次冰期之后演化而来的。虽然这些亚种看起来截然不同，但是它们的鸣声、行为还是一致的，而且似乎可以认出彼此，将对方视为同种个体，在各自分布范围的交界地带也都能进行杂交（这一点最为重要）。这种人类能够区分、但是鸟类仍看作同类的地区种群就被归为亚种（第 159 页下段）。

白冠带鹀 *Zonotrichia leucophrys* 156

白冠带鹀是美国西部地区最为人熟知的雀鹀科鸟类，冬季常在杂草丛生之地成群结队地出没。除了白冠带鹀，雀鹀科还包括许多其他物种，它们的羽毛几乎都是棕褐色且带纵纹的，通常在地面或靠近地面的地方活动。大多数小型鸣禽会在夜间迁徙，这让它们的旅途显得更为神奇又神秘。在夜间飞行有许多潜在的好处，比如夜间的气流较为平稳、较低的气温可以减少呼吸时的水分流失、捕食者较少、用于夜间导航的星辰更清晰可见，以及可以利用白天进行能量补给，等等。日落之后，鸟类会启程迁徙，飞到上千米的高空，并连续飞行数小时。然而，鸟类究竟如何决定在哪个夜晚启程迁徙是个非常复杂的问题。从较大的层面来说，日照长度的变化会引起激素分泌并导致生理变化，从而增加鸟类迁徙的冲动和能力。即使是人类饲养的鸟类也会在春秋季节表现出这种迁徙兴奋，比如坐立不安、在夜间变得活跃等。每天晚上，鸟类都会评估自己的身体状态、脂肪储备、当前气温和温度变化趋势、风向和风速、气压变化、未来的天气情况、日期、当前所处的位置等多种因素。综合评估所有这些因素之后，鸟类才会决定是启程迁徙还是留下继续等待。在夜间飞向一个未知目的地的风险很大，但是在原地等待也有可能更为危险（第 23 页上段）。

歌带鹀 *Melospiza melodia* 158

这种雀鹀在北美地区的花园和树篱中十分常见，尤其是在美国东部地区。在春天和初夏时节，许多人会看到鸟类攻击窗户的情况，但实际上这些鸟并非随意地飞向玻璃，也不是要试图进屋，而是在攻击玻璃中反射出来的自己的影像。这些鸟类在反光表面中看到了自己（汽车两侧的后视镜也是常见的攻击目标），却以为是“潜在竞争对手”，而繁殖季的激素水平又增强了鸟类的攻击性和领域意识，因此出现在玻璃或是镜子中的“潜在竞争对手”会触发它们去保卫自己的领域，坚持不懈却又徒劳无功地驱赶“入侵者”。你可以通过（从外面）遮挡玻璃来消除反光，但是鸟类通常会挪到另一扇窗户并继续攻击。如果你只是想阻止它们攻击卧室的窗户以免在大清早被吵醒，那么遮盖一两扇窗户可能就足够了。随着繁殖季临近尾声，鸟类的领域意识也会逐渐减弱，这种行为一般会在几周内逐渐消退。

家麻雀 *Passer domesticus* 160

家麻雀是欧亚大陆的原生物种，虽然英文名都叫“sparrow”，但它跟北美的雀鹀科鸟类亲缘关系较远。家麻雀是世界上最成功的鸟类之一，在南极洲以外的各大洲城市中繁衍生息。它们像乌鸦和椋鸟一样拥有强大的适应能力，可以利用各种机会来扩大自己的分布范围。家麻雀全年都集小群生活，而它们如此成功的秘诀之一或许就在其中——相较于个体，群体往往可以更好地解决问题。群体优势在许多动物中都有所体现，从人类到鸟类都是如此。比如，当面临食物难以获取的难题时，群体中的每只鸟都可能会尝试不同的方法。假如有一只鸟解决了问题，那么其他鸟也能从中学到解决之法，最终整个群体都能获得食物。一项研究发现，由六只家麻雀组成的群体，其解决问题的速度比只有两只家麻雀的群体快七倍，而城市中的家麻雀比农村的家麻雀更擅长解决问题。然而，尽管家麻雀在全球范围内无比成功，它们的数量在过去几十年中仍在持续下降，这或许与小型农场和家畜数量减少有关，也可能与交通工具从马车变为汽车有关。

家朱雀 *Haemorhous mexicanus* 162

这些身上布满纵纹的朱雀是鸟类喂食器的常客，同时也经常出现在房屋周围，是名副其实的“家”朱雀。如果你看到小型燕雀科鸟类在北美地区房屋的窗台、门廊或是圣诞花环上筑巢繁殖，那毫无疑问就是家朱雀。成年雄性家朱雀的头胸部呈亮红色，但是雌性却全身棕褐色并具有纵纹。家朱雀是美国西部的原生物种，直到最近才扩散到东部地区。据说在 1939 年，美国纽约长岛的一家宠物店店主在得知饲养原生鸟类是违法行为后，便将自己饲养的一小群家朱雀放生了。于是，家朱雀就从这一小群开始，逐渐扩散到整个东部地区，如今已经与正在向东扩散的西部原生种群会合了。

暗背金翅雀 *Spinus psaltria* 164

金翅雀羽色鲜黄，是最引人注目的鸟类类群之一，很多人（恰如其分地）将北美地区的三种金翅雀称为“野生金丝雀”。北美金翅雀广泛分布于整个北美大陆，而暗背金翅雀和加州金翅雀仅分布于美国西部地区。这三种金翅雀都是鸟类喂食器的常客，常常会一小群一起飞到喂食器上，占据每一个可以停栖的位置，安静地待上好几分钟，一直埋头吃种子。大多数候鸟是独自迁徙的，但是北美的几种金翅雀在非繁殖季会集群迁徙，而且有证据表明这些群体可能会维持多年。欧洲有一项针对黄雀（北美三种金翅雀的近亲）的环志研究，其中有多笔记录显示一群黄雀在环志一个月后再次被一起捕获，其中最长的间隔纪录是一群黄雀在超过三年之后仍然在一起活动，而且两次记录到的地点之间相距超过1300千米。

刺歌雀 *Dolichonyx oryzivorus* 166

与黑鹂和拟鹂一样，刺歌雀和北美洲的几种草地鹨也都是拟鹂科鸟类。它们生活在北美洲开阔的草地和牧场中，其歌声是夏日草场的象征。这些鸟类需要在长有高草的大片开阔地带筑巢繁殖，而且不能受到太多干扰（比如，没有人遛狗）。然而，在许多地区，符合这些要求的草地环境越来越少，因此刺歌雀和草地鹨数量也在减少。不过，它们在北美大平原和其他有大型草场的地区依旧常见。每年繁殖季结束后，刺歌雀会集群迁徙到南美洲南部的草原越冬，是迁徙距离最长的鸣禽之一。

橙腹拟鹂 *Icterus galbula* 168

大多数拟鹂是中美洲和南美洲的留鸟，不过有几种拟鹂会迁徙到北美洲繁殖。迁徙行为能够非常快地随着演化适应而调整改变，甚至在同一种鸟中也会同时存在迁徙和留鸟种群。人们通常认为迁徙行为是近期才演化出来的特征，是生活在热带的留鸟祖先逐渐形成季节性向北迁徙的习性。然而，近期的一项研究表明，迁徙行为曾在不同鸟类的演化历程中反复出现和消失，而且如今许多终年生活在美洲热带地区的鸣禽是由具有迁徙习性的祖先演化而来的。按照这个演化过程，那些在北美筑巢繁殖、去热带越冬的鸟类中，有一些个体会选择不再迁回北方，而是留在热带或其周边地区进行繁殖。随后，由于留鸟种群和迁徙种群逐渐产生隔离，生活在热带的留鸟种群就逐渐演化为一个新的独立物种。

褐头牛鹂 *Molothrus ater* 170

褐头牛鹂（和黑鹂同属拟鹂科）采取一种被称为“巢寄生”的繁殖策略。它们会将自己的卵产在其他鸟类的巢里，随后让不知情的养父母负责孵卵并养育牛鹂的雏鸟。养父母会一直照顾牛鹂宝宝，即使牛鹂雏鸟长得比养父母还大，它们仍然会继续照料。虽然有时候人们会忍不住想要指责牛鹂，认为牛鹂的行为很残忍，甚至根本就是“犯罪”，但是我们必须时刻警惕这种将人类的价值观强加给自然界的倾向。牛鹂雌鸟并不是主动选择将卵产在其他鸟类的巢里，这种行为其实是演化的结果，牛鹂雌鸟不过是在竭尽所能为自己的后代寻求更有利的生存条件。这种繁殖策略非常了不起，对牛鹂而言也十分成功。

拟八哥 *Quiscalus quiscula* 172

在北美大陆落基山脉以东的城市和乡村中，拟八哥是一种随处可见的鸟类。它们体型庞大且强壮，是有什么就吃什么的机会主义者，甚至还会捕食小型鸣禽的卵和雏鸟。和其他一些鸟类一样（例如乌鸦和褐头牛鹂），拟八哥以玉米和其他农作物为食，从人类农业的发展中获得了切实的好处。因此，拟八哥的种群数量有所增加，并且对生活在它们周边的其他物种造成了不小的影响。然而，这并非拟八哥的问题，也不应因此就看低它们身上那带有金属光泽的炫彩羽色。

红翅黑鹂 *Agelaius phoeniceus* 174

在美国，你可以在任何靠近水域的浓密苇丛或灌丛中见到红翅黑鹂。对它们来说，路边排水沟内的一小片香蒲或柳树就足以成为理想的繁殖地点，而在更广阔的沼泽地里，可能会有数百只红翅黑鹂紧挨着彼此筑巢繁殖。最早在二月的第一个温暖和煦之日，雄性红翅黑鹂就会回到自己的繁殖领域开始大声鸣唱、展示自己，即使在很靠北的美国新英格兰地区亦是如此。因此，红翅黑鹂的鸣唱就像是在宣告春天即将来临。

What to do if...
遇到这些情况怎么办？

如果鸟类撞上窗户

最好的解决办法是尽量提前避免鸟类撞击窗户或玻璃幕墙（第 xxxii 页，鸟撞）。如果发现有鸟类因撞上窗户而昏迷，请轻柔地将它捡起来放在纸箱或纸袋里。确保盖好纸箱或合上纸袋，放在安静、温暖的地方，让鸟儿在黑暗中休息。大多数鸟类在一个小时内就会恢复过来。千万记住，请勿在室内打开纸箱或纸袋，哪怕只是偷看一眼也不行（否则，你可能就需要参考下文的“如果鸟类飞进屋子里”的做法了）。

如果你听到纸箱或纸袋里传出鸟类抓挠或扑腾的声音，这意味着它或许已经恢复了。此时，请将纸箱或纸袋带到室外，然后打开，最理想的情况是鸟儿会立刻飞走。但是如果鸟儿没有飞走，可以让它在暗处多休息一段时间。即便在这种情况下，也不必着急给鸟类提供食物或水，因为它们数小时不吃不喝也能安然无恙。但如果这只鸟需要进一步照料，你应该寻求当地专业的野生动物救助机构的帮助。如果它最终没能撑下来，请参见下文的“如果发现死去的鸟类”。

如果鸟类反复攻击窗户

这和上文中的鸟类撞上窗户或玻璃幕墙不是一回事，而且通常不会对鸟类造成伤害。鸟类有时候会将自己的影像误认为是竞争对手，并试图驱赶这个“入侵者”，但是这种行为往往是徒劳的（第 187 页，歌带鹀）。

如果啄木鸟啄你的房子

首先需要弄清楚这只啄木鸟在做什么，也就是探明它啄房子的原因（第 87 页右）。如果它是在觅食，你可能需要请人来检查一下你家的墙体是否有虫蛀等问题。如果它是在敲击或凿洞，这种行为一般会在几周后逐渐消退。与此同时，你可以试着悬挂一些物品来防止啄木鸟继续啄房子，比如用防水布遮挡木头以阻止啄木鸟接近，或是用反光条或光盘等吓走啄木鸟。啄木鸟通常会去啄那些外墙颜色较为自然的房屋，因此，如果上述办法都不奏效，极端的解决方案是将房子的外墙涂成另一种颜色。

如果鸟类在你家门廊或窗台筑巢

有一些鸟类会在门廊、窗台等处筑巢繁殖。在整个繁殖过程中，尤其是筑巢初期，请尽可能不要打扰鸟类，给予它们更多的私密空间，同时尽情享受这个观察鸟类完整繁殖过程的机会（第 128 页中段）。

如果鸟类飞进屋子里

当一只鸟飞入室内后，它通常会不停地尝试寻找出口，朝着有亮光的地方飞去，然后拍打（或撞击）窗户。如果你就在那个房间里，尤其是恰好处于鸟和出口之间，它可能会朝着你飞过来，但你不必担心自己会有危险，因为它只是在寻找出口而不是要攻击你。

此时，为了避免吓到鸟类，你在移动时一定要缓慢、安静。你可以先关上通向室内其他房间的门，让它留在原来的房间内。随后打开这个房间所有通向室外的门窗，让鸟类能够更轻松地找到出口。如果可以的话，尽量把靠上方的窗户打开。假如有些窗户无法打开，请拉上那些窗户的窗帘或放下百叶窗，让阳光只从开着的门窗照入室内。

如果你试图接近这只鸟，它很可能会飞，因此在接近时，一定要把它朝出口的方向驱赶，而不是挡在它离开房间的飞行路线上。为了防止鸟类从你的身边飞过，你可以将手臂举过头顶，让自己看起来更庞大，但是如前所述，动作一定要轻柔。如果鸟类在窗边拍打玻璃，而你有机会抓住它，那么一定要温柔又牢固地抓住它，然后马上将其带到窗口放归室外。

如果发现死去的鸟类

人们见到的死鸟，其死因通常与人类有关，例如撞上窗户、被汽车撞死或被家猫捕食等。尽管你能见到的死鸟很少是因病而死，但是仍然需要小心处理，处理完毕后要记得洗手。

美国法律规定，未经相应许可，私自持有原生鸟类或其身体的任何部分（如羽毛）通常都是违法的。

在大多数情况下，你只需将尸体处理掉，可以埋进土里或是扔进垃圾桶。但是，如果你知道某个博物馆或科研院所这样的官方机构有意将这只鸟制成标本进行研究，请按照以下步骤操作：用纸巾或报纸小心地包裹鸟尸，放入密封的塑料袋中，并确保附上纸条，上面要清晰地记录发现这只鸟的地点、时间和方式，最后放入冰箱冷冻起来。完成上述操作后，请认真洗手。

如果发现鸟宝宝

在采取任何行动之前，首先请记住以下两点：

- 大多数鸟宝宝无需任何帮助，最好的方式就是不要干预、让它们独自待着，这种方法十有八九都是正确的。再次强调一遍，鸟宝宝通常无需人类的救助（第105页中段）。
- 私自喂养原生鸟类在美国是违法行为，而且野生鸟类也不适合当宠物。在中国，绝大部分鸟类已被列入保护名录，将野生鸟类带回家饲养同样是违法行为。只有受过专业训练和持有合法证件的野生动物救助人员才能照顾受伤的或者没有亲鸟照顾的雏鸟。

【状况评估】

如果这只鸟宝宝看起来像这样：

这是一只羽翼初丰、准备离巢的幼鸟，所以它不在巢中也是很正常的情况。此时，它的亲鸟可能就在附近，因此我们最好不要靠近，而是让幼鸟独自待着。如果你在靠近鸟宝宝时听到周围发出重复的尖锐叫声，或者看到一只成鸟在你身边飞来飞去，那可能就是它的亲鸟在试图保护自己的孩子。在这种情况下，你应该远离这里，让亲鸟继续照顾自己的孩子。请勿在幼鸟周围放置任何食物和水，这不仅没有任何帮助，反而可能招来捕食者。

只有在出现以下几种情况时，人们的干预才有意义：

- 如果幼鸟受到了威胁，比如可能被猫狗攻击或被汽车撞上等。假如你十分确信幼鸟此时正暴露于危险之中，你可以发出一些声音将其赶回安全的地方，或者轻轻地把它捡起来，移至更安全的地方，比如灌木或树上。
- 如果幼鸟明显受伤了（例如，这只鸟是被猫或狗叼到你面前的）。如果伤势不严重，幼鸟还能站能跳，那么让幼鸟和亲鸟一起待在野外或许是最好的选择。你可以把它带到室外，放在灌木或矮树上相对较高且隐蔽的枝条上，以便亲鸟能够找到它。如果幼鸟的伤势比较严重，请联系当地的野生动物救助中心。
- 如果幼鸟走失了或者没有亲鸟照顾。首先，你不太可能真的会发现没有亲鸟照顾的幼鸟，一般来说，亲鸟大概率就在附近。因此，第一步便是确认亲鸟是否还在周围。你可以先找一个地方待着（比如待在附近的房子里），确保你的存在不会影响亲鸟回到幼鸟身边，然后持续观察至少两个小时。注意时刻盯紧目标，因为亲鸟通常会悄悄地接近幼鸟，而且给幼鸟喂食的时间往往只有几秒钟。如果你最终确定这只幼鸟周围没有亲鸟，请联系当地的野生动物救助中心。

如果这只鸟宝宝看起来更像这样：

这是一只刚孵化没多久，从鸟巢里掉出来的雏鸟，通常还无法站立。如果你能找到并且够得到鸟巢，可以直接把这只雏鸟放回巢中。如果你找不到鸟巢或无法将雏鸟放回鸟巢，那么可以在尽可能靠近旧巢的位置放一个自制的替代鸟巢——里面垫着纸巾的小盒子或碗状容器（例如小篮子）就能充当临时的鸟巢，把雏鸟放进去以后，你可以从远处观察是否有亲鸟回巢。

如果你完成了以上所有步骤，并且仍然确信这只鸟宝宝需要你的帮助，那么请确保雏鸟温暖干燥，并联系当地的野生动物救助中心。

Becoming a birder
成为观鸟者

如果你想开启观鸟之旅，只需满怀好奇就足够了。曾经，一本鸟类观察图鉴和一副双筒望远镜就足以满足观鸟的基本需求，随着你的观鸟爱好逐渐深入，这些东西也将成为必不可少的工具。不过，在二十一世纪的今天，网上有许多实用的信息和讨论小组，很多人也会用数码相机代替双筒望远镜来开启观鸟之旅。

如果你想尽快提高观鸟技能，那就需要积极主动地进行观鸟，像画草图、记笔记、写诗歌、拍照片等任何需要你更加仔细、更长时间地观察鸟类的方法都会对观鸟有所帮助。还有一个好方法是多问自己一些问题：比如，为什么这只鸟要做出这样的行为？这种鸟的喙和其他鸟类相比有何不同？你观察到的细节越多，学到的也会越多。

观鸟时要养成良好的观鸟习惯，尽量减少自己对鸟类及其行为的影响。猫头鹰就对干扰尤其敏感（第 180 页，东美角鸮），而我们应该尽可能减少对所有鸟类的干扰。

鸟类辨识

成功识别鸟类的关键之一是分辨不同物种之间的差异和相似之处（第 37 页上段）。你需要留意鸟类的外形特征（特别是喙）、习性以及羽色，并了解鸟类之间的亲缘关系。

阅读本书后，你应该对不同鸟类的各种喙形有了基本的了解。想一想不同鸟类的觅食方式，你应该很快就能大致掌握每种喙形的用途是什么（第 41 页上段和第 149 页中段）。

要注意观察鸟类外形各方面的特征，比如是否有羽冠（第 147 页上段）或不同的翼形（第 99 页中段）等。

鸟类的习性也是识别物种的另一个重要线索。例如，红头美洲鹫左右倾斜的飞行方式就是非常重要的辨识特征（第 59 页下段），和大多数鸣禽的波浪式飞行（第 163 页上段）或燕子优美流畅的飞行方式（第 101 页中段）截然不同。又比如，鹪鹩这类鸟的招牌动作是向上翘尾巴（第 123 页上段），而长尾霸鹟则有摇尾巴的习惯（第 95 页上段）。

辨识相似鸟种最简单的方式之一就是看它们的羽色。比如，灰额主红雀和主红雀虽然是近亲，但是二者的羽色有所不同（第 147 页左下）。书中提到的三种山雀，其主要区别就在于它们的羽色和纹路（第 112 页）。虽然杂色鸫与旅鸫同属鸫科，并且都有相似的橙红色和灰色羽毛，但是许多羽色和纹路的细节却不尽相同（第 127 页下段）。

亲缘关系较近的鸟类通常具有相似之处。例如，北美洲的所有啄木鸟都会在爬树时用坚硬的尾羽支撑身体（第 91 页上段）。䴓虽然也会爬树，但是却不会用尾羽作为支撑（第 118 页）。有些时候，一些亲缘关系较远的鸟类在面对相同的挑战时也会演化出相似的解决方案。比如，虽然美洲旋木雀和啄木鸟并非近亲，但是美洲旋木雀同样演化出了与啄木鸟一样的坚硬尾羽和攀爬方式（第 89 页下段）。

Acknowledgments
致谢

这本书的许多内容都仰赖日益丰硕的科学研究成果，这些研究人员致力于拓展和加深我们对鸟类和大自然的认知，如果没有他们的好奇心和奉献精神，本书就不可能问世。这其中包括那些在本书“参考资料”部分中所列论文的作者，还包括为我们现今的鸟类学知识体系做出了贡献的数以千计的其他研究人员。我谨在此向他们所有人表达诚挚的感谢。

感谢以下诸位为我答疑解惑、提供参考资料、审阅初稿等，这本书在他们的帮助下才得以完成：凯特·戴维斯（Kate Davis）、洛娜·吉布森（Lorna Gibson）、杰里·利古里（Jerry Liguori）、克拉拉·诺德恩（Klara Nordern）、丹尼·普莱斯（Danny Price）、杰夫·波多斯（Jeff Podos）、理查德·普鲁姆（Richard Prum）、彼得·派尔（Peter Pyle）、J. 迈克尔·里德（J. Michael Reed）、马吉·里内斯（Marj Rines）、玛格丽特·鲁贝加（Margaret Rubega）、玛丽·斯托达德（Mary Stoddard）、卢克·泰瑞尔（Luke Tyrrell）和琼·沃尔什（Joan Walsh）。

我要特别感谢以下三位，在本书写作过程中的不同阶段，他们投入了许多额外的时间和精力来帮助我查找、阅读、重读研究资料，并提供各种意见和建议。他们是克里斯·埃尔菲克（Chris Elphick）、林达尔·基德（Lindall Kidd）和图伊·罗杰斯（Tooey Rogers）。

感谢我的经纪人拉塞尔·盖伦（Russell Galen）出色的工作表现，使我能够专注于自己的工作。

感谢克诺夫出版社（Alfred A. Knopf, Inc.）的出版团队，他们耐心地等待本书逐渐成形，并巧妙地将其汇编成一本货真价实的书籍。

感谢我的妻子琼（Joan）以及我的儿子埃文（Evan）和乔尔（Joel），他们让我有充足的时间完成这项工作。

Sources
参考资料

以下列出的每篇短文所参考的资料来源均为相应方面的专业参考文献。一些涵盖面较广、内容较为通俗易懂的资料和教科书也在本书的资料整理和写作过程中发挥了至关重要的作用。这些资料为多篇短文提供了有用的信息，可以作为切入点帮助感兴趣的读者进行延伸阅读：

Gill et al 2019. Ornithology. 4th ed. New York: W. H. Freeman.

Scanes, ed. 2014. Sturkie's Avian Physiology. 6th ed. Cambridge, MA: Academic Press.

Proctor and Lynch 1998. Manual of Ornithology: Avian Structure and Function. New Haven: Yale University Press.

Rodewald, ed. 2015. The Birds of North America. Cornell Laboratory of Ornithology, Ithaca, NY. https://birdsna.org

P3 雁和鸡、鸭、鹬一样是早成性鸟类：

Starck and Ricklefs 1998. Patterns of Development: The Altricial-Precocial Spectrum. In J. M. Starck and R. E. Ricklefs, eds., *Avian Growth and Development. Evolution Within the Altricial Precocial Spectrum*. New York: Oxford University Press.

P3 雏雁的印记行为：

Lorenz 1952. King *Solomon's Ring*. New York: Methuen.
（中译本：《所罗门王的指环》，中国和平出版社，1998）

Hess 1958. "Imprinting in animals." Scientific American 198: 81 – 90.

P3 雁类的雌性和雄性外表相似：

Caithamer et al 1993. Field identification of age and sex of interior Canada geese. *Wildlife Society Bulletin* 21: 480 – 487.

P5 排成人字形编队飞行：

Portugal et al 2014. Upwash exploitation and downwash avoidance by flap phasing in ibis formation flight. *Nature* 505: 399 – 402.

Weimerskirch et al 2001. Energy saving in flight formation. *Nature* 413: 697 – 698.

P5 羽毛磨损：

Howell 2010. *Molt in North American Birds*. New York: Houghton Mifflin Harcourt.

Gates et al 1993. The annual molt cycle of *Branta canadensis interior* in relation to nutrient reserve dynamics. *The Condor* 95: 680 – 693.

Tonra and Reudink 2018. Expanding the traditional definition of molt-migration." *The Auk* 135: 1123 – 1132.

P5 鸟类没有牙齿：

Gionfriddo and Best 1999. Grit use by birds. In V. Nolan, E. D. Ketterson, C. F. Thompson, eds., *Current Ornithology, Volume 15*. Boston: Springer.

P7 天鹅和雁都有细长的脖子：

Ammann 1937. Number of contour feathers of *Cygnus* and *Xanthocephalus*. *The Auk* 54: 201 – 202.

P9 除了用翅膀上的羽毛做笔之外：

Hanson 2011. *Feathers*. New York: Basic Books.（中译本：《羽毛：自然演化中的奇迹》，商务印书馆，2017）

P11 直接从水面起飞颇具挑战：

Queeny 1947. Prairie Wings: Pen and Camera Flight Studies. New York: Lippincott.

P11 所有的鸟类都有羽毛：

Wang and Meyers 2016. Light like a feather: a fibrous natural composite with a shape changing from round to square. *Advanced Science* 4: 1600360.

P12 雌鸭独自在地面筑巢：

Bailey et al 2015. Birds build camouflaged nests. *The Auk* 132: 11 – 15.

P12 在每一次繁殖尝试中：

Kirby and Cowardin 1986. Spring and summer survival of female Mallards from north central Minnesota. *Journal of Wildlife Management* 50: 38 – 43.

Arnold et al 2012. Costs of reproduction in breeding female Mallards: predation risk during incubation drives annual mortality. *Avian Conservation and Ecology* 7(1): 1.

P15 鸟类身上裹着一层很好的隔热外衣：

Midtgard 1981. The rete tibiotarsale and arteriovenous association in the hind limb of birds: a comparative morphological study on counter-current heat exchange systems. *Acta Zoologica* 62: 67 – 87.

Midtgard 1989. Circulatory adaptations to cold in birds. In C. Bech, R. E. Reinertsen, eds., *Physiology of Cold Adaptation in Birds*. NATO ASI Series (Series A: Life Sciences), vol. 173. Boston: Springer.

Kilgore and Schmidt-Nielsen 1975. Heat loss from ducks' feet immersed in cold water. *The Condor* 77: 475 – 517.

P15 雌性的选择可以影响雄性的外观：

Prum 2017. The Evolution of Beauty: How Darwin's Forgotten Theory of Mate Choice Shapes the Animal World—and Us. New York: Doubleday.（中译本：《美的进化：被遗忘的达尔文配偶选择理论，如何塑造了动物世界以及我们》，中信出版社，2019）

P15 鸟类羽色的多样性和复杂程度：

Chen et al 2015. Development, regeneration, and evolution of feathers. *Annual Review of Animal Bioscience* 3: 169 – 195.

P17 人类依赖于肾脏：

Bokenes and Mercer 1995. Salt gland function in the common eider duck (*Somateria mollissima*). *Journal of Comparative Physiology* B 165: 255 – 267.

P17 羽毛具有防水性能：

Rijke and Jesser 2011. The water penetration and repellency of feathers revisited. *The Condor* 113: 245 – 254.

Srinivasan et al 2014. Quantification of feather structure, wettability and resistance to liquid penetration. *Journal of the Royal Society Interface* 11.

Bormashenko et al 2007. Why do pigeon feathers repel water? Hydrophobicity of pennae, Cassie-Baxter wetting hypothesis and Cassie-Wenzel capillarity-induced wetting transition. *Journal of Colloid and Interface Science* 311: 212 – 216.

P19 鸟类的味觉十分发达：

Rowland et al 2015. Comparative Taste Biology with Special Focus on Birds and Reptiles. In R. L. Doty, ed., *Handbook of Olfaction and Gustation*, 3rd ed. New York: Wiley-Liss.

Clark et al 2014. The Chemical Senses in Birds. In C. Scanes, ed., *Sturkie's Avian Physiology*. Cambridge: Academic Press.

Wang and Zhao 2015. Birds generally carry a small repertoire of bitter taste receptor genes. *Genome Biology and Evolution* 7: 2705 – 2715.

Skelhorn and Rowe 2010. Birds learn to use distastefulness as a signal of toxicity. *Proceedings of the Royal Society B: Biological Sciences* 277.

P21 潜鸟的雏鸟在出壳后几小时就能游泳：
Evers et al 2010. Common Loon (Gavia immer). Version 2.0. In A. F. Poole, ed., *The Birds of North America*. Ithaca: Cornell Lab of Ornithology.

P23 黑颈䴙䴘一年中的大部分时间：
Roberts et al 2013. Population fluctuations and distribution of staging Eared Grebes (*Podiceps nigricollis*) in North America. *Canadian Journal of Zoology* 91: 906 – 913.
Jehl et al 2003. Optimizing Migration in a Reluctant and Inefficient Flier: The Eared Grebe. In P. Berthold, E. Gwinner, E. Sonnenschein, eds., *Avian Migration*. Springer Berlin / Heidelberg.

P23 会潜水的鸟类有一些特殊技能：
Casler 1973. The air-sac systems and buoyancy of the Anhinga and Double-Crested Cormorant. *The Auk* 90: 324 – 340.
Stephenson 1995. Respiratory and plumage gas volumes in unrestrained diving ducks (*Aythya affinis*). *Respiration Physiology* 100: 129 – 137.

P23 鸟类之间不可思议的交流方式：
Brua 1993. Incubation behavior and embryonic vocalizations of Eared Grebes. Master's thesis, North Dakota State Univ., Fargo.

P25 海鸟的集群繁殖：
Croft et al 2016. Contribution of Arctic seabird-colony ammonia to atmospheric particles and cloud-albedo radiative effect. *Nature Communications* 7: 13444.
Otero et al 2018. Seabird colonies as important global drivers in the nitrogen and phosphorus cycles. *Nature Communications* 9: 246.

P25 海鹦的“彩色大嘴”：
Tattersall et al 2009. Heat exchange from the Toucan bill reveals a controllable vascular thermal radiator. *Science* 24: 468 – 470.

P25 海鸦是海鹦的近亲：
Croll et al 1992. Foraging behavior and physiological adaptation for diving in Thick-Billed Murres. *Ecology* 73: 344 – 356.
Martin 2017. *The Sensory Ecology of Birds*. Oxford: Oxford University Press.
Regular et al 2011. Fishing in the dark: a pursuit-diving seabird modifies foraging behaviour in response to nocturnal light levels. *PLOS One* 6: e26763.
Regular et al 2010. Crepuscular foraging by a pursuit-diving seabird: tactics of common murres in response to the diel vertical migration of capelin. *Marine Ecology Progress Series* 415: 295 – 304.
Gremillet et al 2005. Cormorants dive through the polar night. *Biology Letters* 1: 469 – 471.

P27 关于鸬鹚羽毛的常见说法：
Srinivasan et al 2014. Quantification of feather structure, wettability and resistance to liquid penetration. *Journal of the Royal Society Interface* 11.
Gremillet et al 2005. Unusual feather structure allows partial plumage wettability in diving Great Cormorants *Phalacrocorax carbo*. *Journal of Avian Biology* 36: 57 – 63.
Ribak et al 2005. Water retention in the plumage of diving Great Cormorants *Phalacrocorax carbo sinensis*. *Journal of Avian Biology* 36: 89 – 95.
Quintana et al 2007. Dive depth and plumage air in wettable birds: the extraordinary case of the Imperial Cormorant. *Marine Ecology Progress Series* 334: 299 – 310.

P27 我在水下看出去一片模糊：
Cronin 2012. Visual optics: accommodation in a splash. *Current Biology* 22: R871 – R873.
Martin 2017. *The Sensory Ecology of Birds*. Oxford: Oxford University Press.

P31 大蓝鹭是耐心十足的捕猎者：
Katzir et al 1989. Stationary underwater prey missed by reef herons, *Egretta gularis*: head position and light refraction at the moment of strike. *Journal of Comparative Physiology* A 165: 573 – 576.

P33 光的折射：
Lotem et al 1991. Capture of submerged prey by little egrets, *Egretta garzetta garzetta*: strike depth, strike angle and the problem of light refraction. *Animal Behaviour* 42: 341 – 346.
Katzir and Intrator 1987. Striking of underwater prey by a reef heron, *Egretta gularis schistacea*. *Journal of Comparative Physiology A* 160: 517 – 523.

P33 羽毛的演化：
Prum and Brush 2002. The evolutionary origin and diversification of feathers. *The Quarterly Review of Biology* 77: 261 – 295.

P33 鹭类捕鱼的招式五花八门：
Lovell 1958. Baiting of fish by a Green Heron. *Wilson Bulletin* 70: 280 – 281.
Gavin and Solomon 2009. Active and passive bait-fishing by Black-Crowned Night Herons. *The Wilson Journal of Ornithology* 121: 844 – 845.

P35 鸟类为什么要单腿站立？：
Chang and Ting 2017. Mechanical evidence that flamingos can support their body on one leg with little active muscular force. *Biology Letters* 13: 20160948.

P39 直接产在开阔空地的鸟卵：
Reneerkens et al 2005. Switch to diester preen waxes may reduce avian nest predation by mammalian predators using olfactory cues. *Journal of Experimental Biology* 208: 4199 – 4202.
Kolattukudy et al 1987. Diesters of 3-hydroxy fatty acids produced by the uropygial glands of female Mallards uniquely during the mating season. *Journal of Lipid Research* 28: 582 – 588.

P41 这四种鸻鹬类：
Dumont et al 2011. Morphological innovation, diversification and invasion of a new adaptive zone. *Proceedings of the Royal Society B: Biological Sciences* 279: 1734.

P43 鹬群在飞行时的翻转腾挪：
Attanasi et al 2014. Information transfer and behavioural inertia in starling flocks. *Nature Physics* 10: 691 – 696.
Attanasi et al 2015. Emergence of collective changes in travel direction of starling flocks from individual birds' fluctuations. *Journal of the Royal Society Interface* 12.
Potts 1984. The chorus-line hypothesis of manoeuvre coordination in avian flocks. *Nature* 309: 344 – 345.

P43 鹬类的喙尖：
Piersma et al 1998. A new pressure sensory mechanism for prey detection in birds: the use of principles of seabed dynamics? *Proceedings of the Royal Society of London B: Biological Sciences* 265.

P43 观察一群鹬：
Rubega and Obst 1993. Surface-tension feeding in Phalaropes: discovery of a novel feeding mechanism. *The Auk* 110: 169 – 178.

P45 俘获芳心和威慑对手：
van Casteren et al 2010. Sonation in the male common snipe (*Capella gallinago gallinago L.*) is achieved by a flag-like fluttering of their tail feathers and consequent vortex shedding. *Journal of Experimental Biology* 213: 1602 – 1608.
Clark et al 2013. Hummingbird feather sounds are produced by aeroelastic flutter, not vortex-induced.

vibration. Journal of Experimental Biology 216: 3395 – 3403.
Clark and Feo 2008. The Anna's Hummingbird chirps with its tail: a new mechanism of sonation in birds. *Proceedings of the Royal Society B: Biological Sciences* 275: 955 – 962.

P45 鸟类普遍拥有出色的视力：
Martin 2007. Visual fields and their functions in birds. *Journal of Ornithology* 148: 547 – 562.

P47 鸥类因吃“垃圾食物”而臭名昭著：
Annett and Pierotti 1989. Chick hatching as a trigger for dietary switches in Western Gulls. *Colonial Waterbirds* 12: 4 – 11.
Alonso et al 2015. Temporal and age-related dietary variations in a large population of yellow-legged
gulls *Larus michahellis*: implications for management and conservation. *European Journal of Wildlife Research* 61: 819 – 829.

P47 如果你在海滩上发现了一根鸥的羽毛：
Butler and Johnson 2004. Are melanized feather barbs stronger? *Journal of Experimental Biology* 207: 285 – 293.
Bonser 1995. Melanin and the abrasion resistance of feathers. *The Condor* 97: 590 – 591.

P47 当飓风来临时，鸟类该怎么办？：
Breuner et al 2013. Environment, behavior and physiology: do birds use barometric pressure to predict storms?" *Journal of Experimental Biology* 216: 1982 – 1990.

P49 为什么有些鸟类会集群筑巢繁殖？：
Rolland et al 1998. The evolution of coloniality in birds in relation to food, habitat, predation, and life-history traits: a comparative analysis. *The American Naturalist* 151: 514 – 529.
Varela et al 2007. Does predation select for or against avian coloniality? A comparative analysis. *Journal of Evolutionary Biology* 20: 1490 – 1503.

P49 燕鸥十分擅长飞行：
Egevang et al 2010. Tracking of Arctic terns *Sterna paradisaea* reveals longest animal migration. *Proceedings of the National Academy of Sciences* 107: 2078 – 2081.
Weimerskirch et al 2014. Lifetime foraging patterns of the wandering albatross: life on the move!" *Journal of Experimental Marine Biology and Ecology* 450: 68 – 78.
Weimerskirch et al 2015. Extreme variation in migration strategies between and within wandering albatross populations during their sabbatical year, and their fitness consequences. *Scientific Reports* 5: 8853.

P51 鸟类的整体羽色：
Amar et al 2013. Plumage polymorphism in a newly colonized Black Sparrowhawk population: classification, temporal stability and inheritance patterns. *Journal of Zoology* 289: 60 – 67.
Tate and Amar 2017. Morph specific foraging behavior by a polymorphic raptor under variable light conditions. *Scientific Reports* 7: 9161.
Tate et al 2016. Differential foraging success across a light level spectrum explains the maintenance and spatial structure of colour morphs in a polymorphic bird. *Ecology Letters* 19: 679 – 686.
Tate et al 2016. Pair complementarity influences reproductive output in the polymorphic Black Sparrowhawk *Accipiter melanoleucus*. *Journal of Avian Biology* 48: 387 – 398.

P51 大多数鸟类的雌性和雄性：
Kruger 2005. The evolution of reversed sexual size dimorphism in hawks, falcons and owls: a comparative study. *Evolutionary Ecology* 19: 467 – 486.

P55 库氏鹰和纹腹鹰：
Fisher 1893. Hawks and owls as related to the farmer. *Yearbook of the USDA*: 215 – 232.

P55 除了敏锐的视力以外：
Bostrom et al 2016. Ultra-rapid vision in birds. PLOS One 11: e0151099. Healy et al 2013. Metabolic rate and body size are linked with perception of temporal information. *Animal Behaviour* 86: 685 – 696.

P57 这个人的视力像雕一样优秀：
Ruggeri et al 2010. Retinal structure of birds of prey revealed by ultra – high resolution spectral-domain optical coherence tomography. *Investigative Ophthalmology & Visual Science* 51: 5789-5795.
O'Rourke et al 2010. Hawk eyes I: diurnal raptors differ in visual fields and degree of eye movement. *PLOS One* 5: e12802.

P57 请盯住这句话中的某一个字：
Potier et al 2017. Eye size, fovea, and foraging ecology in Accipitriform raptors. *Brain Behavior and Evolution* 90: 232-242.
Tucker 2000. The deep fovea, sideways vision and spiral flight paths in raptors. *Journal of Experimental Biology* 203: 3745 – 3754.

P57 铅中毒是最为严重的威胁之一：
Haig et al 2014. The persistent problem of lead poisoning in birds from ammunition and fishing tackle. *The Condor* 116: 408 – 428.
Yaw et al 2017. Lead poisoning in Bald Eagles admitted to wildlife rehabilitation facilities in Iowa, 2004 – 2014. *Journal of Fish and Wildlife Management* 8: 465-473.
University of Minnesota Website: https://www.raptor.umn.edu/our-research/lead-poisoning

P59 美洲鹫的夜间休息：
Clark and Ohmart 1985. Spread-winged posture of Turkey Vultures: single or multiple function? *The Condor* 87: 350 – 355.

P59 你可能听过鸟类缺乏嗅觉这一说法：
Grigg et al 2017. Anatomical evidence for scent guided foraging in the Turkey Vulture. *Scientific Reports* 7: 17408.
Smith and Paselk 1986. Olfactory sensitivity of the Turkey Vulture (*Cathartes aura*) to three carrion-associated odorants. *The Auk* 103: 586 – 592.
Krause et al 2018. Olfaction in the Zebra Finch (*Taeniopygia guttata*): what is known and further perspectives. *Advances in the Study of Behavior* 50: 37 – 85.

P59 红头美洲鹫的飞行：
Mallon et al 2016. In-flight turbulence benefits soaring birds. *The Auk* 133: 79 – 85.
Sachs and Moelyadi 2010. CFD-based determination of aerodynamic effects on birds with extremely large dihedral. *Journal of Bionic Engineering* 7: 95 – 101.
Klein Heerenbrink et al 2017. Multi-cored vortices support function of slotted wing tips of birds in gliding and flapping flight. *Journal of the Royal Society Interface* 14.

P61 美洲隼的头部具有复杂的颜色和图案：
Clay 1953. Protective coloration in the American Sparrow Hawk. *Wilson Bulletin* 65: 129 – 134.
Cooper 1998. Conditions favoring anticipatory and reactive displays deflecting predatory attack. *Behavioral Ecology* 9: 598 – 604.

P61 游隼是世界上速度最快的动物：
Tucker 1998. Gliding flight: speed and acceleration of ideal falcons during diving and pull out. *Journal of Experimental Biology* 201: 403 – 414.

P61 鸟类有许多节省能量的方法：
Williams et al 2018. Social eavesdropping allows for a more risky gliding strategy by thermal-soaring birds. *Journal of the Royal Society Interface* 15.

P63　美洲雕鸮的“角”：

Perrone 1981. Adaptive significance of ear tufts in owls. *The Condor* 83: 383 – 384.

Santillan et al 2008. Ear tufts in Ferruginous Pygmy-Owl (*Glaucidium brasilianum*) as alarm response. *Journal of Raptor Research* 42:153 – 154.

Catling 1972. A behavioral attitude of Saw-Whet and Boreal Owls. *The Auk* 89: 194 – 196.

Holt et al 1990. A description of ‘tufts’ and concealing posture in Northern Pygmy-Owls. *Journal of Raptor Research* 24: 59 – 63.

P63　传说猫头鹰的脑袋可以连续转一整圈：

Krings et al 2017. Barn Owls maximize head rotations by a combination of yawing and rolling in functionally diverse regions of the neck. *Journal of Anatomy* 231: 12 – 22.

de Kok-Mercado et al 2013. Adaptations of the owl’s cervical & cephalic arteries in relation to extreme neck rotation. *Science* 339: 514 – 515.

P63　通常认为猫头鹰是夜行性动物：

Penteriani and Delgado 2009. The dusk chorus from an owl perspective: Eagle Owls vocalize when their white throat badge contrasts most. *PLOS One* 4: e4960.

P65　猫头鹰的听觉极为灵敏：

Knudsen and Konishi 1979. Mechanisms of sound localization in the Barn Owl (*Tyto alba*). *Journal of Comparative Physiology* 133: 13 – 21.

Takahashi 2010. How the owl tracks its prey—II. *Journal of Experimental Biology* 213: 3399 – 3408.

P65　猫头鹰翅膀上的羽毛：

Bachmann et al 2007. Morphometric characterisation of wing feathers of the Barn Owl *Tyto alba pratincola* and the pigeon *Columba livia*. *Frontiers in Zoology* 4: 23.

P65　即使拥有出色的听力：

Payne 1971. Acoustic location of prey by Barn Owls (*Tyto alba*). *Journal of Experimental Biology* 54: 535 – 573.

Hausmann et al 2009. In-flight corrections in free-flying Barn Owls (*Tyto alba*) during sound localization tasks. *Journal of Experimental Biology* 211: 2976 – 2988.

Fux and Eilam 2009. The trigger for Barn Owl (*Tyto alba*) attack is the onset of stopping or progressing of prey. *Behavioural Processes* 81: 140 – 143.

P69　北美洲数量最多的鸟类是什么呢？：

USDA data

P71　山齿鹑的名字来源于雄鸟的叫声：

Phillips 1928. Wild birds introduced or transplanted in North America. U.S. Department of Agriculture Technical Bulletin 61.

P73　人们对鸟类智力的误解：

Watanabe 2001. Van Gogh, Chagall and pigeons: picture discrimination in pigeons and humans. *Animal Cognition* 4: 147 – 151.

Levenson et al 2015. Pigeons (*Columba livia*) as trainable observers of pathology and radiology breast cancer images. *PLOS One* 10: e0141357.

Toda and Watanabe 2008. Discrimination of moving video images of self by pigeons (*Columba livia*). *Animal Cognition* 11: 699 – 705.

Emery 2005. Cognitive ornithology: the evolution of avian intelligence. *Philosophical Transactions of the Royal Society B Biological Sciences* 361: 23–43.

Prior et al 2008. Mirror-induced behavior in the Magpie (*Pica pica*): evidence of self-recognition. *PLOS Biology* 6: e202.

P73　家鸽卓越的导航能力：

Blechman 2007. Pigeons: The Fascinating Saga of the World’s Most Revered and Reviled Bird, New York: Open Road and Grove/Atlantic.

Guilford and Biro 2014. Route following and the pigeon’s familiar area map. Journal of Experimental Biology 217: 169 – 179.

P75　许多鸟类在行走时看上去像在前后晃动脑袋：

Friedman 1975. Visual control of head movements during avian locomotion. *Nature* 255: 67 – 69.

Frost 1978. The optokinetic basis of head-bobbing in the pigeon. *Journal of Experimental Biology* 74: 187 – 195.

P75　鸟类真的能睁一只眼闭一只眼睡觉吗？：

Mascetti 2016. Unihemispheric sleep and asymmetrical sleep: behavioral, neurophysiological, and functional perspectives. *Nature and Science of Sleep* 8: 221 – 238.

P75　为什么哀鸽起飞时翅膀会发出“呼呼”的哨声？：

Hingee and Magrath 2009. Flights of fear: a mechanical wing whistle sounds the alarm in a flocking bird. *Proceedings of the Royal Society of London B: Biological Sciences* 276: 4173 – 4179.

Coleman 2008. Mourning Dove (*Zenaida macroura*) wing-whistles may contain threat-related information for con-and hetero-specifics. *Naturwissenschaften* 95: 981 – 986.

Magrath et al 2007. A mutual understanding? Interspecific responses by birds to each other’s aerial alarm calls. *Behavioral Ecology* 18: 944 – 951.

P77　蜂鸟喉部绚丽的颜色：

Prum 2006. Anatomy, Physics, and Evolution of Structural Colors. In Hill and McGraw, eds., *Bird Coloration Vol 1: Mechanisms and Measurements*. Cambridge: Harvard University Press.

Greenewalt et al 1960. Iridescent colors of hummingbird feathers. *Journal of the Optical Society of America* 50: 1005 – 1013.

P77　许多鸟类的羽毛都有虹彩光泽：

Doucet and Meadows 2009. Iridescence: a functional perspective. *Journal of the Royal Society Interface* 6.

Meadows 2012. The costs and consequences of iridescent coloration in Anna’s Hummingbirds (*Calypte anna*). PhD Dissertation, Arizona State University.

P77　蜂鸟需要消耗大量能量：

Hiebert 1993. Seasonal changes in body mass and use of torpor in a migratory hummingbird. *The Auk* 110: 787 – 797.

Shankar et al 2019. Hummingbirds budget energy flexibly in response to changing resources. *Functional Ecology* 33: 1904–1916.

Carpenter and Hixon 1988. A new function for torpor: fat conservation in a wild migrant hummingbird. *The Condor* 90: 373 – 378.

P78　分布于墨西哥以北的体型最大和体型最小的蜂鸟：

Bertin 1982. Floral biology, hummingbird pollination and fruit production of Trumpet Creeper (*Campsis radicans*, Bignoniaceae). *American Journal of Botany* 69: 122 – 134.

P79　给蜂鸟喂食其实很简单：

Williamson 2001. A Field Guide to Hummingbirds of North America. New York: Houghton Mifflin Harcourt.

P79　蜂鸟可以在空中悬停：

Sapir and Dudley 2012. Backward flight in hummingbirds employs unique kinematic adjustments and entails low metabolic cost. *Journal of Experimental Biology* 215: 3603 – 3611.

Tobalske 2010. Hovering and intermittent flight in birds. *Bioinspiration & Biomimetics* 5: 045004.

Warrick et al 2005. Aerodynamics of the hovering hummingbird. *Nature* 435: 1094 – 1097.

P79 蜂鸟会将细长的舌头伸入花朵吸食花蜜：

Rico-Guevara and Rubega 2011. The hummingbird tongue is a fluid trap, not a capillary tube. *PNAS* 108: 9356 – 9360.

Rico-Guevara et al 2015. Hummingbird tongues are elastic micropumps. *Proceedings of the Royal Society B: Biological Sciences* 282.

P81 陨石撞击事件：

Longrich et al 2011. Mass extinction of birds at the Cretaceous–Paleogene (K–Pg) boundary. *Proceedings of the National Academy of Sciences USA* 108: 15253 – 15257.

Field et al 2018. Early evolution of modern birds structured by global forest collapse at the end-Cretaceous mass extinction. *Current Biology* 28: 1825 – 1831.

Claramunt and Cracraft 2015. A new time tree reveals Earth history's imprint on the evolution of modern birds. *Science Advances* 1 (11): e1501005

P81 一个多世纪以来：

Li et al 2010. Plumage color patterns of an extinct dinosaur. *Science* 327: 1369 – 1372.

Liu et al 2012. Timing of the earliest known feathered dinosaurs and transitional pterosaurs older than the Jehol Biota. *Palaeogeography, Palaeoclimatology, Palaeoecology* 323 – 325: 1 – 12.

P83 翠鸟捕鱼时会“悬停”：

Videler et al 1983. Intermittent gliding in the hunting flight of the Kestrel, *Falco tinnunculus L. Journal of Experimental Biology* 102: 1 – 12.

Frost 2009. Bird head stabilization. *Current Biology* 19: PR315 – R316.

Necker 2005. The structure and development of avian lumbosacral specializations of the vertebral canal and the spinal cord with special reference to a possible function as a sense organ of equilibrium. *Anatomy and Embryology (Berl)* 210: 59 – 74.

P85 鹦鹉身上鲜亮的绿色：

Stradi et al 2001. The chemical structure of the pigments in Ara macao plumage. Comparative Biochemistry and Physiology Part B: Biochemistry and Molecular Biology 130: 57 – 63.

McGraw and Nogare 2005. Distribution of unique red feather pigments in parrots. Biology Letters 1: 38 – 43.

Burtt et al 2011. Colourful parrot feathers resist bacterial degradation. Biology Letters 7: 214 – 216.

P85 因为没有双手，所以大多数鸟类只能依靠喙：

Friedmann and Davis 1938. 'Left-handedness' in parrots. *The Auk* 55. 478 – 480.

Brown and Magat 2011/a. Cerebral lateralization determines hand preferences in Australian parrots. *Biology Letters* 7: 496–498.

Brown and Magat 2011/b. The evolution of lateralized foot use in parrots: a phylogenetic approach. *Behavioral Ecology* 22: 1201 – 1208.

P85 鸟类的舌头是非常重要的食物处理工具：

Beckers et al 2004. Vocal-tract filtering by lingual articulation in a parrot. *Current Biology* 14: 1592 – 1597.

Ohms et al 2012. Vocal tract articulation revisited: the case of the monk parakeet. *Journal of Experimental Biology* 215: 85 – 92.

P86 两种外表相似的啄木鸟：

Weibel and Moore 2005. Plumage convergence in *Picoides* woodpeckers based on a molecular phylogeny, with emphasis on convergence in Downy and Hairy Woodpeckers. *The Condor* 107: 797 – 809.

Miller et al 2017. Fighting over food unites the birds of North America in a continental dominance hierarchy. *Behavioral Ecology* 28: 1454 – 1463.

Leighton et al 2018. The hairy-downy game revisited: an empirical test of the interspecific social dominance mimicry hypothesis. *Animal Behaviour* 137: 141 – 148.

Rainey and Grether 2007. Competitive mimicry: synthesis of a neglected class of mimetic relationships. *Ecology* 88: 2440 – 2448.

Prum and Samuelson 2012. The hairy-downy game: a model of interspecific social dominance mimicry. *Journal of Theoretical Biology* 313: 42 – 60.

P87 啄木鸟的三种行为各不相同：

https://www.allaboutbirds.org/can-woodpecker-deterrents-safeguard-my-house

P87 啄木鸟为什么不会脑震荡？：

Wang et al 2011. Why do woodpeckers resist head impact injury: a biomechanical investigation. *PLOS One* 6: e26490.

Farah et al 2018. Tau accumulations in the brains of woodpeckers. PLOS One 13: e0191526.

Gibson 2006. Woodpecker pecking: how woodpeckers avoid brain injury. *Journal of Zoology* 270: 462 – 465.

May et al 1976. Woodpeckers and head injury. *The Lancet* 307: 1347 – 1348.

P89 橡树啄木鸟：

Koenig and Mumme 1987. Population Ecology of the Cooperatively Breeding Acorn Woodpecker. Princeton: Princeton University Press.

Koenig et al 2011. Variable helper effects, ecological conditions, and the evolution of cooperative rreeding in the Acorn Woodpecker. The American Naturalist 178: 145 – 158.

P91 啄木鸟的舌头能够伸缩自如：

Bock 1999. Functional and evolutionary morphology of woodpeckers. *Ostrich: Journal of African Ornithology* 70: 23 – 31.

Jung et al 2016. Structural analysis of the tongue and hyoid apparatus in a woodpecker. *Acta Biomaterialia* 37: 1 – 13.

P95 许多毫无亲缘关系的鸟类具有相似的抖尾行为：

Avellis 2011. Tail pumping by the Black Phoebe. *The Wilson Journal of Ornithology* 123: 766 – 771.

Randler 2007. Observational and experimental evidence for the function of tail flicking in Eurasian Moorhen *Gallinula chloropus*. *Ethology* 113: 629 – 639.

P95 长尾霸鹟喜欢在避风避雨的平台上筑巢：

Rendell and Verbeek 1996. Old nest material in nest boxes of Tree Swallows: effects on nest-site choice and nest building. *The Auk* 113: 319 – 328.

Davis et al 1994. Eastern Bluebirds prefer boxes containing old nests. *Journal of Field Ornithology* 65: 250 – 253.

Pacejka and Thompson 1996. Does removal of old nests from nestboxes by researchers affect mite populations in subsequent nests of house wrens? *Journal of Field Ornithology* 67: 558 – 564.

Stanback and Dervan 2001. Within-season nest-site fidelity in Eastern Bluebirds: disentangling effects of nest success and parasite avoidance. *The Auk* 118: 743.

P95 长尾霸鹟和大多数鸟类一样：

Wang et al 2009. Pellet casting by non-raptorial birds of Singapore. *Nature in Singapore* 2: 97 – 106.

Ford 2010. Raptor gastroenterology. *Journal of Exotic Pet Medicine* 19: 140 – 150.

Duke et al 1976. Meal to pellet intervals in 14 species of captive rap-Sibl_ tors. *Comparative Biochemistry and Physiology Part A: Physiology* 53: 1 – 6.

P97 所有鸟类都具有出色的视觉：

Tyrrell and Fernandez-Juricic 2016. The eyes of flycatchers: a new and unique cell type confers exceptional motion detection ability. Presented at NAOC Conference, August 2016.

P97　嘴须：

Lederer 1972. The role of avian rictal bristles. *Wilson Bulletin* 84: 193 – 197.

P97　剪尾王霸鹟：

Fitzpatrick 2008. Tail length in birds in relation to tail shape, general flight ecology and sexual selection. *Journal of Evolutionary Biology* 12: 49 – 60.

Thomas 1996. Why do birds have tails? The tail as a drag reducing flap, and trim control. *Journal of Theoretical Biology* 183: 247 – 253.

Evans and Thomas 1997. Testing the functional significance of tail streamers. *Proceedings of the Royal Society B: Biological Sciences* 264: 211 – 217.

P101　燕子可以一次连续飞行数小时：

Hallmann et al 2017. More than 75 percent decline over 27 years in total flying insect biomass in protected areas. *PLOS One* 12: e0185809.

Smith et al 2015. Change points in the population trends of aerial-insectivorous birds in North America: synchronized in time across species and regions. *PLOS One* 10: e0130768.

Nebel et al 2010. Declines of aerial insectivores in North America follow a geographic gradient. *Avian Conservation and Ecology* 5: 1.

P101　为了飞行：

Dumont 2010. Bone density and the lightweight skeletons of birds. *Proceedings of the Royal Society B: Biological Sciences* 277: 2193 – 2198.

P103　同一只鸟每年都会返回相同的领域进行繁殖吗？：

Winkler et al 2005. The natal dispersal of Tree Swallows in a continuous mainland environment. *Journal of Animal Ecology* 74: 1080 – 1090.

P103　鸣禽宝宝：

Bennett and Harvey 1985. Brain size, development and metabolism n birds and mammals. *Journal of Zoology* 207: 491 – 509.

Chiappa et al 2018. The degree of altriciality and performance in a cognitive task show correlated evolution. *PLOS One* 13: e0205128.

P103　鸟类飞羽的细节构造：

Lingham-Soliar 2017. Microstructural tissue-engineering in the rachis and barbs of bird feathers. Scientific Reports 7: 45162.

Laurent et al 2014. Nanomechanical properties of bird feather rachises: exploring naturally occurring fibre reinforced laminar composites. *Journal of the Royal Society Interface* 11.

Sullivan et al 2017. Extreme lightweight structures: avian feathers and bones. *Materials Today* 20: 377 – 391.

Bachmann et al 2012. Flexural stiffness of feather shafts: geometry rules over material properties. *Journal of Experimental Biology* 215: 405 – 415.

P105　乌鸦宝宝：

http://www.birds.cornell.edu/crows/babycrow.htm

P105　乌鸦能够通过我们的面部特征来识别不同的人：

Cornell et al 2011. Social learning spreads knowledge about dangerous humans among American Crows. *Proceedings of the Royal Society B: Biological Sciences* 279.

P107　伊索寓言中有一则故事：

Bird and Emery 2009. Rooks use stones to raise the water level to reach a floating worm. *Current Biology* 19: 1410 – 1414.

Jelbert et al 2014. Using the Aesop's fable paradigm to investigate causal understanding of water displacement by New Caledonian Crows. *PLOS One* 9: e92895.

Muller et al 2017. Ravens remember the nature of a single reciprocal interaction sequence over 2 days and even after a month. *Animal Behaviour* 129: 69 – 78.

P107　许多生活在气候炎热地区的鸟类身披与直觉相悖的深色羽毛：

Ward et al 2002. The adaptive significance of dark plumage for birds in desert environments. *Ardea* 90: 311 – 323.

Ellis 1980. Metabolism and solar radiation in dark and white herons in hot climates. *Physiological Zoology* 53: 358 – 372.

P109　鸟类可以发出十分响亮的声音：

Muyshondt et al 2017. Sound attenuation in the ear of domestic chickens (*Gallus gallus domesticus*) as a result of beak opening. *Royal Society Open Science* 4.

P109　人们有时候会看到蓝鸦啄食油漆碎片：

Hames et al 2002. Adverse effects of acid rain on the distribution of the Wood Thrush *Hylocichla mustelina* in North America. *Proceedings of the National Academy of Sciences* 99: 11235 – 11240.

Pahl et al 1997. Songbirds do not create long-term stores of calcium in their legs prior to laying: results from high-resolution radiography. *Proceedings of the Royal Society B: Biological Sciences* 264: 1379.

P109　鸟类的日光浴和蚁浴：

Saranathan and Burtt 2007. Sunlight on feathers inhibits feather-degrading bacteria. *The Wilson Journal of Ornithology* 119: 239 – 245.

Eisner and Aneshansley 2008. Anting in Blue Jays: evidence in support of a food-preparatory function. *Chemoecology* 18: 197 – 203.

Potter and Hauser 1974. Relationship of anting and sunbathing to molting in wild birds. *The Auk* 91: 537 – 563.

Koop et al 2012. Does sunlight enhance the effectiveness of avian preening for ectoparasite control?" *Journal of Parasitology* 98.

P111　很多小型鸦科都会将橡果作为重要的食物来源：

Koenig and Heck 1988. Ability of two species of oak woodland birds to subsist on acorns. *The Condor* 90: 705 – 708.

Koenig and Faeth 1998. Effects of storage on tannin and protein content of cached acorns. *The Southwestern Naturalist* 43: 170 – 175.

Dixon et al 1997. Effects of caching on acorn tannin levels and Blue Jay dietary performance. *The Condor* 99: 756 – 764.

P111　许多蓝鸦和丛鸦也善于储藏食物：

Clayton et al 2007. Social cognition by food-caching corvids. The western scrub-jay as a natural psychologist. *Philosophical Transactions of the Royal Society B: Biological Sciences* 362: 507 – 522.

Clayton and Dickinson 1999. Memory for the content of caches by scrub jays (*Aphelocoma coerulescens*). *Journal of Experimental Psychology: Animal Behavior Processes* 25: 82 – 91.

P111　关于鸟类迁徙和气候变化的近期研究：

Socolar et al 2017. Phenological shifts conserve thermal niches in North American birds and reshape expectations for climate-driven range shifts. *Proceedings of the National Academy of Sciences USA* 114: 12976 – 12981.

Cotton 2003. Avian migration phenology and global climate change. *Proceedings of the National Academy of Sciences USA* 100: 12219 – 12222.

Mayor et al 2017. Increasing phenological asynchrony between spring green-up and arrival of migratory birds. *Scientific Reports* 7: 1902.

Stephens et al 2016. Consistent response of bird populations to climate change on two continents. *Science* 352: 84 – 87.

Moller et al 2008. Populations of migratory bird species that did not show a phenological response to climate change are declining. *Proceedings of the National Academy of Sciences USA* 105: 16195 – 16200.

P113 山雀是森林里的大忙人：

Krebs 1973. Social learning and the significance of mixed-species flocks of chickadees (*Parus spp.*). *Canadian Journal of Zoology* 51: 1275 – 1288.

Dolby and Grubb 1998. Benefits to satellite members in mixed-species foraging groups: an experimental analysis. *Animal Behaviour* 56: 501 – 509.

Sridhar et al 2009. Why do birds participate in mixed-species foraging flocks? A large-scale synthesis. *Animal Behaviour* 78: 337 – 347.

P113 尽管山雀是鸟类喂食器的忠实访客：

Arnold et al 2007. Parental prey selection affects risk-taking Behaviour and spatial learning in avian offspring. *Proceedings of the Royal Society B: Biological Sciences* 274: 2563 – 2569.

P113 在那些冬季气候严寒的地区生活的山雀：

Brodin 2010. The history of scatter hoarding studies. Philosophical Transactions of the Royal Society B: Biological Sciences 365: 869 – 881.

Clayton 1998. Memory and the hippocampus in food-storing birds: a comparative approach. *Neuropharmacology* 37: 441 – 452.

Grodzinski and Clayton 2010. Problems faced by food-caching Corvids and the evolution of cognitive solutions. *Philosophical Transactions of The Royal Society B: Biological Sciences* 365: 977 – 987.

Roth et al 2012. Variation in memory and the hippocampus across populations from different climates: a common garden approach. *Proceedings of the Royal Society B: Biological Sciences* 279: 402 – 410.

P115 最适觅食理论：

Zwarts and Blomert 1992. Why knot *Calidris canutus* take medium-sized *Macoma balthica* when six prey species are available. *Marine Ecology Progress Series* 83: 113 – 128.

P115 鸣禽通常一窝产四五枚卵：

Ricklefs et al 2017. The adaptive significance of variation in avian incubation periods. *The Auk* 134: 542 – 550.

P117 鸟巢的隔热功能非常重要：

Akresh et al 2017. Effect of nest characteristics on thermal properties, clutch size, and reproductive performance for an open-cup nesting songbird. *Avian Biology Research* 10: 107 – 118.

Mainwaring et al 2014. The design and function of birds' nests. *Ecology and Evolution* 4: 3909 – 3928.

Sloane 1996. Incidence and origins of supernumeraries at Bushtit (*Psaltriparus minimus*) nests. *The Auk* 113: 757 – 770.

P117 虽然短嘴长尾山雀体型小巧：

Addicott 1938. Behavior of the Bush-tit in the breeding season. *The Condor* 40: 49 – 63.

P121 长期以来有一种说法认为：

Galton and Shepherd 2012. Experimental analysis of perching in the European Starling (*Sturnus vulgaris*: Passeriformes; Passeres), and the autoatic perching mechanism of birds. *Journal of Experimental Zoology Part A: Ecological Genetics and Physiology* 317: 205 – 215.

P121 鸟类的脚趾确实拥有“肌腱锁死机制”：

Einoder and Richardson 2007. The digital tendon locking mechanism of owls: variation in the structure and arrangement of the mechanism and functional implications. *Emu* 107: 223 – 230.

P125 小型鸟类的体重在每晚睡觉的过程中：

Ketterson and Nolan 1978. Overnight weight loss in Dark-eyed Juncos (*Junco hyemalis*). *The Auk* 95: 755 – 758.

P125 鲑鱼和戴菊之间能有什么联系呢？：

Helfield and Naiman 2001. Effects of salmon-derived nitrogen on riparian forest growth and implications for stream productivity. *Ecology* 82: 2403 – 2409.

Post 2008. Why fish need trees and trees need fish. *Alaska Fish & Wildlife News* November 2008.

P129 在第一窝雏鸟离巢后大约七天：

Cooper et al 2006. Geographical and seasonal gradients in hatching failure in Eastern Bluebirds *Sialia sialis* reinforce clutch size trends. *Ibis* 148: 221 – 230.

P131 数千年来：

Doolittle et al 2014. Overtone-based pitch selection in hermit thrush song: unexpected convergence with scale construction in human music. *Proceedings of the National Academy of Sciences USA* 111: 16616 – 16621.

Chiandetti and Vallortigara 2011. Chicks like consonant music. *Psychological Science* 22: 1270 – 1273.

P131 鸟类通过鸣管发声：

Goller and Larsen 1997. A new mechanism of sound generation in songbirds. *Proceedings of the National Academy of Sciences USA* 94: 14787 – 14791.

Podos et al 2004. Bird song: the interface of evolution and mechanism. *Annual Review of Ecolology, Evolultion, and Systematics* 35: 55 – 87.

P131 鸫类偏爱在阴暗的林下地带活动：

Thomas et al 2002. Eye size in birds and the timing of song at dawn. *Proceedings of the Royal Society B: Biological Sciences* 269: 831 – 837.

P133 鸟类的羽毛其实没有蓝色色素：

Prum 2006. Anatomy, Physics, and Evolution of Structural Colors. In Hill and McGraw, eds., *Bird Coloration Vol 1: Mechanisms and Measurements*. Cambridge: Harvard University Press.

Prum et al 2003. Coherent scattering of ultraviolet light by avian feather barbs. *The Auk* 120: 163 – 170.

Prum et al 1998. Coherent light scattering by blue feather barbs. *Nature* 396: 28 – 29.

P135 每当我穿过院子时总有一只鸟来攻击我：

Levey et al 2009. Urban mockingbirds quickly learn to identify individual humans. *Proceedings of the National Academy of Sciences USA* 106: 8959 – 8962.

P135 也许你曾见过一只小嘲鸫站在草坪上：

Mumme 2002. Scare tactics in a neotropical warbler: white tail feathers enhance flush-pursuit

foraging performance in the Slate-throated Redstart (*Myioborus miniatus*). *The Auk* 119: 1024 – 1036.

Mumme 2014. White tail spots and tail-flicking behavior enhance foraging performance in the Hooded Warbler. *The Auk* 131: 141 – 149.

Jablonski and Strausfeld 2000. Exploitation of an ancient escape circuit by an avian predator: prey sensitivity to model predator display in the field. *Brain, Behavior and Evolution* 56: 94 – 106.

P135 小嘲鸫以其在夜间鸣唱的习性而为人所知：

Fuller et al 2007. Daytime noise predicts nocturnal singing in urban robins. *Biology Letters* 3: 368 – 370.

La 2012. Diurnal and nocturnal birds vocalize at night: a review. *The Condor* 114: 245 – 257.

Gil et al 2015. Birds living near airports advance their dawn chorus and reduce overlap with aircraft noise. *Behavioral Ecology* 26: 435 – 443.

P136　紫翅椋鸟是从欧洲引入北美洲的：

Simberloff and Rejmanek 2010. Invasiveness. In *Encyclopedia of Biological* Invasions. Berkeley: University of California Press.

P137　为什么鸟类要洗澡：

Slessers 1970. Bathing behavior of land birds. *The Auk* 87: 91 – 99.

Brilot et al 2009. Water bathing alters the speed-accuracy trade-off of escape flights in European Starlings. *Animal Behaviour* 78: 801 – 807.

Brilot and Bateson 2012. Water bathing alters threat perception in starlings. *Biology Letters* 8: 379 – 381.

Van Rhijn 1977. Processes in feathers caused by bathing in water. *Ardea* 65: 126 – 147.

P137　鸟类闻不到气味是一个普遍存在的错误观点：

Amo et al 2012. Sex recognition by odour and variation in the uropygial gland secretion in starlings. *Journal of Animal Ecology* 81: 605 – 613.

Hiltpold and Shriver 2018. Birds bug on indirect plant defenses to locate insect prey. *Journal of Chemical Ecology* 44: 576 – 579.

Nevitt et al 2004. Testing olfactory foraging strategies in an Antarctic seabird assemblage. Journal of *Experimental* Biology 207: 3537 – 3544.

Goldsmith and Goldsmith 1982. Sense of smell in the Black-chinned Hummingbird. *The Condor* 84: 237 – 238.

Mihailova et al 2014. Odour-based discrimination of subspecies, species and sexes in an avian species complex, the Crimson Rosella. *Animal Behaviour* 95: 155 – 164.

P137　很多鸟类的鸟喙颜色：

Bonser and Witter 1993. Indentation hardness of the bill keratin of the European Starling. *The Condor* 95: 736 – 738.

Bulla et al 2012. Eggshell spotting does not predict male incubation but marks thinner areas of a shorebird ' s shells. *The Auk* 129: 26 – 35.

P139　类胡萝卜素在植物的果实和种子中十分常见：

McGraw et al 2001. The influence of carotenoid acquisition and utilization on the maintenance of species-typical plumage pigmentation in male American Goldfinches (*Carduelis tristis*) and Northern Cardinals (*Cardinalis cardinalis*). *Physiological and Biochemical Zoology: Ecological and Evolutionary Approaches* 74: 843 – 852.

Hudon and Brush 1989. Probable dietary basis of a color variant of the Cedar Waxwing. *Journal of Field Ornithology* 60: 361 – 368.

Hudon and Mulvihill 2017. Diet-induced plumage erythrism as a result of the spread of alien shrubs in North America. *North American Bird Bander* 42: 95 – 103.

Witmer 1996. Consequences of an alien shrub on the plumage coloration and ecology of Cedar Waxwings. *The Auk* 113: 735 – 743.

P139　大多数鸟类整个繁殖季都会待在同一个地方：

Chu 1999. Ecology and breeding biology of Phainopeplas (*Phainopepla nitens*) in the desert and coastal woodlands of southern California. Ph.D. dissertation, University of California, Berkeley.

Robbins 2015. Intra-summer movement and probable dual breeding of the Eastern Marsh Wren (*Cistothorus p. palustris*): a Cistothorus ancestral trait?" *The Wilson Journal of Ornithology* 127: 494 – 498.

Walsberg 1977. Ecology and energetics of contrasting social systems in *Phainopepla nitens* (Aves: Ptilogonatidae). *University of California Publications in Zoology* 108: 1 – 63.

Chu et al 2002. Social and genetic monogamy in territorial and loosely colonial populations of *Phainopepla* (*Phainopepla nitens*). *The Auk* 119: 770 – 777.

P141　纤羽是一种特化的羽毛：

Tallamy and Shropshire 2009. Ranking lepidopteran use of native versus introduced plants. *Conservation Biology* 23: 941 – 947.

Tallamy 2009. *Bringing Nature Home: How You Can Sustain Wildlife with Native Plants.* Portland, OR: Timber Press.

Narango et al 2017. Native plants improve breeding and foraging habitat for an insectivorous bird. *Biological Conservation* 213: 42 – 50.

P141　鸟类迁徙过程中最大的风险：

Tallamy and Shropshire 2009. Ranking lepidopteran use of native versus introduced plants. *Conservation Biology* 23: 941 – 947.

Tallamy 2009. *Bringing Nature Home: How You Can Sustain Wildlife with Native Plants.* Portland, OR: Timber Press.

Narango et al 2017. Native plants improve breeding and foraging habitat for an insectivorous bird. *Biological Conservation* 213: 42 – 50.

P141　目前，科学家们仍在努力研究：

Muheim et al 2016. Polarized light modulates light-dependent magnetic compass orientation in birds. *Proceedings of the National Academy of Sciences* 113: 1654 – 1659.

Wiltschko et al 2009. Directional orientation of birds by the magnetic field under different light conditions. *Journal of the Royal Society Interface* 7.

Heyers et al 2017. The magnetic map sense and its use in fine-tuning the migration programme of birds. *Journal of Comparative Physiology A* 203: 491 – 497.

Phillips et al 2010. A behavioral perspective on the biophysics of the light-dependent magnetic compass: a link between directional and spatial perception?" *Journal of Experimental Biology* 213: 3247 – 3255.

Mouritsen 2015. Magnetoreception in Birds and Its Use for Long-Distance Migration. In *Sturkie ' s Avian Physiology*, 6th ed. Amsterdam: Elsevier.

Chernetsov et al 2017. Migratory Eurasian Reed Warblers can use magnetic declination to solve the longitude problem. *Current Biology* 27: 2647 – 2651.

P143　几乎所有在北美洲繁殖的森莺：

DeLuca et al 2015. Transoceanic migration by a 12 g songbird. *Biology Letters* 11: 20141045.

Holberton et al 2015. Isotopic (δ2Hf) evidence of 'loop migration' and use of the Gulf of Maine Flyway by both western and eastern breeding populations of Blackpoll Warblers. *Journal of Field Ornithology* 86: 213 – 228.

P143　鸟类平时的体温很高：

Martineau and Larochelle 1988. The cooling power of pigeon legs. *Journal of Experimental Biology* 136: 193 – 208.

P145　理羽是鸟类重要的日常活动之一：

Cotgreave and Clayton 1994. Comparative analysis of time spent grooming by birds in relation to parasite load. *Behaviour* 131: 171 – 187.

Singh 2004. Ecology and biology of cormorants *Phalacrocorax* spp. with special reference to *P. carbo and P. niger* in and around Aligarh. PhD thesis, Aligarh Muslim University, Aligarh, India.

Clayton et al 2005. Adaptive significance of avian beak morphology for ectoparasite control. *Proceedings of the Royal Society B: Biological Sciences* 272: 811 – 817.

Moyer et al 2002. Influence of bill shape on ectoparasite load in western scrub-jays. *The Condor* 104: 675 – 678.

P145　很多鸟类都会食用果实：

Viana et al 2016. Overseas seed dispersal by migratory birds. *Proceedings of the Royal Society B: Biological Sciences* 283: 20152406.

Green and Sanchez 2006. Passive internal dispersal of insect larvae by migratory birds. *Biology Letters* 2.

Kleyheeg and van Leeuwen 2015. Regurgitation by waterfowl: an overlooked mechanism for long-distance dispersal of wetland plant seeds. *Aquatic Botany* 127: 1 – 5.

P147 换羽时：
https://blog.lauraerickson.com/2017/06/of-bald-and-toupee-wearing-birds.html

P149 鸟类的很多行为：
Urbina-Melendez et al 2018. A physical model suggests that hip-localized balance sense in birds improves state estimation in perching: implications for bipedal robots. *Frontiers in Robotics and AI* 5: 38.
Necker 2005. The structure and development of avian lumbosacral specializations of the vertebral canal and the spinal cord with special reference to a possible function as a sense organ of equilibrium. *Anatomy and Embryology (Berl)* 210: 59 – 74.
Necker 1999. Specializations in the lumbosacral spinal cord of birds: morphological and behavioural evidence for a sense of equilibrium. *European Journal of Morphology* 37: 211 – 214.

P149 斑翅雀类拥有厚重的喙：
Herrel et al 2005. Evolution of bite force in Darwin's finches: a key role for head width. *Journal of Evolutionary Biology* 18: 669 – 675.
van der Meij and Bout 2008. The relationship between shape of the skull and bite force in finches. *Journal of Experimental Biology* 211: 1668 – 1680.

P151 鸟类的呼吸系统：
Maina 2017. Pivotal debates and controversies on the structure and function of the avian respiratory system: setting the record straight. *Biological Reviews of the Cambridge Philosophical Society* 92: 1475 – 1504.
Lambertz et al 2018. Bone histological correlates for air sacs and their implications for understanding the origin of the dinosaurian respiratory system. *Biology Letters* 14.
Projecto-Garcia et al 2013. Repeated elevational transitions in hemoglobin function during the evolution of Andean hummingbirds. *Proceedings of the National Academy of Sciences USA* 110: 20669 – 20674.

P151 鸟类的呼吸过程：
Brown et al 1997. The avian respiratory system: a unique model for studies of respiratory toxicosis and for monitoring air quality. *Environmental Health Perspectives* 105: 188 – 200.
Harvey and Ben-Tal 2016. Robust unidirectional airflow through avian lungs: new insights from a piecewise linear mathematical model. *PLOS Computational Biology* 12: e1004637.
Wang et al 1992. An aerodynamic valve in the avian primary bronchus. *Journal of Experimental Zoology* 262: 441 – 445.

P153 为什么有些鸟类迈步行走，有的鸟类跳跃前进：
Andrada et al 2015. Mixed gaits in small avian terrestrial locomotion. *Scientific Reports* 5: 13636.

P153 鸟类需要喝水吗？：
Bartholomew and Cade 1956. Water consumption of House Finches. *The Condor* 58: 406 – 412.
Weathers and Nagy 1980. Simultaneous doubly labeled water (3hh180) and time-budget estimates of daily energy expenditure in *Phainopepla nitens*. *The Auk* 97: 861 – 867.
Nudds and Bryant 2000. The Energetic Cost of Short Flights in Birds. *The Journal of Experimental Biology* 203: 1561 – 1572.

P155 已经是十二月了，为什么没多少鸟来我的喂食器觅食呢？
Brittingham and Temple 1992. Does winter bird feeding promote dependency?" *Journal of Field Ornithology* 63: 190 – 194.
Brittingham and Temple 1988. Impacts of supplemental feeding on survival rates of Black-capped Chickadees. *Ecology* 69: 581 – 589.
Teachout et al 2017. A preliminary investigation on supplemental food and predation by birds. *BIOS* 88: 175 – 180.
Crates et al 2016. Individual variation in winter supplementary food consumption and its consequences for reproduction in wild birds. *Journal of Avian Biology* 47: 678 – 689.

P155 喂食器会让鸟类不再迁徙吗？：
Malpass et al 2017. Species-dependent effects of bird feeders on nest predators and nest survival of urban American Robins and Northern Cardinals. *The Condor* 119: 1 – 16.

P157 棕顶雀鹀的鸣唱：
Lahti et al 2011. Tradeoff between accuracy and performance in bird song learning. *Ethology* 117: 802 – 811.
Byers et al 2010. Female mate choice based upon male motor performance. *Animal Behaviour* 79: 771 – 778.
Konishi 1969. Time resolution by single auditory neurones in birds. *Nature* 222: 566 – 567.
Dooling et al 2002. Auditory temporal resolution in birds: discrimination of harmonic complexes. *The Journal of the Acoustical Society of America* 112: 748.
Lachlan et al 2014. Typical versions of learned Swamp Sparrow song types are more effective signals than are less typical versions. *Proceedings of the Royal Society B: Biological Sciences* 281: 20140252.

P157 鸟类为何要产卵呢？：
Amadon 1943. Bird weights and egg weights. *The Auk* 60: 221 – 234.
Huxley 1927. On the relation between egg-weight and body-weight in birds. *Zoological Journal of the Linnaean Society* 36: 457 – 466.

P159 人类在改变自然景观的同时：
McClure et al 2013. An experimental investigation into the effects of traffic noise on distributions of birds: avoiding the phantom road. *Proceedings of the Royal Society B: Biological Sciences* 280: 20132290.
Francis et al 2009. Noise pollution changes avian communities and species interactions. *Current Biology* 19: 1415 – 1419.
Ortega 2012. Effects of noise pollution on birds: a brief review of our knowledge. *Ornithological Monographs* 74.
Guo et al 2016. Low frequency dove coos vary across noise gradients in an urbanized environment. *Behavioural Processes* 129.

P159 野生鸟类每天都面临着两种互为冲突的风险：
Lind 2004. What determines probability of surviving predator attacks in bird migration?: the relative importance of vigilance and fuel load. *Journal of Theoretical Biology* 231: 223 – 227.
Bednekoff 1996. Translating mass dependent flight performance into predation risk: an extension of Metcalfe & Ure. *Proceedings of the Royal Society B: Biological Sciences* 263: 887 – 889.

P159 歌带鹀的分布范围十分广泛：
Tattersall et al 2016. The evolution of the avian bill as a thermoregulatory organ. *Biological Reviews* 92: 1630 – 1656.
Peele et al 2009. Dark color of the Coastal Plain Swamp Sparrow (*Melospiza georgiana nigrescens*) may be an evolutionary response to occurrence and abundance of salt-tolerant feather-degrading bacilli in its plumage. *The Auk* 126: 531 – 535.
Danner and Greenberg 2014. A critical season approach to Allen's rule: bill size declines with winter temperature in a cold temperate environment. *Journal of Biogeography* 42: 114 – 120.

P160 家麻雀是世界上最为成功的鸟类之一：
Liker and Bokony 2009. Larger groups are more successful in innovative problem solving in House Sparrows. *Proceedings of the National Academy of Sciences USA* 106: 7893 – 7898.

Sol et al 2002. Behavioural flexibility and invasion success in birds. *Animal Behaviour* 64: 516.
Audet et al 2016. The town bird and the country bird: problem solving and immunocompetence vary with urbanization. *Behavioral Ecology* 27: 637 – 644.

P161　家麻雀十分适应人类周边的环境：
Saetre et al 2012. Single origin of human commensalism in the House Sparrow. *Journal of Evolutionary Biology* 25: 788 – 796.
Riyahi et al 2013. Beak and skull shapes of human commensal and non-commensal House Sparrows Passer domesticus. BMC Evolutionary *Biology* 13: 200.
Ravinet et al 2018. Signatures of human-commensalism in the House Sparrow genome. *Proceedings of the Royal Society B: Biological Sciences* 285: 20181246.

P161　一只鸟身上有多少根羽毛？：
Wetmore 1936. The number of contour feathers in passeriform and related birds. *The Auk* 53: 159 – 169.
Osvath et al 2017. How feathered are birds? Environment predicts both the mass and density of body feathers. *Functional Ecology* 32.
Peacock 2016. How many feathers does a Canary have? Blog post at faansiepeacock.com

P161　在某些鸟类中，沙浴行为十分常见：
Olsson and Keeling 2005. Why in earth? Dustbathing behaviour in jungle and domestic fowl reviewed from a Tinbergian and animal welfare perspective. *Applied Animal Behaviour Science* 93: 259 – 282.

P163　几乎所有鸣禽的飞行轨迹：
Tobalske 2007. Biomechanics of bird flight. *The Journal of Experimental Biology* 210: 3135 – 3146.
Tobalske 2010. Hovering and intermittent flight in birds. *Bioinspiration & Biomimetics* 5: 045004.
Tobalske et al 1999. Kinematics of flap-bounding flight in the Zebra Finch over a wide range of speeds. *Journal of Experimental Biology* 202: 1725 – 1739.
Rayner et al 2001. Aerodynamics and energetics of intermittent flight in birds. *Integrative and Comparative Biology* 41: 188 – 204.

P163　鸣禽羽毛上的红色、橙色、黄色：
Inouye et al 2001. Carotenoid pigments in male House Finch plumage in relation to age, subspecies, and ornamental coloration. *The Auk* 118: 900 – 915.
McGraw and Hill 2000. Carotenoid-based ornamentation and status signaling in the House Finch. *Behavioral Ecology* 11: 520 – 527.

P163　我们很少见到生病的鸟：
https://feederwatch.org/learn/house – finch – eye – disease/

P165　所有鸟类都会换羽：
Saino et al 2014. A trade-off between reproduction and feather growth in the Barn Swallow (*Hirundo rustica*). *PLOS One* 9: e96428.

P165　北美金翅雀雄鸟的鲜黄色：
Scott and MacFarland 2010. *Bird Feathers: A Guide to North American Species*. Mechanicsburg, PA: Stackpole.

P165　从加拿大到美国阿拉斯加州的北方针叶林中生活着几种小型雀类：
Kennard 1976. A biennial rhythm in the winter distribution of the Common Redpoll. *Bird-Banding* 47: 231 – 237.
Erskine and McManus 2003. Supposed periodicity of Redpoll, Carduelis sp., visitations in Atlantic Canada. *Canadian Field-Naturalist* 117: 611 – 620.

P167　刺歌雀雄鸟会以边飞边唱的方式进行炫耀：
Mather and Robertson 1992. Honest advertisement in flight displays of Bobolinks (*Dolichonyx oryzivorus*). *The Auk* 109: 869 – 873.
Oberweger and Goller 2001. The metabolic cost of birdsong production. *Journal of Experimental Biology* 204: 3379 – 3388.

P167　鸟类和农业之间的关系：
Askins et al 2007. Conservation of grassland birds in North America: understanding ecological processes in different regions. *Ornithological Monographs* 64.
Nyffeler et al 2018. Insectivorous birds consume an estimated 400 – 500 million tons of prey annually. *Naturwissenschaften* 105: 47.

P167　草地鹨十分独特：
Tyrrell et al 2013. Looking above the prairie: localized and upward acute vision in a native grassland bird. *Scientific Reports* 3: 3231.
Moore et al 2012. Oblique color vision in an open-habitat bird: spectral
sensitivity, photoreceptor distribution and behavioral implications. *Journal of Experimental Biology* 215: 3442 – 3452.
Martin 2017. What drives bird vision? Bill control and predator detection overshadow flight. *Frontiers in Neuroscience* 11: 619.
Moore et al 2013. Interspecific differences in the visual system and scanning behavior of three forest passerines that form heterospecific flocks. *Journal of Comparative Physiology A* 199: 263 – 277.
Moore et al 2017. Does retinal configuration make the head and eyes of foveate birds move?" *Scientific Reports* 7: 38406.

P169　不同鸟类的鸟卵形状各异：
Stoddard et al 2017. Avian egg shape: form, function, and evolution. *Science* 356: 1249 – 1254.

P169　鸟类的寿命：
Holmes and Ottinger 2003. Birds as long-lived animal models for the study of aging. *Experimental Gerontology* 38: 1365 – 1375.
Faaborg et al 2010. Recent advances in understanding migration systems of New World land birds. *Ecological Monographs* 80: 3 – 48.
https://www.pwrc.usgs.gov/BBL/longevity/Longevity_main.cfm

P171　牛鹂雌鸟并非只是简单地在宿主的鸟巢中产下卵就离开：
Lynch et al 2017. A neural basis for password-based species recognition in an avian brood parasite. *Journal of Experimental Biology* 220: 2345 – 2353.
Colombelli-Negrel et al 2012. Embryonic learning of vocal passwords in Superb Fairy-Wrens reveals intruder cuckoo nestlings. *Current Biology* 22: 2155 – 2160.

P173　你可能偶尔会见到一只看起来像某种常见鸟类的鸟：
Grouw 2013. What colour is that bird? The causes and recognition of common colour aberrations in birds. *British Birds* 106: 17 – 29.
http://learn.genetics.utah.edu/content/pigeons/dilute/

P175　当你在合适的光线下近距离仔细观察一根羽毛时：
Grubb 1989. Ptilochronology: feather growth bars as indicators of nutritional status. *The Auk* 106: 314 – 320.
Wood 1950. Growth bars in feathers. *The Auk* 67: 486 – 491.
Terrill 2018. Feather growth rate increases with latitude in four species of widespread resident Neotropical birds. *The Auk* 135: 1055 – 1063.

P180　库氏鹰：
Suraci et al 2016. Fear of large carnivores causes a trophic cascade. *Nature Communications* 7: 10698.

P180　红头美洲鹫：

Roggenbuck et al 2014. The microbiome of New World vultures. *Nature Communications* 5: 5498.

P182　灰胸鹦哥：

Burgio et al 2017. Lazarus ecology: recovering the distribution and migratory patterns of the extinct Carolina Parakeet. *Ecology and Evolution* 7: 5467 – 5475.

P183　烟囱雨燕：

Liechti et al 2013. First evidence of a 200-day non-stop flight in a bird. *Nature Communications* 4: 2554.

Hedenstrom et al 2016. Annual 10-month aerial life phase in the Common Swift Apus apus. *Current Biology* 26: 1 – 5.

Rattenborg et al 2016. Evidence that birds sleep in mid-flight. *Nature Communications* 7: 12468.

P183　冠蓝鸦：

Kingsland 1978. Abbott Thayer and the Protective Coloration Debate. *Journal of the History of Biology* 11: 223 – 244

Merilaita et al 2017. How camouflage works. *Philosophical Transactions of The Royal Society B Biological Sciences* 372: 1724

Holmes et al 2018. Testing the feasibility of the startle-first route to deimatism. *Scientific Reports* 8: 10737

Umbers et al 2017. Deimatism: a neglected component of antipredator defence. *Biology Letters* 13: 20160936

P183　西丛鸦：

George et al 2015. Persistent impacts of West Nile virus on North American bird populations. *Proceedings of the National Academy of Science* 112: 14290 – 14294

Chapin et al 2000. Consequences of changing biodiversity. *Nature* 405: 234 – 242

Rahbek 2007. The silence of the robins. *Nature* 447: 652 – 653

LaDeau et al 2007. West Nile virus emergence and large-scale declines of North American bird populations". *Nature* 447: 710 – 713

P185　雪松太平鸟：

Brewer et al 2006. Canadian Atlas of Bird Banding. Volume 1: Doves, Cuckoos, and Hummingbirds Through Passerines, 1921 – 1995, rev. ed. Ottawa: Canadian Wildlife Service.

Brugger et al 1994. Migration patterns of Cedar Waxwings in the eastern United States. Journal of Field Ornithology 65: 381 – 387.

P186　白颊林莺等：

D'Alba et al 2014. Melanin-based color of plumage: role of condition and of feathers' microstructure. *Integrative and Comparative Biology* 54: 633 – 644.

Moreno-Rueda 2016. Uropygial gland and bib colouration in the house sparrow. *PeerJ* 4: e2102.

Wiebe and Vitousek 2015. Melanin plumage ornaments in both sexes of Northern Flicker are associated with body condition and predict reproductive output independent of age. *The Auk* 132: 507 – 517.

Galvan et al 2017. Complex plumage patterns can be produced only with the contribution of melanins. *Physiological and Biochemical Zoology* 90: 600 – 604.

Jawor and Breitwisch 2003. Melanin ornaments, honesty, and sexual selection. *The Auk* 120: 249 – 265.

P186　猩红丽唐纳雀：

Bazzi et al 2015. Clock gene polymorphism and scheduling of migration: a geolocator study of the Barn Swallow *Hirundo rustica*. *Scientific Reports* 5: 12443.

Gwinner 2003. Circannual rhythms in birds. *Current Opinion in Neurobiology* 13: 770 – 778.

Akesson et al 2017. Timing avian long-distance migration: from internal clock mechanisms to global flights. *Philosophical Transactions of the Royal Society B: Biological Sciences* 372: 1734.

P186　玫胸斑翅雀：

Somveille et al 2018. Energy efficiency drives the global seasonal distribution of birds. *Nature Ecology & Evolution* 2: 962 – 969.

Winger et al 2014. Temperate origins of long-distance seasonal migration in New World songbirds. *Proceedings of the National Academy of Sciences USA* 111: 12115 – 12120.

Hargreaves et al 2019. Seed predation increases from the Arctic to the Equator and from high to low elevations. *Science Advances* 5: eaau4403.

P186　白腹蓝彩鹀和靛蓝彩鹀：

Simpson et al 2015. Migration and the evolution of sexual dichromatism: evolutionary loss of female coloration with migration among wood-warblers. *Proceedings of the Royal Society B: Biological Sciences* 282: 20150375.

P186　棕喉唧鹀：

Davies 1982. Behavioural adaptations of birds to environments where evaporation is high and water is in short supply. *Comparative Biochemistry and Physiology Part A: Physiology* 71: 557 – 566.

Albright et al 2017. Mapping evaporative water loss in desert passerines reveals an expanding threat of lethal dehydration. *Proceedings of the National Academy of Sciences USA* 114: 2283 – 2288.

P187　白冠带鹀：

Cassone and Westneat 2012. The bird of time: cognition and the avian biological clock. *Frontiers in Molecular Neuroscience* 5: 32.

Van Doren et al 2017. Programmed and flexible: long-term 'Zugunruhe' data highlight the many axes of variation in avian migratory behaviour. *Avian Biology* 48: 155 – 172.

P187　家朱雀：

Elliot and Arbib 1953. Origin and status of the House Finch in the eastern United States. *The Auk* 70: 31 – 37.

P188　暗背金翅雀：

Senar et al 2015. Do Siskins have friends? An analysis of movements of Siskins in groups based on EURING recoveries. *Bird Study* 62: 566 – 568.

Arizaga et al 2015. Following year-round movements in Barn Swallows using geolocators: could breeding pairs remain together during the winter? *Bird Study* 62: 141 – 145.

Pardo et al 2018. Wild Acorn Woodpeckers recognize associations between individuals in other groups. *Proceedings of the Royal Society B: Biological Sciences* 285: 1882.

P188　橙腹拟鹂：

Winger et al 2012. Ancestry and evolution of seasonal migration in the Parulidae. *Proceedings of the Royal Society B: Biological Sciences* 279: 610 – 618.

Winger et al 2014. Temperate origins of long-distance seasonal migration in New World songbirds. *Proceedings of the National Academy of Sciences USA* 111: 12115 – 12120.

Appendix
鸟种学名对照表
（按笔画排序）

中文名	学名
〈三画〉	
三趾滨鹬	*Calidris alba*
大蓝鹭	*Ardea herodias*
小天鹅	*Cygnus columbianus*
小丘鹬	*Scolopax minor*
小嘲鸫	*Mimus polyglottos*
山齿鹑	*Colinus virginianus*
〈四画〉	
云斑塍鹬	*Limosa fedoa*
巨翅鵟	*Buteo platypterus*
巨蜂鸟	*Patagona gigas*
巨嘴鸟	*Ramphastos toco*
长嘴杓鹬	*Numenius americanus*
长嘴沼泽鹪鹩	*Cistothorus palustris*
长嘴啄木鸟	*Leuconotopicus villosus*
仓鸮[1]	*Tyto alba*、*T. javanica*、*T. furcata*
火鸡	*Meleagris gallopavo*
双色树燕	*Tachycineta bicolor*
双领鸻	*Charadrius vociferus*
〈五画〉	
东草地鹨	*Sturnella magna*
东美角鸮	*Megascops asio*
东蓝鸲	*Sialia sialis*
卡罗苇鹪鹩	*Thryothorus ludovicianus*
卡罗莱纳鹦哥	*Conuropsis carolinensis*
北扑翅䴕	*Colaptes auratus*
北极海鹦	*Fratercula arctica*
北极燕鸥	*Sterna paradisaea*
北美白眉山雀	*Poecile gambeli*
北美金翅雀	*Spinus tristis*
北美黑啄木鸟	*Dryocopus pileatus*
北斑尾鸽	*Patagioenas fasciata*
白头海雕	*Haliaeetus leucocephalus*
白冠带鹀	*Zonotrichia leucophrys*
白胸鳾	*Sitta carolinensis*
白颊林莺	*Setophaga striata*
白腰朱顶雀	*Acanthis flammea*
白腹鱼狗	*Megaceryle alcyon*
白腹蓝彩鹀	*Passerina amoena*
主红雀	*Cardinalis cardinalis*
加州金翅雀	*Spinus lawrencei*
加州神鹫	*Gymnogyps californianus*
加拿大雁	*Branta canadensis*
〈六画〉	
西王霸鹟	*Tyrannus verticalis*
西丛鸦	*Aphelocoma californica*
西美角鸮	*Megascops kennicottii*
灰胸长尾霸鹟	*Sayornis phoebe*
灰胸鹦哥	*Myiopsitta monachus*
灰雁	*Anser anser*
灰额主红雀	*Cardinalis sinuatus*
吸蜜蜂鸟	*Mellisuga helenae*
杂色鸫	*Ixoreus naevius*
安氏蜂鸟	*Calypte anna*
红头美洲鹫	*Cathartes aura*
红头啄木鸟	*Melanerpes erythrocephalus*

1 本书所说的仓鸮泛指未分裂前的复合种仓鸮 *Tyto alba*，该种在 21 世纪 10 年代根据分子和形态差异被分成了三种：分布于欧洲和非洲的西仓鸮 *Tyto alba*，主要分布于亚洲、在中国南方也有分布的仓鸮 *Tyto javanica* 和分布于美洲的美洲仓鸮 *Tyto furcata*。本书仓鸮相关内容引用的参考资料均发表于该种分裂之前，研究对象学名写的都是 *Tyto alba*，但囊括了美国、日本和德国的研究，显然覆盖了如今的三种不同仓鸮。

中文名	学名
红尾鵟	*Buteo jamaicensis*
红冠鹦哥	*Amazona viridigenalis*
红翅黑鹂	*Agelaius phoeniceus*
红胸䴓	*Sitta canadensis*
红眼莺雀	*Vireo olivaceus*
红颈瓣蹼鹬	*Phalaropus lobatus*
红喉北蜂鸟	*Archilochus colubris*
红腹啄木鸟	*Melanerpes carolinus*
（七画）	
走鹃	*Geococcyx californianus*
拟八哥	*Quiscalus quiscula*
苍鹰	*Accipiter gentilis*
丽彩鹀	*Passerina ciris*
角鸬鹚	*Nannopterum auritum*
库氏鹰	*Accipiter cooperii*
沙丘鹤	*Antigone canadensis*
纯色冠山雀	*Baeolophus inornatus*
纹腹鹰	*Accipiter striatus*
纹霸鹟	*Empidonax traillii*
（八画）	
环颈雉	*Phasianus colchicus*
环嘴鸥	*Larus delawarensis*
玫胸斑翅雀	*Pheucticus ludovicianus*
林鸳鸯	*Aix sponsa*
刺歌雀	*Dolichonyx oryzivorus*
欧亚鸲	*Erithacus rubecula*
金冠戴菊	*Regulus satrapa*
细嘴瓣蹼鹬	*Phalaropus tricolor*
（九画）	
草原松鸡	*Tympanuchus cupido*
厚嘴崖海鸦	*Uria lomvia*
星蜂鸟	*Selasphorus calliope*
哀鸽	*Zenaida macroura*
疣鼻天鹅	*Cygnus olor*
疣鼻栖鸭	*Cairina moschata*
美洲凤头山雀	*Baeolophus bicolor*

中文名	学名
美洲白鹮	*Eudocimus albus*
美洲沙锥	*Gallinago delicata*
美洲骨顶	*Fulica americana*
美洲隼	*Falco sparverius*
美洲黄林莺	*Setophaga aestiva*
美洲银鸥	*Larus smithsonianus*
美洲旋木雀	*Certhia americana*
美洲绿鹭	*Butorides virescens*
美洲斑蛎鹬	*Haematopus palliatus*
美洲鹈鹕	*Pelecanus erythrorhynchos*
美洲鹤	*Grus americana*
美洲燕	*Petrochelidon pyrrhonota*
美洲雕鸮	*Bubo virginianus*
冠蓝鸦	*Cyanocitta cristata*
绒啄木鸟	*Dryobates pubescens*
（十画）	
珠颈斑鹑	*Callipepla californica*
莺鹪鹩	*Troglodytes aedon*
栗背山雀	*Poecile rufescens*
原鸽	*Columba livia*
笑鸥	*Leucophaeus atricilla*
旅鸫	*Turdus migratorius*
旅鸽	*Ectopistes migratorius*
粉红琵鹭	*Platalea ajaja*
烟囱雨燕	*Chaetura pelagica*
家朱雀	*Haemorhous mexicanus*
家鸽	*Columba livia*
家麻雀	*Passer domesticus*
家燕	*Hirundo rustica*
（十一画）	
黄眉林莺	*Setophaga townsendi*
黄雀	*Spinus spinus*
黄喉地莺	*Geothlypis trichas*
黄腹吸汁啄木鸟	*Sphyrapicus varius*
黄腹丽唐纳雀	*Piranga ludoviciana*
雪松太平鸟	*Bombycilla cedrorum*

中文名	学名
雪鸻	*Charadrius nivosus*
雪雁	*Anser caerulescens*
雪鹭	*Egretta thula*
崖沙燕	*Riparia riparia*
笛鸻	*Charadrius melodus*
象牙嘴啄木鸟	*Campephilus principalis*
剪尾王霸鹟	*Tyrannus forficatus*
隐夜鸫	*Catharus guttatus*
绿头鸭	*Anas platyrhynchos*
（十二画）	
斑头海番鸭	*Melanitta perspicillata*
斯氏鵟	*Buteo swainsoni*
棕顶雀鹀	*Spizella passerina*
棕林鸫	*Hylocichla mustelina*
棕胁唧鹀	*Pipilo erythrophthalmus*
棕喉唧鹀	*Melozone fusca*
棕煌蜂鸟	*Selasphorus rufus*
紫翅椋鸟	*Sturnus vulgaris*
黑长尾霸鹟	*Sayornis nigricans*
黑白森莺	*Mniotilta varia*
黑头美洲鹫	*Coragyps atratus*
黑头斑翅雀	*Pheucticus melanocephalus*
黑丝鹟	*Phainopepla nitens*
黑顶山雀	*Poecile atricapillus*
黑枕威森莺	*Setophaga citrina*
黑背信天翁	*Phoebastria immutabilis*
黑颈长脚鹬	*Himantopus mexicanus*
黑颈鸊鷉	*Podiceps nigricollis*
黑喉绿林莺	*Setophaga virens*
黑喉蓝林莺	*Setophaga caerulescens*
黑腹滨鹬	*Calidris alpina*

中文名	学名
黑嘴天鹅	*Cygnus buccinator*
短嘴长尾山雀	*Psaltriparus minimus*
短嘴鸦	*Corvus brachyrhynchos*
猩红丽唐纳雀	*Piranga olivacea*
普通鸬鹚	*Phalacrocorax carbo*
普通翠鸟	*Alcedo atthis*
普通潜鸟	*Gavia immer*
普通燕鸥	*Sterna hirundo*
渡鸦	*Corvus corax*
游隼	*Falco peregrinus*
（十三画）	
蓝喉宝石蜂鸟	*Lampornis clemenciae*
暗背金翅雀	*Spinus psaltria*
暗冠蓝鸦	*Cyanocitta stelleri*
暗眼灯草鹀	*Junco hyemalis*
暗眼灯草鹀灰头亚种	*Junco hyemalis caniceps*
暗眼灯草鹀指名亚种	*Junco hyemalis hyemalis*
暗眼灯草鹀俄勒冈亚种	*Junco hyemalis oreganus*
新英格兰草原松鸡	*Tympanuchus cupido cupido*
新喀鸦	*Corvus moneduloides*
（十四画）	
歌带鹀	*Melospiza melodia*
漂泊信天翁	*Diomedea exulans*
褐头牛鹂	*Molothrus ater*
褐胸反嘴鹬	*Recurvirostra americana*
褐鹈鹕	*Pelecanus occidentalis*
（十五画）	
橡树啄木鸟	*Melanerpes formicivorus*
（十六画）	
靛蓝彩鹀	*Passerina cyanea*
橙腹拟鹂	*Icterus galbula*